Roger G. Newton

Sternstunden der Physik

Wie die Natur funktioniert

Aus dem Amerikanischen von
Michael Zillgitt

Birkhäuser Verlag
Basel · Boston · Berlin

Die Originalausgabe erschien 1993 unter dem Titel «What Makes Nature Tick?» bei Harvard University Press, Cambridge, USA.
© 1993 by Roger G. Newton
Published by arrangement with Harvard University Press.

Die Deutsche Bibliothek – CIP-Einheitsaufnahme

Newton, Roger G.:
Sternstunden der Physik : wie die Natur funktioniert / Roger
G. Newton. Aus dem Amerikan. von Michael Zillgitt. – Basel ;
Boston ; Berlin : Birkhäuser, 1995
    Einheitssacht.: What makes nature tick? ⟨dt.⟩
    ISBN 3-7643-5094-6

© 1995 der deutschsprachigen Ausgabe:
Birkhäuser Verlag, Postfach 133, CH-4010 Basel, Schweiz
Umschlaggestaltung: Braun & Voigt Werbeagentur, Heidelberg
Gedruckt auf säurefreiem Papier, hergestellt aus chlorfrei gebleichtem Zellstoff
Printed in Germany

ISBN 3-7643-5094-6

9 8 7 6 5 4 3 2 1

Inhalt

Vorwort

Dieses Buch ging unter anderem aus einer Reihe von Kolloquien hervor, die ich in den letzten 15 Jahren mit mehreren meiner Kollegen aus verschiedenen Fachbereichen regelmäßig durchführte und in denen wir unsere unterschiedlichen Sichtweisen diskutierten. Das Buch soll auch für Nichtwissenschaftler verständlich sein, die nur wenig mathematischen Formalismus beherrschen. Wenn mathematische Begriffe erforderlich sind, werden sie an der betreffenden Stelle eingeführt — nicht im Detail, aber so weit, daß der Leser ihre Bedeutung für den physikalischen Sachverhalt verstehen kann.

Ich bin einigen Personen zu Dank verpflichtet, die mich zum Schreiben dieses Buches angeregt und den Fortgang unterstützt haben. Zunächst danke ich meiner Frau Ruth, ohne deren unschätzbare redaktionelle Hilfe das Werk stilistisch schwächer ausgefallen wäre. Für jede verbliebene Schwäche bin allein ich verantwortlich. Ebenso danke ich Professor Shehira Davezac von der *Henry Radford Hope School of Fine Arts* an der *Indiana University* für die Hilfe bei der Suche nach abzubildenden Kunstwerken und Danae Thimme vom *Indiana University Art Museum* für die Unterstützung beim Einholen der Abdruckerlaubnisse für mehrere Abbildungen. Schließlich sei auch vielen Kollegen gedankt, die keine Naturwissenschaftler sind und mir dennoch geduldig zuhörten, wenn ich Sachverhalte deutlich zu machen suchte, die mir faszinierend erschienen.

Bloomington, im Mai 1993   R.G.N.

Einführung

Die Wissenschaft unterscheidet sich von anderen menschlichen Aktivitäten oft durch die Präzision, mit der Ergebnisse oder Zusammenhänge formuliert werden. Julian Schwinger berechnete 1948 mit Hilfe der neu entwickelten Quantenelektrodynamik das «magnetische Moment» des Elektrons zu 1.001162 (in einer relativen Einheit). Der seinerzeit experimentell ermittelte Wert lag zwischen 1.00115 und 1.00121. So war jedermann beeindruckt von der exzellenten Übereinstimmung von Theorie und Experiment, denn die Abweichung war im Verhältnis kleiner als 1 zu 100 000. In den letzten 40 Jahren wurde die Differenz sogar auf rund 1 zu 10^8 verringert. Für seine Arbeiten erhielt Schwinger zusammen mit Richard Feynman und Sin-Itiro Tomonaga den Nobelpreis.

Doch wäre die Annahme irrig, Aussagen von größter Genauigkeit müßten notwendigerweise wissenschaftlich sein, während das für Feststellungen in geringerem Maße zutreffe, die nicht mit diesem Anspruch erhoben werden. Wenn man eine Theorie durch experimentelle Messungen überprüft, muß man selbstverständlich die Genauigkeit so hoch wie möglich halten (und diese Anforderung kann enorm groß sein). Dabei sind auch Verfahren verwandter Disziplinen anzuwenden. In anderen Fällen wieder ist man mit groben Abschätzungen zufrieden. Bevor ein Wissenschaftler eine aufwendige Apparatur für die geplanten Messungen entwirft oder baut (oder die Mittel dafür beantragt), muß er eine Vorstellung davon haben, was er erwarten kann. Werden einige Meßwerte pro Jahr oder gar Hunderttausende pro Sekunde anfallen? Wird sich der Zeiger auf der Skala einige Mikrometer oder etliche Zentimeter weit bewegen? Die Konstruktion der Apparatur wird von solchen Abschätzungen abhängen. Daher sind grobe Vorausberechnungen in der Wissenschaft ebenso wichtig wie hochpräzise Messungen, also nicht weniger wissenschaftlich.

Linus Pauling, der bedeutende Beiträge zur Physik und zur Chemie geleistet hat, schrieb vor einigen Jahren: «Wenn ich die Entwicklung der Wissenschaft in den vergangenen 60 Jahren betrachte, komme ich zu dem Schluß, daß ein großer Teil der Fortschritte auf den Ergebnissen *angenäherter* quantenmechanischer Berechnungen beruhte.»[1] Er verglich diese Resultate mit anderen, exakteren Berechnungen, die nach seiner Meinung weniger physikalische Einsichten vermittelten. In vielen Fällen wird eine Übereinstimmung zwischen Experiment und Theorie innerhalb von rund 20 Prozent als gut angesehen, zumindest vorläufig. Andererseits ist eine Angabe wie «diese Substanz ist zu 99,9 % rein» nur scheinbar wissenschaftlich, weil eine gewisse Exaktheit vorgetäuscht wird. In der Naturwissenschaft ist es wichtig, den Grad der Genauigkeit zu finden, der den jeweiligen Umständen entspricht und daher gerechtfertigt ist.

Es ist in der Tat sinnlos, das Wesen der Wissenschaft in engen Grenzen zu charakterisieren, ebenso wie es keine starr definierte wissenschaftliche Methode gibt. Der Physiker Percy Bridgman, ein typischer Amerikaner, meinte, daß die wissenschaftliche Methode einfach darin besteht, «seinen Kopf zu benutzen und keine Beschränkungen zu akzeptieren». Es gibt viele Arten von Wissenschaft; einige sind hochentwickelt und theoretisch gut untermauert, andere sind recht neu und noch auf der Suche nach den besten Methoden. Die Wissenschaftler sind teils Bastler, teils gute Systematiker; manche können die Probleme schnell lösen und wieder andere in strengen Kategorien denken. Einige Wissenschaftler sind phantasievoll, andere gründlich und sehr genau. Schließlich gelingen einigen Wissenschaftlern bedeutende Entdeckungen, die den Horizont des betreffenden Fachgebietes merklich erweitern, und manche füllen beharrlich kleinere Lücken im Wissensgebäude, so daß das Bild allmählich genauer und schärfer wird. Wer aber wichtige theoretische oder experimentelle Beiträge liefern will, muß auf jeden Fall eine Eigenschaft haben, nämlich Vorstellungskraft. Sie ist für einen Wissenschaftler unabdingbar.

Dieses Buch befaßt sich mit der Physik, der reifsten der Naturwissenschaften. Sie bietet Hilfen zum Verständnis der Funktionsweise des Universums. «Physik ist eine experimentelle Wissenschaft», behaupten ihre Praktiker oft mit Stolz — und sie haben recht. Die Grundlage dessen, was wir vom Universum und seiner Funktionsweise wissen, ist das Ergebnis von Beobachtungen der Natur und von Versuchen. Aber das ist nur ein Teil der Wahrheit. Beobachtungen allein genügen nicht, um das Gefüge der Naturwissenschaft zu errichten, wie wir es heute kennen. Vielmehr müssen sie durch die menschliche Intelligenz bewertet und selektiert werden. Tatsächlich sind die Resultate von Beobachtungen wertlos, wenn sie nicht durch theoretische Konzepte geleitet und interpretiert werden. Auch die Anwendung der leistungsfähigsten Computer bei der Einordnung der ermittelten Daten kann das Erstellen begrifflicher Strukturen nicht ersetzen. Ein kreativer Experimentator muß der Natur die richtigen Fragen stellen, und das erfordert Phantasie und das theoretische Verständnis der Konsequenzen früherer Ergebnisse. Die Theorien sollen also nicht nur den «Fakten» eine Bedeutung verleihen, sondern auch Richtschnur sein bei der Suche nach weiterer Erkenntnis.

Die Daten, die unserem physikalischen und chemischen Wissen zugrunde liegen, wurden (außer in der Astrophysik) größtenteils durch aktive Experimente erhalten und nicht durch passive Beobachtung. Hier liegt ein Unterschied zu anderen Wissenschaften, etwa zur Biologie oder zur Astronomie, bei denen Experimente zuweilen unmöglich oder zu schwierig oder ethisch nicht vertretbar sind. Dieser Unterschied hat entscheidende Konsequenzen. Wie der ewige Zwist über den Zusammenhang zwischen Rauchen und Lungenkrebs zeigt, können kausale Verknüpfungen weniger durch bloßes Beobachten, sondern viel überzeugender durch Versuche untermauert werden, bei denen einige Variablen festgehalten und andere systematisch verändert werden. Der Leser möge daher berücksichtigen, daß die in diesem Buch angeführten Daten meist experimentell erhalten wurden.

Wenn gedanklich aufgestellte Theorien die wesentliche Grundlage einer hochentwickelten Wissenschaft sind, dann stellt sich gelegentlich die Frage, ob diese Gedankengebäude und die Tatsachen, die aufgrund dieser Theorien ermittelt wurden, vielleicht durch außerwissenschaftliche Überlegungen beeinflußt werden können. Ein Begriff, der (schon früher und auch heute) in diesem Zusammenhang eine gewisse Kontroverse bei der Diskussion über Wissenschaft ausgelöst hat, ist *Objektivität*. Oft wird der Meinung über die Objektivität, die viele Wissenschaftler in der Diskussion mit Nichtwissenschaftlern einnehmen, widersprochen. Dabei wird behauptet, daß eine objektive Einstellung gegenüber Fakten unmöglich ist, besonders wenn diese von vitalem Interesse entweder der Wissenschaftler selbst oder der Gesellschaft sind. Diese Ansicht hat manches für sich. Wissenschaftler sind schließlich Menschen, und es gab Fälle, in denen sie in ihren Urteilen schwankten — wegen ihrer eigenen Interessen, ihres Ehrgeizes oder ihrer sozialen Abhängigkeiten. Solche Meinungsänderungen können beispielsweise bei Disputen über die wissenschaftliche Priorität oder bei Kontroversen hinsichtlich der Anwendung auftreten. Aber diese menschlichen Unzulänglichkeiten entkräften nicht das Ideal der Objektivität — Freiheit vom Einfluß eigener Interessen sowie sozialer oder philosophischer Vorurteile —, ein Ideal, das der Wissenschaft schon beste Dienste geleistet hat, wenn ihm in der Praxis auch oft zuwidergehandelt wurde.

Die Vorstellungen jener, die selbst die Wünschbarkeit der Objektivität bezweifeln, laufen der Wissenschaft auf zerstörerische Weise zuwider. Ihre Beweggründe sind meist politischer Art, denken wir etwa an die «arische» und die «jüdische» Physik im Dritten Reich, an materialistische und bourgeoise Wertevorstellungen, an feministische und patriarchalische Denkmuster oder an östliche Intuition und westliche Rationalität. Das Denken der Wissenschaftler unterliegt bis zu einem gewissen Grade zweifellos außerwissenschaftlichen (sozialen, moralischen und philosophischen) Einflüssen. Diese Einwirkungen sollten jedoch nicht überschätzt werden. Äußere Versuche, die metaphysischen Überzeugungen der Wissenschaftler zu steuern oder zu formen, sind im besten Falle erfolglos und im schlimmsten Falle schädlich gewesen. Die Wissenschaft wird sich durch Offenheit und Zugänglichkeit auf lange Sicht in hohem Maße selbst korrigieren, und jedes bestehende Vorurteil wird letzten Endes aufgespürt werden, solange die Objektivität das Leitprinzip bleibt.

Dieses Buch beschäftigt sich vorwiegend mit den theoretischen Begriffen, mit deren Hilfe wir seit 400 Jahren die uns umgebende Welt verstehen wollen. Wir werden Fälle kennenlernen, bei denen die Urheber neuer Theorien aus politischen Gründen angegriffen wurden oder bei denen ihre Denkweise durch ihr soziales Umfeld «erklärt» wurde. Solche Attacken und Deutungen sind natürlich deplaziert. Die publizierten Gedanken einzelner können unterdrückt oder psychologisch analysiert werden, aber ihre wissenschaftliche Akzeptanz bleibt auf lange Sicht unabhängig von ihrem psychologischen Ursprung oder von politischer Vormacht.

Dennoch gibt es in der Wissenschaft nützliche Beweggründe, die außerwissenschaftlich und bis zu einem bestimmten Grad auch irrational sind. Sie haben mit der Ästhetik zu tun. Ich hoffe, die Leser dieses Buches werden die Bedeutung erkennen, die die Schönheit in der Wissenschaft beim Aufstellen von Theorien und beim Anwenden von Begriffen spielt. Unnötig zu erwähnen, daß die Schönheit vor allem im Auge des Betrachters liegt. In manchen Zusammenhängen erfordert das Wahrnehmen der Schönheit eine gewisse Schulung des Geschmacks. Zwischen den Wissenschaftlern derselben Disziplin herrscht jeweils eine überraschend hohe Übereinstimmung darin, welche Theorien schön und welche eher häßlich sind.

Die Schulung, die in diesem Zusammenhang nicht nur für die Wahrnehmung von Schönheit, sondern auch für das Verfeinern des Geschmacks nötig ist, ist unweigerlich mathematischer Art. Deshalb erscheint die Physik den Laien als unzugänglich. Ich will mit diesem Buch versuchen, einige der Hindernisse beiseite zu räumen, die das Erkennen und Verstehen der physikalischen Vorstellungen und ihrer Schönheit behindern. Die dazu notwendigen mathematischen Begriffe werde ich jeweils im Text oder in einigen Exkursen vorstellen.

Im ersten Kapitel wird deutlich, daß die Naturwissenschaft entgegen einer häufig geäußerten Ansicht mehr ist als nur eine Ansammlung von Fakten. Diese sind zwar notwendig, bilden aber nicht den wesentlichsten Teil der Wissenschaft. Weiterhin sind nur wenige Physiker vom Wunsch beseelt, für die Gesellschaft «wichtig» oder nützlich zu sein. Der Naturwissenschaftler braucht für seine Arbeit ebensoviel Vorstellungskraft und Intuition wie ein Schauspieler, Schriftsteller oder Musiker. Der Maler hantiert mit Farbe und Pinsel, während der Dichter mit dem Klang der Sprache arbeitet. Entsprechend ist das Werkzeug, mit dem der Physiker seine Vorstellungen ausdrückt, die Mathematik. Während in der Mathematik und in der Naturwissenschaft die Schönheit eine hohe motivierende Kraft hat und unsere Begriffe zumindest teilweise durch die Ästhetik geprägt sind, müssen die Ergebnisse der Vorstellungskraft eines Naturwissenschaftlers letztlich auf quantitativer Übereinstimmung gegründet sein. Einige allgemeine Betrachtungen im ersten Kapitel sind auf alle Wissenschaften anwendbar, andere dagegen sind spezifisch für die Physik, die theoretisch und mathematisch sehr stark strukturiert ist.

Zentraler Punkt des zweiten Kapitels ist die berühmte Behauptung von Laplace, nach der es mit genügend hoher Denkfähigkeit und ausreichend vielen Informationen möglich sein sollte, die Zukunft des Universums für alle Zeiten vorauszusagen. Um den Grund für diese Ansicht zu untersuchen, besprechen wir zuerst die Newtonschen Bewegungsgleichungen in der klassischen Mechanik, und zwar in der Form (als Differentialgleichungen erster Ordnung), die ihnen William Hamilton gab. Die Mechanik punktähnlicher Teilchen und starrer Körper ist der grundlegendste Teil der Physik, der auch als erster voll entwickelt wurde. Daher beginnt hier unser Streifzug durch die Physik. Danach führen wir den Phasenraum ein, in dem die Bewegung eines physikalischen Systems mit Hilfe einer eindeutigen Kurve durch jeden Punkt vollständig beschrieben wird. Ist ein solcher Punkt durch den gegenwärtigen Zustand des Systems gegeben, dann ist nach Laplace die Phasenbahn für immer bestimmt. Nun sind praktisch alle physikalischen Systeme sehr empfindlich von den Anfangsbedingungen abhängig. Das bedeutet: Auch zwei Systeme mit nur leicht unterschiedlichen Anfangsbedingungen werden sich im Laufe der Zeit so verschieden entwickeln, daß sie kaum noch Ähnlichkeit miteinander aufweisen. Aber kleine Fehler beim Ermitteln der Anfangsbedingung irgendeines physikalischen Systems sind praktisch unvermeidbar, und jede Berechnung mit Hilfe von Computern enthält notwendigerweise Rundungsfehler. Deshalb kann das Verhalten der allermeisten physikalischen Systeme selbst mit Computern der höchsten denkbaren Leistungsfähigkeit nicht für längere Zeiten vorausberechnet werden, so daß wir es als chaotisch ansehen müssen. Je mehr Teilchen das System enthält, desto früher wird diese Langzeitabweichung von der Voraussage auftreten. Als Folge davon verblaßt der Traum von Laplace und bleibt nur noch als *Prinzip* erhalten. Das zweite Kapitel bringt auch eine kurze Einführung in die Vektorrechnung, die Differentialrechnung und die gewöhnlichen Differentialgleichungen. Diese Abschnitte sind sehr konkret gehalten und sollen den Leser nicht in die Lage versetzen, selbst die Lösungen zu berechnen. Vielmehr möchte ich nur die wesentlichen Vorstellungen und Prinzipien deutlich machen.

Der in Kapitel 2 schon angesprochene Begriff des Chaos wird im dritten Kapitel auf Systeme mit sehr vielen Teilchen (wie Gase und Flüssigkeiten) ausgedehnt. In diesen wird ein chaotischer Zustand am schnellsten erreicht. Wir besprechen die Natur der Wärme und die Ideen, die der statistischen Mechanik zugrunde liegen. Das führt uns zu den wichtigen Begriffen Entropie und Irreversibilität. Ein Film, der beim Herunterfallen und Platzen eines Eies aufgenommen wurde und rückwärts abgespielt wird, ist unmittelbar als Wiedergabe eines unmöglichen Vorgangs zu erkennen. Für jedes

Molekül gelten die Newtonschen Gesetze, die keine Zeitrichtung gegenüber der anderen bevorzugen. Daher kann der Betrachter eines Films, der die Bewegung von Molekülen zeigt, nicht erkennen, ob die Wiedergabe vorwärts oder rückwärts erfolgt. Woran liegt es dann, daß Systeme aus sehr vielen Teilchen sehr wohl ein Verhalten aufweisen, das praktisch nur in einer Richtung ablaufen kann?

In den Kapiteln 2 und 3 wird die Natur der Kräfte noch nicht besprochen, die zwischen den Bestandteilen eines physikalischen Systems wirken. Dies holen wir im vierten Kapitel nach. Wir beginnen dabei mit Newtons Vorstellung von der Fernwirkung und mit seiner umstrittenen Gravitationsanziehung über große Reichweiten und gelangen über Faradays Feldbegriff zu Maxwells partiellen Differentialgleichungen, die der Fernwirkung letztlich widersprechen. Eine kurze Einführung in die partiellen Differentialgleichungen wird ebenfalls gegeben. Als Träger des Feldes stellte man sich den «Äther» vor. Wir besprechen das berühmte Experiment von Michelson und Morley, in dem unsere Geschwindigkeit relativ zum Äther bestimmt werden sollte. Einsteins Allgemeine Relativitätstheorie führte dann zur geometrischen Betrachtung des Feldes. Wir werfen danach einen ersten Blick auf die Quantentheorie mit den Photonen und dem Quantenfeld. Der Feldbegriff spielt in den modernen Theorien eine zentrale Rolle und hat sich im Lauf der Zeit gewandelt: Die Feynman-Diagramme beschreiben die Wirkung «virtueller Teilchen», und die «Polarisierung des Vakuums» bringt neue Ansichten über den leeren Raum mit sich. Das Vakuum ist nicht mehr leer — Faraday würde seine Vorstellungen nicht mehr wiedererkennen.

Im fünften Kapitel werfen wir einen Blick auf die wichtigsten Lösungen der Maxwellschen Gleichungen für das elektromagnetische Feld, die Lichtwellen, Radiowellen und andere elektromagnetische Wellen beschreiben. Wir diskutieren Lösungen der linearen Wellengleichung in einer, zwei und drei Dimensionen, also schwingende Saiten oder Membranen sowie Licht- oder Schallwellen. Weiterhin befassen wir uns mit dem Superpositionsprinzip, den Schwebungen, dem Doppler-Effekt und der Schrödinger-Gleichung in der Quantenmechanik. All das unterstreicht die Bedeutung der linearen Gleichungen in der Physik des 20. Jahrhunderts. Weiterhin lernen wir die Solitonen kennen — Wellen, die sich in gewissen Aspekten wie Teilchen verhalten. Das Kapitel endet mit der Betrachtung der nichtlinearen Phänomene, die zunehmende Beachtung finden.

Die Spezielle Relativitätstheorie, erstmals in Kapitel 4 erwähnt, wird im sechsten Kapitel detaillierter besprochen. Wir führen die Lorentz-Transformation ein, die den Zusammenhang zwischen den Messungen von Länge und Zeit in zwei Laborsystemen angibt, die sich gegeneinander bewegen. Dabei wird uns das Nachgehen von Uhren sowie die Lorentz-Kontraktion klar, ebenso der verblüffende Zwillings-Effekt, also das unterschiedliche Altern bei Zwillingen, von denen einer eine Weltraumreise unternimmt und zur Erde zurückkehrt, auf der der andere verblieben war. Wir erklären die Sachverhalte mit Hilfe des Minkowski-Diagramms und ohne jede algebraische Berechnung. Eingehend diskutieren wir, wie die Relativitätstheorie in Verbindung mit unserer geläufigen Vorstellung von der Kausalität die Existenz von Signalen verbietet, die sich schneller als das Licht ausbreiten (Tachyonen).

Im siebenten Kapitel kehren wir zur Kausalität zurück, nun im Zusammenhang mit der Quantenmechanik, und behandeln die darauf beruhenden philosophischen Umwälzungen hinsichtlich der Vorstellung von der Realität. Wir führen verschiedene quantenmechanische Interpretationen ein und werden Zeuge einer der wichtigsten Debatten der westlichen Kulturgeschichte, die von dem berühmten «EPR-Artikel» ausging und sich um die Frage drehte: Liefert die Quantenmechanik eine vollständige Beschreibung der Realität? Einstein sagte *nein* und Bohr sagte *ja*, und wir lernen die Hintergründe ihrer Aussagen kennen. Anschließend wenden wir uns der Bellschen Ungleichung zu, aus deren experimenteller Verletzung entweder die Abwesenheit der Einsteinschen Realität oder die Existenz einer «gespenstischen Fernwirkung» folgt.

Im achten Kapitel folgen wir der historischen Entwicklung des Begriffs «Elementarteilchen» von der griechischen Antike bis heute und erfahren, welchen Wandlungen er unterworfen war. Die heutige Sichtweise ist nur mit Hilfe der Relativitätstheorie und der Quantenmechanik zu verstehen, die in den vorangegangenen Kapiteln vorgestellt wurden. Zum einen gibt es nicht nur viel mehr Teilchen, als sich die griechischen Naturphilosophen vorstellen konnten, zum anderen sind viele der heute bekannten Teilchen instabil. Was meinen wir damit, wenn wir sagen, ein Teilchen existiere, das eine mittlere Lebensdauer von nur 10^{-23} Sekunden hat und unter keinem Mikroskop zu sehen ist? Die Hochenergiephysiker entdecken solche Teilchen meist nur aufgrund ihrer «Resonanz» oder eines Buckels in der Streuungskurve. Warum können solche Buckel als Anzeichen für ein Teilchen interpretiert werden? Die Teilchen sind in zwei Klassen einzuteilen, die Bosonen und die Fermionen. Wir untersuchen deren unterschiedliches Verhalten. Schließlich widmen wir uns der Frage, welche Elementarteilchen wirklich elementar sind, und besprechen die Schemata für ihre Klassifizierung mit Hilfe einer geringeren Anzahl «fundamentaler» Teilchen.

Bis hierhin haben wir elementare Systeme von Teilchen und Kräften betrachtet oder große Systeme auf ihre kleineren und fundamentaleren Bestandteile zurückgeführt. Im neunten Kapitel wenden wir uns makroskopischen Effekten zu, deren Erklärungen nicht direkt auf einfachere Phänomene zurückzuführen sind. Bei diesen Systemen ist das Ganze tatsächlich mehr als die Summe der Einzelteile. Unser Verständnis solcher kooperativer Erscheinungen beruht auf der Quantentheorie, und die meisten Phänomene dieser Art treten bei der kondensierten Materie auf, also bei makroskopischen festen oder flüssigen Substanzmengen. Wir untersuchen die allgemeine Natur der Phasenübergänge und insbesondere die Übergänge beim Ferromagnetismus. Außerdem lernen wir die Suprafluidität und die Supraleitung kennen, die vor kurzem die öffentliche Aufmerksamkeit erregte. Die in diesem Kapitel besprochene feste Materie liegt meist in wohlgeordneten Kristallen vor, deren hervorstechendes Merkmal ihre Symmetrie ist.

Im zehnten Kapitel befassen wir uns schließlich mit den Symmetrien, vor allem mit ihrer universellen Bedeutung im Rahmen verschiedener physikalischer Theorien. In Kapitel 8 war noch offen geblieben, wie die Klassifizierung der Elementarteilchen durch noch fundamentalere Teilchen möglich ist. Daher wird nun die Grundlage für die Einteilung untersucht, nämlich die Anwendung von Symmetriebetrachtungen. Wir lernen das Wesen der Symmetrie kennen, zunächst bei Kunstwerken verschiedener Epochen und dann bei der mathematischen Formulierung mit Hilfe der Gruppentheorie. Danach wenden wir uns der Bedeutung der Symmetrie oder der Invarianz in der Physik zu. Das Noether-Theorem erlaubt es, auf die Erhaltungsgesetze von Energie, Impuls und Drehimpuls zu schließen, und zwar aus den Symmetrien oder Invarianzen isolierter physikalischer Systeme — sowohl in der klassischen Mechanik als auch in der Quantenmechanik. Andere Symmetriebetrachtungen in der Quantenmechanik sind die Basis moderener Theorien der Elementarteilchen und ihrer Klassifikation. Die gebrochene Symmetrie hat einen besonderen ästhetischen Reiz und spielt auch in der Teilchenphysik eine große Rolle.

Ein kurzer Epilog faßt einige Folgerungen zusammen. Die vielleicht wichtigste ist die, daß die Begriffe und Theorien in der Wissenschaft nicht allein durch Fakten bestimmt sind, sondern auch, in den Worten von Galilei, durch das «Gefallen, das man an ihnen findet».[2] Ich hoffe, daß unser Streifzug durch die Welt der Physik Ihnen ebensoviel Freude bereitet wie mir.

1 Naturwissenschaft, Mathematik und Vorstellungskraft

> *«Tatsachen, Tatsachen, Tatsachen!» rief der Herr.*
> *«Tatsachen, Tatsachen, Tatsachen!» wiederholte Thomas Gradgrind.*
> *«Ihr müßt euch in allen Dingen durch Tatsachen leiten und bestimmen*
> *lassen», sagte der Herr. «Wir hoffen, in nächster Zeit ein Tatsachenkollegium*
> *ins Leben zu rufen, welches, aus Männern im Dienst der Tatsachen*
> *zusammengesetzt, das Volk zwingen wird, ein Volk der Tatsachen und nur*
> *der Tatsachen zu werden. Das Wort Vorstellung oder Phantasie müßt*
> *ihr durchaus vermeiden. Ihr habt nichts damit zu schaffen.»*[3]

Für viele Menschen ist das Aufspüren von Tatsachen das Charakteristikum der Naturwissenschaft, und für sie wirken die Naturwissenschaftler wie Zwillingsbrüder von Thomas Gradgrind in *Harte Zeiten* von Charles Dickens. Haben die Naturwissenschaftler den Begriff «Phantasie» wirklich aus ihrem Wortschatz gestrichen? Widmen sie ihre Zeit und ihre Anstrengungen tatsächlich dem bloßen Ableiten von Naturgesetzen aus ihren Beobachtungen? Nichts könnte falscher sein als diese Annahme. Vorstellungskraft, Hingabe und Ideenreichtum sind bei den Fortschritten der Naturwissenschaft mindestens ebenso wichtig wie bei jeder anderen kreativen Betätigung.

Die Beweggründe unserer frühen Vorfahren, nicht nur ihre engere Umgebung, sondern die Natur insgesamt zu verstehen, entsprangen einerseits Nützlichkeitserwägungen und waren andererseits mystisch-spirituell geprägt. Beispielsweise betrieben sie Astronomie, um die Jahreszeiten vorhersagen und dadurch reichere Ernten erzielen zu können. Zudem konnten sie so beeindruckende Phänomene wie Mond- und Sonnenfinsternisse prophezeien. Für die Babylonier und auch für die Erbauer der Anlage von Stonehenge war der Ansporn zu astronomischen Beobachtungen mit einem Bedürfnis nach religiösen Zeremonien verknüpft.

Das systematische Erforschen der Natur um ihrer selbst willen — zum Erfüllen unseres Dranges nach Erkenntnis — ist eines der großen Vermächtnisse der griechischen Antike. So stellte sich im fünften Jahrhundert v. Chr. der Philosoph Demokrit die *Atome* als unsichtbar kleine, feste und harte Teilchen vor, die die elementaren Bestandteile der Materie sein und sich bei den einzelnen Stoffen nur durch ihre Gestalt und ihre Anordnung voneinander unterscheiden sollten. Archimedes fand im dritten Jahrhundert v. Chr. das Gesetz vom Auftrieb schwimmender Körper. Natürlich hatte die Naturwissenschaft der griechischen Antike sowohl Nützlichkeits- als auch rituelle Motive. Ptolemäus und seine Nachfolger erforschten die Vorhersagbarkeit von Verfinsterungen aus religiösen Beweggründen; Pythagoras betrieb die Mathematik mit tiefgehenden mystischen Zielen, während Archimedes die

Naturwissenschaft direkt auf militärische Zwecke anwandte. Es ist ziemlich sicher, daß die nicht nur zufälligen Bemühungen zum Verstehen des inneren Wesens der Natur — um des Verständnisses selbst willen — bei den Griechen der klassischen Antike begann. Gleiches gilt für die Mathematik. Die Anfänge der Geometrie finden wir bei den Babyloniern und den Ägyptern, die sie zur Landvermessung einsetzten; doch die Griechen betrieben sie erstmals systematisch und erforschten auch als erste die Zahlen als solche.

Was wir heute «reine Wissenschaft» und «reine Mathematik» nennen, hatte seine Ursprünge vor 25 Jahrhunderten und lag nach dem Altertum rund 1700 Jahre lang darnieder: nicht vergessen, aber sozusagen eingefroren. Nur die Arithmetik wurde von den Arabern vorangetrieben. So geht das Wort «Algorithmus» (Rechenvorschrift) auf den Namen des Mathematikers und Astronomen al-Hwārizmi zurück, und «Algebra» entstand aus dem ersten Wort im Titel seines Buches alǧabr wa'l muqābala und bedeutet «Umstellen» (gemeint ist das Umordnen von Ausdrücken beim Lösen von Gleichungen). In dieser Zeit der wissenschaftlichen Stagnation vollzog sich vor allem in China eine Reihe wichtiger technischer Entwicklungen, von denen später in Europa viele wiederholt wurden.

Moderne Naturwissenschaft

Die Naturwissenschaft, wie wir sie heute verstehen, kam erst im 16. Jahrhundert auf. Zu ihren Begründern zählen wir vor allem Galileo Galilei (geboren 1564) und Isaac Newton, geboren in Galileis Todesjahr 1642. In den letzten 300 Jahren erfuhr die Naturwissenschaft einen spektakulären Aufschwung. Nicht nur das Wissen nahm enorm zu, sondern auch immer mehr Menschen widmeten einen Großteil ihrer Zeit der Suche nach Erkenntnis und Wissen. Beispielsweise wurde die amerikanische Gesellschaft zur Förderung der Naturwissenschaften (American Association for the Advancement of Science) im Jahre 1848 von 461 Personen gegründet und hat heute über 130 000 Mitglieder. Über die Hälfte der Naturwissenschaftler aller Zeiten lebt heute!

Was waren die vorrangigen Ziele und Absichten der Naturwissenschaftler und Mathematiker, die zu der explosionsartigen Vermehrung des Wissens beitrugen? Vergleichen wir einmal die Werke zweier Persönlichkeiten der italienischen Renaissance, deren Geburtstage etwa ein Jahrhundert auseinanderliegen: Leonardo da Vinci (1452–1519) und Galileo Galilei (1564–1642). Leonardo war nicht nur Maler, Zeichner und Architekt, sondern auch einer der genialsten Erfinder technischer Vorrichtungen. In diesem Zusammenhang bot er seine Dienste Herzögen und Fürsten an, um deren militärische Schlagkraft steigern zu helfen. Die medizinische Wissenschaft profitierte gewiß von seinen exakten anatomischen Zeichnungen, auch vom Inneren des menschlichen Körpers; dennoch sehen wir Leonardo nicht als Wissenschaftler. Dagegen wurden Nachbauten von Galileis Teleskop zu unentbehrlichen Hilfsmitteln bei der Navigation. Das Teleskop hatte also — zumindest zu Beginn — vor allem diesen praktischen Nutzen. Galilei dachte aber weniger an solche Anwendungen. Deshalb betrachten wir ihn als den ersten modernen Naturwissenschaftler *par excellence*.

Den Ursprung der modernen Naturwissenschaft schreiben wir Galilei und Newton vor allem deswegen zu, weil sie ihre Erkenntnisse über die Natur aus der Beobachtung und dem Experiment gewannen. Sie glaubten nicht, daß solches Wissen allein aus der Überlegung zu erhalten ist. Darin bestand ihr revolutionärer Fortschritt gegenüber den Methoden der antiken griechischen Naturphilosophen. Zudem entsprang ihr Forscherdrang keinen Überlegungen hinsichtlich einer praktischen Anwendbarkeit. Sie lehnten diese zwar nicht ab und standen ihr auch nicht gleichgültig gegenüber; jedoch lag ihr Bestreben nicht in erster Linie darin, neue Erkenntnisse zum Wohle der Allgemeinheit oder zum Machterhalt ihrer Nation oder ihres Herrschers zu gewinnen. Sie wollten lediglich das Wesen der Natur *verstehen*. Dieser Wunsch, das uns umgebende, so beeindruckende Universum zu begreifen und zu entschlüsseln, hat für manchen ganz gewiß eine ästhetische, für andere auch eine mystische oder eine religiöse Komponente. Der englische Nationalökonom John Maynard Keynes, der unveröffentlichte Schriften von Isaac Newton sammelte, schrieb über diesen bedeutenden Wissenschaftler:

> *Seit dem 18. Jahrhundert gilt Newton als der erste und größte der modernen Naturwissenschaftler, als Rationalist, der uns lehrte, leidenschaftslos und klar zu denken. So sehe ich ihn aber nicht. Ich meine, niemand kann ihn so sehen, der über den Inhalt der Kiste nachdachte, die er packte, als er 1696 Cambridge endgültig verließ. Der Inhalt der Kiste wurde zwar später teilweise verstreut, blieb uns aber weitgehend erhalten. Newton war nicht der erste Vertreter des Zeitalters der Vernunft, sondern der letzte Magier, gleich den Babyloniern oder Sumerern. Er war der letzte der bedeutenden Denker, die auf die sichtbare und auf die gedankliche Welt mit den gleichen Augen blickten wie jene, die vor weniger als 10 000 Jahren unser intellektuelles Erbe zu entwickeln begannen. Newton, Weihnachten 1642 nach dem Tod seines Vaters geboren, war das letzte Wunderkind, dem die Magier aufrichtig und angemessen huldigen konnten.*[4]

* * *

Reine Wissenschaft und gesellschaftlicher Nutzen

Vor rund 300 Jahren erschien Newtons Werk *Philosophiae naturalis principia mathematica*. Seinerzeit war in Europa das Lateinische die internationale Sprache der Naturwissenschaftler und anderer Gelehrter, wie heute das Englische — daher der lateinische Titel. Seitdem hat nicht nur das Verständnis der Natur einen enormen Aufschwung erlebt, sondern in vielen Bereichen haben sich auch die technischen Möglichkeiten weiterentwickelt. In den Ländern, die direkten Zugang zu diesen Fortschritten hatten, wuchsen der Lebensstandard und die Lebenserwartung eines Großteils der Bevölkerung stark an. Einen Zusammenhang zwischen beiden Entwicklungen werden nur wenige leugnen. Entsprechend führt fast jedermann die sozialen Verbesserungen der letzten 300 Jahre auch auf die Fortschritte der Naturwissenschaften zurück*). Wegen dieses Verständnisses von der Beziehung zwischen wissenschaftlichem Fortschritt und gesellschaftlichem Nutzen glauben viele, man müsse vor allem diejenigen Wissenschaftler unterstützen und ermutigen, die nicht nur die Natur verstehen, sondern den Nutzen der Menschheit mehren wollen und daher sehr anwendungsbezogen forschen. Eine solche Politik wäre aber kurzsichtig und letztlich kontraproduktiv.

Ein Mann wie Thomas A. Edison — der kein Naturwissenschaftler, sondern Erfinder war — hat unstreitig viele Beiträge geleistet, die der Gesellschaft äußerst nützlich waren. Aber solche technischen Fortschritte sind sehr selten und vollziehen sich langsam, wenn das grundsätzliche Wissen über die Natur nicht umfassend genug ist. So ist es kein Zufall, daß die Anzahl der technischen Verbesserungen in China (und in Europa vor der Renaissance) sehr gering war gegenüber denen in Europa während des 18. Jahrhunderts und danach. Die meisten großen europäischen Naturwissenschaftler und Mathematiker haben die praktischen Bedeutungen ihrer Entdeckungen nicht völlig ignoriert. Beispielsweise wurden die Mathematiker Pierre-Simon de Laplace und Joseph-Louis Lagrange zu ihren bahnbrechenden Arbeiten über die Himmelsmechanik teilweise durch die Frage angeregt, ob das Sonnensystem wirklich stabil ist oder ob die Gefahr besteht, daß das menschliche Leben in einer großen Himmelskatastrophe vernichtet wird. Vor allem im 19. Jahrhundert teilten nur sehr wenige Naturwissenschaftler oder Mathematiker die Einstellung des einflußreichen englischen Mathematikers Geoffrey H. Hardy; dieser war stolz darauf, niemals auf einem Gebiet der Mathematik gearbeitet zu haben, das auch nur die geringste Chance gehabt hätte, irgendwie anwendbar zu werden. (Allerdings sollte sich herausstellen, daß er damit unrecht hatte: Die Zahlentheorie, die sein vorrangiges Forschungsgebiet war und zu der er Wesentliches beitrug, wurde später für die Kryptographie unentbehrlich.)

Die heutige Kluft zwischen reiner und angewandter Naturwissenschaft oder Mathematik gab es im 19. Jahrhundert nicht in dieser Art. Große Wissenschaftler wie Galilei, Harvey, Lagrange, Laplace, Darwin, Boltzmann,

---

*) Die Gesellschaft zahlt jedoch zweifellos einen hohen Preis, etwa durch Umweltzerstörung, steigende Zerstörungskraft der Waffensysteme und wachsendes soziales Ungleichgewicht. Dieser Preis wird den Naturwissenschaften zuweilen in einem Ausmaß entgegengehalten, das die Anerkennung ihrer Vorteile überwiegt.

Gauß, Faraday, Maxwell, Gibbs, Planck, Morgan, Einstein, die Curies, Bohr, Rutherford, Muller, Heisenberg, Schrödinger, Dirac, Fermi (den meisten von ihnen werden wir in diesem Buch noch begegnen) sowie zahlreiche andere, die hier nicht genannt werden können, waren nicht in erster Linie vom Wunsch beseelt, auf neue Art zum Nutzen der Menschheit beizutragen. Vielmehr wollten sie wissen, *wie die Natur funktioniert.* Albert Einstein drückte es so aus: «Ich möchte wissen, wie Gott diese Welt geschaffen hat... Ich möchte seine Gedanken erkennen»[5] — und bei anderer Gelegenheit: «Was mich wirklich interessiert, ist, ob Gott bei der Erschaffung der Welt irgendeine Wahl gehabt hat.»[6]

Die medizinische Wissenschaft unterscheidet sich in dieser Hinsicht von den anderen Naturwissenschaften. Ziel der Wissenschaftler ist es hier vor allem — und muß es auch sein —, den Menschen zu helfen. Doch muß man sich dabei stets an die Worte des Hippokrates erinnern, die in vielen medizinischen Hörsälen angebracht sind: «Die Beschaffenheit des menschlichen Körpers ist der Ausgangspunkt der medizinischen Wissenschaft». Heute zählen wir dazu auch die mikroskopisch kleinen Bestandteile des Körpers. Unter den Biologen war Louis Pasteur eine bemerkenswerte Ausnahme. Einige seiner größten Entdeckungen gingen direkt auf den Wunsch zurück, dringliche agrartechnische oder industrielle Probleme zu lösen.

Schönheit als motivierende Kraft

Sehr oft ist der Beweggrund der theoretischen Naturwissenschaftler oder Mathematiker so weit von Gedanken an die Anwendbarkeit entfernt, daß er eher dem eines Künstlers gleicht. Manche haben vor der Natur eine mystische Ehrfurcht, die einem religiösen Gefühl nahekommt, und viele bewundern nur ihre Schönheit. Der Astrophysiker Hermann Bondi schrieb: «Ich erinnere mich bestens daran, wie ich einmal eine Theorie aufstellte, die mir überzeugend und vernünftig erschien. Einstein bestritt sie durchaus nicht, sondern sagte nur: 'Oh, wie häßlich!'... Er war davon überzeugt, daß in der theoretischen Physik die Schönheit eine Leitschnur bei der Suche nach wichtigen Ergebnissen ist.»[7]

Wie auch andere Arten der Schönheit einen hochentwickelten Sinn erfordern, um angemessen gewürdigt zu werden, so ist die Schönheit einer mathematischen Struktur, einer Gleichung oder einer physikalischen Theorie nur für denjenigen Betrachter erkennbar, der die entsprechende Ausbildung und die nötige Übung hat. Wir müssen also sozusagen die richtige Sprache erlernen, um die Aussagen zu verstehen. In der Physik ist diese Sprache immer die Mathematik.

Nun gibt es aber einen wesentlichen Unterschied zwischen der ästhetischen Motivation eines Künstlers und der eines Naturwissenschaftlers oder

Mathematikers: Der Künstler unterliegt keiner anderen Autorität, während sich der Wissenschaftler dem unerbittlichen Richter der *Wahrheit* zu stellen hat, die sich im Experiment oder in der Beobachtung herausstellt. Ähnlich ist es beim Mathematiker: Wie schön eine Theorie auch ist, so muß sie doch logisch korrekt sein, um als Lehrsatz anerkannt werden zu können. Dennoch spielt die Ästhetik eine große Rolle, sowohl in der anfänglichen Plausibilität einer Behauptung als auch in ihrem Wert, wenn ihr Beweis akzeptiert wurde. Der große indische Mathematiker Srinivasa Ramanujan erfuhr keine traditionelle mathematische Ausbildung, stellte aber manche eindrucksvolle mathematische Theorie auf, die er allerdings häufig nicht bewies. Trotzdem waren sein Mentor G.H. Hardy und andere Mathematiker meist sofort von der Richtigkeit seiner Behauptungen überzeugt, teilweise allein aufgrund ihrer Schönheit. Dadurch wurden die Beweise natürlich nicht überflüssig. Zuweilen stellten sie sich als recht schwierig heraus, und einige der Behauptungen waren sogar unhaltbar, aber ihre Schönheit ließ auf den ersten Blick ihre Richtigkeit vermuten. Die Mathematiker akzeptieren schöne Ergebnisse viel eher als häßliche und schätzen elegante Beweisführungen natürlich weit mehr als solche, die unbeholfen und umständlich wirken.

Werden Theorien aus Experimenten abgeleitet?

Mit seinem berühmten Ausspruch «Ich stelle keine Hypothesen auf», meinte Isaac Newton, daß er sich nicht mit Spekulationen zufriedengab, wie es zu seiner Zeit unter Philosophen und Wissenschaftlern verbreitet war. Seine Gravitationstheorie gründete sich auf Beobachtungsergebnissen. Diese führen jedoch allein mit Hilfe logischer Schlüsse zu keiner allgemeinen Theorie. Wie Einstein sagte, muß «die Intuition durch die Einfühlung in die Erfahrung unterstützt werden».[8] Er meinte — etwas übertreibend — in seinen Spencer-Lectures (1933), daß die Axiome, auf denen die physikalischen Theorien beruhen, «freie Erfindungen des menschlichen Geistes» seien.[9] Damit wollte er nicht bestreiten, daß die «freien Erfindungen» letztlich durch die Beobachtungen untermauert werden müssen, sondern ausdrücken, daß die Gedanken nicht durch die Experimente bestimmt werden. Einstein fuhr fort: «Die Erfahrung kann die geeigneten mathematischen Konzepte nahelegen, aber diese können sich ganz gewiß nicht aus den Experimenten ergeben. Die Praxis bleibt das einzige Kriterium der physikalischen Brauchbarkeit einer mathematischen Formulierung. Das kreative Prinzip liegt jedoch in der Mathematik.»

Es ist ein weiter Weg von der Beobachtung fallender Äpfel, rollender Bälle oder von Planetenumlaufbahnen zum Aufstellen der Bewegungsgesetze und der universellen Gravitationsanziehung. Zudem «gibt es keine logische Brücke zwischen der Erfahrung und den Grundlagen der Theorie» (Einstein).[10] Außer der anfänglichen Schlußfolgerung, die von der «Einfühlung in die Erfahrung» zu einer wissenschaftlichen Theorie führt, gibt es die Einschränkung, daß die Vorhersagen der Theorie anschließend durch die Beobachtung bestätigt werden müssen. «Der Prozeß, mit dem wir eine Hypothese aufstellen, ist nicht unlogisch, sondern nicht-logisch, das heißt, er liegt außerhalb der Logik», schrieb der Biologe Peter Medawar. Weiter meinte er: «Wenn wir uns aber einmal eine Meinung gebildet haben, dann können wir sie überprüfen, meist durch das Experiment.»[11]

Es besteht eine ständige Spannung zwischen den hochfliegenden Ideen eines Wissenschaftlers und der Notwendigkeit, seine Gedanken mit den beweisbaren Tatsachen kritisch zu vergleichen. «Laßt der Phantasie freien Lauf, nur geführt von der Urteilskraft und den Naturgesetzen», riet Michael Faraday, «aber zügelt sie durch das *Experiment*».[12] Dieser zweite Aspekt der Kreativität des Wissenschaftlers unterscheidet ihn vom Künstler, für den solche Beschränkungen nicht gelten. Wie Ernest Rutherford betonte, stellt dies sicher, daß «die Physiker ... überhaupt darauf vertrauen dürfen, daß sie auf den festen Grund der Tatsachen bauen und nicht auf den unsicheren Sand phantasievoller Hypothesen, wovor uns manche wissenschaftlichen Glaubensbrüder so oft ernstlich warnen.»[13]

Die Notwendigkeit eines sicheren Fundaments aus empirischen Tatsachen ist der Grund für das Beharren der Physiker auf *quantitativer* Übereinstimmung zwischen theoretischen Erwartungen und experimentellen Beobachtungen. Wir verstehen ein natürliches Phänomen nur dann wirklich, wenn wir sein Auftreten unter bestimmten Bedingungen quantitativ vorhersagen können. Wer kein Naturwissenschaftler ist, dem erscheint dieser Prüfstein für das richtige Verständnis verwirrend und rätselhaft. Nehmen wir an, ein Historiker behaupte, den Ablauf bestimmter Ereignisse zu verstehen; dann bedeutet das nicht unbedingt, daß irgendwer den Verlauf der Geschehnisse hätte sicher vorhersagen können, wenn das erwähnte Verständnis zuvor verfügbar gewesen wäre. Dagegen werden die Naturwissenschaftler mißtrauisch, wenn jemand behauptet, einen physikalischen Vorgang wirklich verstanden zu haben, jedoch auf der Grundlage seines Verständnisses keinerlei exakte Vorhersagen machen kann. Sie betrachten die Behauptung dann als reichlich unsicher.

Der tiefere Grund für die Betonung der quantitativen Vorhersagen ist nicht die Anwendung der mathematischen Formelsprache an sich. Die Mathematik, die die Naturwissenschaftler verwenden, ist nicht immer in dem Sinne quantitativ, daß Zahlen eingesetzt würden. Das hier entscheidende Merkmal der Mathematik ist vielmehr die *Präzision des Denkens* und weniger die numerische Berechnung. In vielen Fällen wird eine Theorie vorläufig akzeptiert, lange bevor Methoden entwickelt wurden, die einen quantitativen

Vergleich mit empirischen Daten erlauben: Entweder sind die Gleichungen
der Theorie zu kompliziert, um gelöst zu werden, oder die Vorhersagen beziehen sich auf Gegebenheiten, die technisch noch nicht realisierbar sind,
oder es ist gar kein Experiment möglich, so daß die Natur in der betreffenden
Hinsicht (noch) nicht beobachtet werden kann. Dennoch kann die Theorie
erst einmal gebilligt werden, wenn ihre Konsequenzen den beobachteten
Phänomenen *qualitativ* zu entsprechen scheinen. In anderen Fällen der jün-
geren Vergangenheit haben die Physiker mathematische Modelle entwickelt,
von denen man weiß, daß sie der Wirklichkeit nicht direkt entsprechen. Teilweise dienen die Modelle als Übungsfelder für mathematische Ansätze zu
realistischeren, jedoch komplizierteren Theorien und teilweise als Abbild
der realen Gegebenheiten, von denen aber noch niemand weiß, wie sie adä-
quat zu beschreiben sind. Natürlich geht Probieren über Studieren, und bei
physikalischen Theorien besteht das Probieren eben darin, die *quantitative*
Übereinstimmung mit experimentellen Messungen zu überprüfen.

Die Rolle der Mathematik

Wenn die Vorstellungskraft — kontrolliert durch Versuch und Beobachtung — für den Physiker ein unentbehrliches Werkzeug ist, drückt sie sich
meist mit Mitteln der Mathematik aus. «Ein Physiker errichtet Theorien aus
mathematischen Materialien», sagt der Physiker Freeman Dyson durchaus
zutreffend, und er fährt fort:

> *Seine Kunst besteht darin, die Materialien geeignet zu wählen und aus ihnen*
> *ein Abbild der Natur anzufertigen; dabei weiß er nur ungefähr (und auch eher*
> *intuitiv als rational), ob die Materialien für seinen Zweck überhaupt die richtigen*
> *sind. Wenn er seine Theorie aufgestellt hat, muß er ihre wissenschaftliche Aussage*
> *gedanklich und experimentell überprüfen. Beim Erstellen der Theorie ist er zudem*
> *auf mathematische Intuition angewiesen.*[14]

* * *

Die wichtigste Funktion hat die Mathematik für die Physiker daher als allgemeines Gedankengebäude und als leistungsfähige Methode der Abstraktion,
um die Natur zu analysieren und zu beschreiben. Ein entscheidender Teil
dieser Funktion liegt in der *Formelsprache* der Mathematik.

Die Anwendung der mathematischen Formelsprache macht es dem
Laien allerdings schwer, den Naturwissenschaftler zu verstehen. Man sollte
aber nicht glauben, daß das Weglassen des mathematischen Formalismus —
als kleines Zugeständnis der Wissenschaftler — die Naturwissenschaft dem
Laien leichter zugänglich machte. Es ist ja nicht die Formelsprache allein,
die als Fachjargon dient (so wie es auch viele andere Disziplinen gibt, die
ihren eigenen Wortschatz haben). Die Ergebnisse und die abstrakten Vorstellungen in der Mathematik sind für die Entwicklung der Physik wichtiger

als die Sprache, in der sie formuliert werden. Tatsächlich ist es bemerkenswert, in welchem Ausmaß sich mathematische Ideen, die ohne die Absicht zur realen Anwendung formuliert wurden, beim Aufstellen physikalischer Theorien als nützlich erwiesen. Dem scheint entgegenzustehen, daß die Mathematiker vor allem vom Streben nach Abstraktion, nach Schönheit der Gleichungen und nach Gedankenökonomie geleitet werden. Je «reiner» die Mathematiker vorgehen, desto weniger kümmern sie sich darum, ob ihre Ideen etwas mit der Wirklichkeit oder mit praktischer Anwendung zu tun haben.

Gleichzeitig trifft es jedoch zu, daß viele wichtige Teilgebiete der Mathematik ihre ersten Impulse aus physikalischen Anwendungen oder aus Vorstellungen über die reale Welt erhielten. Das bekannteste Beispiel hierfür ist die Entwicklung der Infinitesimalrechnung durch Isaac Newton; andere Beispiele werden uns in diesem Buch noch begegnen. Aber selbst in Bereichen der Mathematik, deren Nutzen für die Physik feststand, waren viele entscheidende Fortschritte den reinen Mathematikern zu verdanken, die die Anwendbarkeit nicht im Blick hatten. Diese Entwicklungen erwiesen sich oft als sehr nützlich beim Formulieren der Vorstellungen über die Natur, die uns umgibt.

Ein gewisses Rätsel besteht im Wesen der Beziehung zwischen der reinen Mathematik und ihrer Anwendbarkeit in der Naturwissenschaft. Darüber schrieb Eugene Wigner ausführlich in einem Essay mit dem zutreffenden Titel «Die unglaubliche Wirksamkeit der Mathematik in den Naturwissenschaften».[15] Jeder Zweig der Physik verwendet, auf verschiedenen Stufen der Abstraktion, die Mathematik (damit meine ich nicht nur die numerischen Verfahren zum Vergleich von Theorie und Experiment). Wenn es andererseits ein Gebiet der Mathematik gibt, das noch keine Anwendung in der Wissenschaft fand, so wird es sie in der Zukunft sicher finden. Umgekehrt haben Physiker oft mathematische Begriffe entwickelt, die von den Mathematikern anfangs als unverständlich belacht wurden, aber später zu wichtigen Bestandteilen anerkannter Gebiete der Mathematik wurden.

Einige mathematische Grundbegriffe

Ein Beispiel eines zunächst rein mathematischen Begriffs, der in der Naturwissenschaft sehr bedeutungsvoll wurde, ist die Erweiterung des Zahlenraumes durch die *imaginäre* Zahl $i = \sqrt{-1}$ und ihre Vielfachen. Solche Zahlen tauchten erstmals im 16. Jahrhundert als «unmögliche» Größen auf, und zwar in den Lösungen bestimmter algebraischer Gleichungen. Beispielsweise hat die Gleichung $x^2 + 1 = 0$ die Lösungen $x = \pm i$. Vor der Entdeckung bzw. Entwicklung der imaginären Zahlen galt eine solche

Gleichung als unlösbar. Als erster verwendete der flämische Mathematiker Albert Girard die imaginären Zahlen explizit in den Lösungen von Gleichungen. Der heute übliche Ausdruck «imaginäre Zahlen» stammt von dem Philosophen und Mathematiker René Descartes; doch blieb es dem «Fürsten der Mathematiker», Carl Friedrich Gauß, vorbehalten, sie sozusagen salonfähig zu machen. Übrigens kamen auch die *negativen* Zahlen als Lösungen algebraischer Gleichungen erst im 15. Jahrhundert auf und wurden anfangs kaum akzeptiert. Die «komplexen» Zahlen sind als Summe (oder Differenz) reeller und imaginärer Zahlen darzustellen. So beträgt in der Zahl $3 + 5i$ der Realteil 3, und ihr Imaginärteil ist 5.

Der Begriff der imaginären Zahl entstand in der Algebra, erlangte aber auch in anderen Teilgebieten der Mathematik große Bedeutung; allmählich erkannte man seine Nützlichkeit auch in vielen anderen Bereichen. In den 20er Jahren wurde die Quantenmechanik entwickelt, die wir in späteren Kapiteln noch detailliert besprechen werden. Einer ihrer grundlegenden Bestandteile ist der Begriff der imaginären Zahl, ohne die sie kaum hätte aufgestellt werden können.

Die nichteuklidische Geometrie ist ein anderes Beispiel für einen Zweig der reinen Mathematik, der der Physik großen Nutzen brachte. Euklids fünftes Postulat — das sogenannte Parallelen-Axiom — besagt, daß durch einen bestimmten Punkt genau eine Gerade verläuft, die zu einer gegebenen Geraden parallel liegt. Es spielte lange Zeit eine besondere Rolle unter den Axiomen der Geometrie. Manche Wissenschaftler vermuteten, es sei von den anderen euklidischen Axiomen nicht unabhängig, und viele Mathematiker versuchten vergeblich, das Parallelen-Axiom aus den anderen vier Axiomen abzuleiten. Andere meinten, sein Wahrheitsgehalt sei mehr oder weniger selbstverständlich. Der bedeutende Philosoph Immanuel Kant sah die euklidische Geometrie, einschließlich ihres fünften Postulats, als eine der Erkenntnisse über die Natur an, die durch bloßes Nachdenken zu erhalten seien.

Vor rund 150 Jahren, weniger als 50 Jahre nach Kants Tod, erarbeiteten die Mathematiker Nikolai Lobatschewski, Farkas Bolyai und Bernhard Riemann andere Geometrien, deren Axiome außer dem fünften mit den euklidischen identisch sind. Lobatschewski und Bolyai postulierten, daß es zu einer gegebenen Geraden durch einen gegebenen Punkt mehr als eine Parallele gibt, und Riemann entwickelte eine Geometrie, in der keine solche Parallele existiert. Man konnte zeigen, daß diese Geometrien in sich widerspruchsfrei sind; damit wurde klar, daß das fünfte euklidische Axiom von den anderen unabhängig ist. In der euklidischen Geometrie beträgt die Summe der Innenwinkel im Dreieck 180°, während sie in der «hyperbolischen» Geometrie von Lobatschewski kleiner und in der «elliptischen» Geometrie von Riemann größer ist. In beiden letztgenannten Systemen hängt die Winkelsumme im Dreieck von dessen Größe ab.

Man kann Modelle solcher Geometrien in zwei räumlichen Dimensionen leicht aufstellen. Wenn wir einen Großkreis auf einer Kugel als Gerade bezeichnen (weil er die kürzeste Verbindung zweier Punkte auf der Kugel bildet), dann ist die zweidimensionale Geometrie auf der Kugeloberfläche eine riemannsche Geometrie, beispielsweise auf der Erdoberfläche. Betrachten wir ein großes Dreieck auf der Erde. Es werde gebildet von einer Linie, die vom Nordpol aus in Nord-Süd-Richtung durch New York verläuft, sowie von einer zweiten Linie, die ebenfalls vom Nordpol aus in Nord-Süd-Richtung durch Los Angeles geht, und schließlich von einer dritten Linie, die dem Äquator folgt. Die beiden Innenwinkel an den Ecken auf dem Äquator betragen jeweils 90°. Also ist die Summe der Innenwinkel größer als 180°, denn es existiert ja noch der Winkel am Nordpol, dem Scheitel des Dreiecks; dieser Winkel entspricht der geographischen Längendifferenz der beiden Städte. In dieser Geometrie gibt es keine parallelen Linien, weil sich zwei beliebige Großkreise stets in zwei Punkten schneiden. Eine entsprechende Geometrie auf einer «Pseudo-Kugel», einer unendlich langen trompetenähnlichen Oberfläche, ist hyperbolisch.

In drei Dimensionen sind dies rein mathematische Konstruktionen, mit denen vor allem die Unabhängigkeit des fünften euklidischen Axioms von den anderen gezeigt werden soll. Der Gedanke an eine praktische Anwendbarkeit lag den Begründern dieser Systeme durchaus fern, jedoch spekulierte schon Gauß über die mögliche Realität der hyperbolischen Geometrie. Im Jahre 1915 schuf Einstein die Allgemeine Relativitätstheorie. Eine ihrer Grundlagen ist die Tatsache, daß alle Körper, unabhängig von ihrer Masse, derselben Gravitationsbeschleunigung unterliegen. Das war auch Bestandteil der Newtonschen Theorie, wurde dort aber mehr oder weniger als zufälliges Faktum ohne besondere Bedeutung angesehen. In Einsteins Theorie ist es dagegen entscheidend, daß sich die Masse eines Körpers aus den Bewegungsgleichungen herauskürzt, solange er nur Gravitationskräften unterworfen ist. Daher verhalten sich alle Körper gleich, und Einstein konnte die gesamte Bewegung mit rein geometrischen Ausdrücken beschreiben und so die Gravitation als Eigenschaft des Raumes ansehen. Demnach kann die «natürliche» Geometrie des Raumes nicht euklidisch sein, und wir sagen, der Raum ist «gekrümmt».

Nehmen wir an, der Verlauf eines Lichtstrahls sei geradlinig. Das erscheint uns selbstverständlich, und wir prüfen oft die Geradheit von Kanten durch optische Peilung. Nun stellt sich aber heraus, daß die Geometrie, die für den Verlauf von Lichtstrahlen gilt, gemäß der Allgemeinen Relativitätstheorie eine riemannsche ist! Ein großes Dreieck, das durch drei Lichtstrahlen eingeschlossen wird, hat also eine Innenwinkelsumme, die 180°

übersteigt — um wieviel, das hängt von der Größe des Dreiecks ab. Die
Abweichung ist bei Dreiecken von der Größe gewöhnlicher Gegenstände
unmeßbar gering, wird aber bei astronomischen Ausdehnungen merklich.

Was als abstrakte mathematische Übung begann, erhielt nun eine physikalische Anwendung. Außerdem hat der geometrische Ansatz der Gravitationstheorie das Denken vieler theoretischer Physiker entscheidend beeinflußt.
Wir stellen uns starke Kräfte jetzt als «Raumkrümmung» vor und wissen,
daß diese innerhalb überdichter Sterne enorm sein kann. Die Bewegungen
von Kometen, Asteroiden oder Planeten erscheinen in dieser Hinsicht als
«natürlich» und «geradlinig», wie die eines freien Körpers in der Newtonschen Mechanik, auf den keinerlei Kräfte einwirken. Die genannten Himmelskörper bewegen sich jeweils entlang von Linien, die in der betreffenden
Geometrie die kürzeste Verbindung zweier Punkte darstellen.

Die geheimnisvolle Leistungsfähigkeit der Mathematik

Die enge Verknüpfung zwischen Mathematik und Naturwissenschaften
bleibt irgendwie geheimnisvoll. Zuweilen folgen die Physiker, denen einige
Gebiete der reinen Mathematik vertraut sind, den dort entwickelten Vorstellungen und versuchen, ihre Ideen in dem betreffenden mathematischen
Formalismus auszudrücken. Manchmal wissen die Physiker aber nicht, was
sich in der Mathematik tat, und formulieren ihre Ideen auf die gleiche Weise
wie Mathematiker, die sich nicht vom Gedanken an eine praktische Anwendung leiten lassen.

Die Erklärung der geradezu unheimlichen Verknüpfung der reinen Mathematik mit unserer Beschreibung der Natur liegt vielleicht einfach darin,
daß die Mathematik nichts weiter ist als eine sehr leistungsfähige Kodierung
logischer Schlüsse. Die Wissenschaftler benötigen letztlich alle Methoden
der Logik, um ihre Vorstellungen vom Wesen des Universums auszudrücken
und ihre Folgerungen daraus darzulegen. Die Mathematik dient dabei als
abstraktes, weitreichendes Organisationsprinzip, ohne das unsere Ideen unvollständig blieben. «Die Mathematik macht es möglich, daß wir uns mehr
vorstellen können, als wir exakt zu denken vermögen», schrieb Freeman
Dyson.[16]

Wenn die Grundideen physikalischer Theorien und die mathematischen
Begriffe, mit denen wir die Arbeitsweise der Natur erklären, zwar an experimentelle Fakten gebunden, aber «freie Erfindungen des menschlichen
Geistes» sind, dann darf man fragen: Können völlig verschiedene Theorien,
vielleicht auch mit anderen mathematischen Ansätzen, dieselbe Funktion mit
gleicher oder noch höherer Effizienz haben? Diese Frage wird von den Wissenschaftlern sehr kontrovers diskutiert. Wenn physikalische Theorien und

mathematische Lehrsätze wirklich Erfindungen von Menschen sind, dann muß es entweder Alternativen mit vergleichbarer Leistungsfähigkeit geben, oder es existiert keine (von einigen Philosophen postulierte) merkliche Harmonie zwischen dem Wirken des menschlichen Verstandes und der gesamten Natur.

In späteren Kapiteln werden uns noch Beispiele begegnen, die den Mangel an Eindeutigkeit in der Beziehung zwischen natürlichen Effekten und ihrer Beschreibung durch physikalische Theorien belegen: In den Theorien ist gewöhnlich ein gewisses Maß an Vereinfachung enthalten. Will man eine brauchbare Theorie aufstellen, die mit einfachen mathematischen Mitteln formuliert werden kann, so müssen stets bestimmte vereinfachende Annahmen eingeführt werden, die aber nicht den wirklichen Gegebenheiten entsprechen. Um die tatsächlichen Beobachtungen zu erklären, greifen die Physiker dann auf sogenannte Korrekturterme zurück, die keineswegs willkürlich sind, sondern auf weitergehenden Theorien gründen. Der Vorgang der Vereinfachung beim Aufstellen einer Theorie ist nicht von vornherein eindeutig festgelegt, sondern hängt entweder von den verfügbaren mathematischen Methoden oder vom Erfindungsreichtum des Physikers ab, mit dem er neue Verfahren entwickelt. Es ist vorstellbar, daß andere theoretische Ansätze zu abweichenden Vereinfachungen und dennoch zu gleichermaßen adäquaten Beschreibungen der Realität führen, die aber mit den bis dahin anerkannten Theorien wenig gemein haben.

Wenn Theorien «freie Erfindungen» sind, sagen sie uns dann überhaupt etwas über das Wesen der Natur? Oder sind es lediglich Reflexionen der Struktur des menschlichen Gehirns? Anhand der Theorien kann man künftige Beobachtungen vorhersagen und auf dieser Grundlage ausgeklügelte technische Verfahren entwickeln. Dies beweist, daß die Theorien *etwas* über die Natur aussagen, selbst wenn dieses Etwas auch auf andere Weise ausgedrückt werden kann. Die Annahme, naturwissenschaftliche Theorien seien weitgehend Produkte der menschlichen Vorstellungskraft, widerspricht nicht der Überzeugung, daß uns die Theorien *Wahrheiten* über die Natur mitteilen.

Beim Nachdenken über solche Fragen ist es interessant, sich einen Besuch von Lebewesen eines fernen Planeten bei uns vorzustellen. Müßten ihre physikalischen Theorien und ihre mathematischen Verfahren dieselben sein wie die unseren? Oder könnten ihre Theorien, nach gewissen Umstellungen und geringen Änderungen der Argumentation, direkt in unsere übersetzt werden? Im Bereich der Mathematik ist es schwer vorstellbar, daß eine fremde Kultur sehr hoch entwickelt sein könnte, ohne daß zumindest die Arithmetik angewandt wird. Bei anderen mathematischen Disziplinen können wir mit einer solchen Behauptung nicht so sicher sein. Daher sagen manche Mathematiker: «Gott schuf die natürlichen Zahlen, aber alles andere ist

Menschenwerk.» Weiterhin gibt es in den Naturwissenschaften sicher manche Grundvorstellungen, darunter das Periodensystem der Elemente, die in anderen hochentwickelten Zivilisationen ihre Entsprechung haben müßten. Ich bin aber nicht davon überzeugt, das dies für alle Teile unseres Wissenschaftsgebäudes gleichermaßen zutrifft. Ich glaube, eine definitive Antwort auf diese Frage wäre nur durch direkte Beobachtung eines Besuchers aus dem Weltall möglich; ebenso bleibt dieser Beobachtung wohl die Lösung des Problems der Beziehung zwischen menschlicher Vorstellungskraft und der uns umgebenden Welt vorbehalten.

In der Zwischenzeit steht es uns frei, die begrifflichen Strukturen zu bewundern, die ebenso imposant wie die gewaltigen Gewölbe und die hochaufragenden Türme mittelalterlicher Kathedralen sind und ebenfalls kaum zu praktischen Zwecken errichtet wurden. Betrachten wir nun sozusagen die Architektur unserer Kathedrale mit ihren vielen Kapellen.

2 Chaos und der Laplacesche Dämon

> *Gäbe es einen Verstand, der für einen gegebenen Augenblick*
> *alle die Natur belebenden Kräfte und die gegenseitige Lage*
> *der sie zusammensetzenden Wesen kennte und zugleich umfassend*
> *genug wäre, diese Data der Analysis zu unterwerfen, so*
> *würde ein solcher die Bewegungen der größten Weltkörper*
> *und des kleinsten Atoms durch eine und dieselbe Formel*
> *ausdrücken; für ihn wäre nichts ungewiß; vor seinen Augen*
> *ständen Zukunft und Vergangenheit.*[17]

Dies schrieb 1795 der große französische Mathematiker Pierre-Simon de Laplace, und seine großartige Aussage hatte in Europa und in Amerika weitreichenden Einfluß auf die physikalischen Auffassungen im größten Teil des 19. Jahrhunderts. Naturwissenschaftler und viele Philosophen jener Zeit betrachteten das Universum wie ein Uhrwerk. Nach ihrer Meinung bräuchte man daher nur ausreichend Informationen und müßte nur gründlich genug nachdenken, um seine gesamte Zukunft mit beliebiger Genauigkeit vorhersagen zu können. In einer solchen mechanistischen Welt war kein Platz für Gott und seine Einwirkung, und die schon seit Galileis Zeiten mit schmerzlichen Folgen bestehende Kluft zwischen Wissenschaft und Religion wurde unüberbrückbar.

In diesem Kapitel möchte ich untersuchen, auf welcher Grundlage Laplace seine «Intelligenz» — den später so bezeichneten *Laplaceschen Dämon* — postulieren konnte, und wir werden eine Reihe fundamentaler Begriffe zur Beschreibung der Natur kennenlernen. Wir werden sehen, wie fragwürdig seine Aussage war, selbst in dem Kontext, in dem er sie aufstellte*). Wir werden von einer Welt mit klassischer Ordnung zu einer Ansammlung von Chaos übergehen; auf diesem Wege werden wir Einsichten gewinnen, die wir in anderen Zusammenhängen als hilfreich erkennen werden. Während unseres Ausflugs müssen wir ein Minimum an mathematischem Rüstzeug erwerben, das uns wiederum später noch gelegen kommen wird. Wir beginnen im 17. Jahrhundert.

Die Grundlagen der klassischen Mechanik, auf denen die Aussage von Laplace beruhte, sind in Newtons Axiomen (bzw. Bewegungsgesetzen) vollständig formuliert:

1. Ein Körper verharrt im Zustand der Ruhe oder der gleichförmigen Bewegung, solange keine Kraft auf ihn einwirkt.

---

*) In Kapitel 7 werden wir sehen, daß die Quantentheorie den Traum von Laplace als zweifelsfrei illusorisch entlarvte. Wir werden uns hier auf die klassische Mechanik beschränken. Obwohl die Quantenmechanik in gewisser Hinsicht die klassische Mechanik ersetzt, ist letztere eine für makroskopische Körper weiterhin gültige Theorie.

Exkurs: Vektoren

In dem dreidimensionalen Raum, in dem wir leben, ist der Ort eines Punktes durch drei Werte in einem Koordinatensystem festgelegt. Beispielsweise können wir in einem Zimmer mit zwei Wänden, die nach Westen bzw. nach Norden gerichtet sind, die nordwestliche Ecke auf dem Fußboden als Ursprung wählen. Dann können wir den Ort eines Punktes durch seine Abstände von der Nordwand und von der Westwand sowie durch seine Höhe über dem Boden angeben. Diese sogenannten *kartesischen Koordinaten*, benannt nach René Descartes, werden meist mit x, y und z bezeichnet. Ist im gegebenen Beispiel eine der drei Koordinaten negativ, so liegt der Punkt außerhalb des Zimmers. Ist z negativ, dann befindet sich der Punkt unterhalb des Fußbodens und so weiter. Entsprechend können wir irgendeinen Vektor $\vec{r}$ angeben, indem wir einen Pfeil zeichnen, der vom Ursprung des Koordinatensystems zum betreffenden Punkt mit den Koordinaten $\vec{r}_x$, $\vec{r}_y$ und $\vec{r}_z$ verläuft. Dann nennt man diese Größen die «Komponenten» des Vektors und schreibt sie als (r_x, r_y, r_z), wie in Abbildung 1 dargestellt ist.

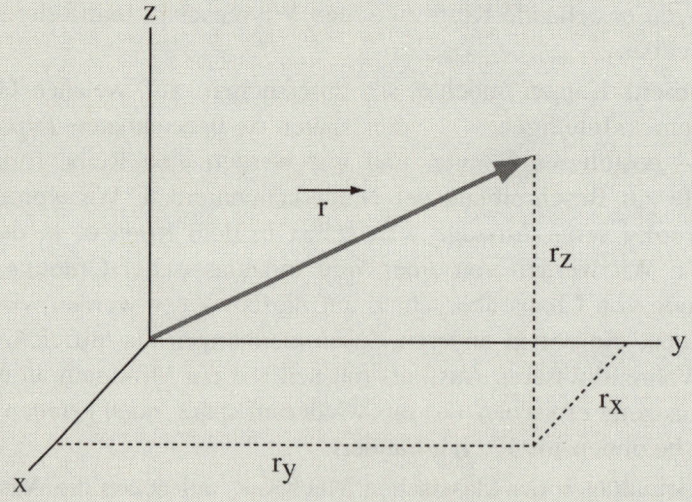

Abb. 1 Ein Vektor $\vec{r}$ mit seinen Komponenten $\vec{r}_x$, $\vec{r}_y$ und $\vec{r}_z$.

Damit ein Vektor eindeutig bestimmt ist, müssen sein Betrag und seine Richtung bekannt sein; man kann statt dessen auch seine drei Komponenten abgeben. Jede Kombination von drei Zahlen kann als Angabe der Vektorkomponenten oder des Ortes eines Punktes im dreidimensionalen Koordinatensystem aufgefaßt werden. Wenn wir vom Ursprung mit den Koordinaten (0, 0, 0) eine Gerade zum Ort des betreffenden Punktes ziehen, können wir dessen Ort auch als einen Vektor ansehen.

Dieses Verfahren läßt sich auf beliebig viele, beispielsweise n, Zahlen anwenden. Wenn die Ortsangabe eines Punktes n Zahlen erfordert, so sagt man, er befindet sich in einem n-dimensionalen Raum. Genügt die Angabe einer einzigen Zahl, dann liegt der Punkt in einem eindimensionalen Raum, nämlich auf einer Geraden. Bei zwei Zahlen liegt er in einer ebenen Fläche (in einem zweidimensionalen Raum). Sind mehr als drei Zahlen erforderlich, können wir uns den mehrdimensionalen Raum nicht bildlich vorstellen. Dennoch ist für viele Zwecke die Behandlung mehrdimensionaler Räume äußerst nützlich.

2. Eine auf einen Körper einwirkende Kraft verleiht diesem eine Beschleunigung, die proportional zum Betrag der Kraft ist.
3. Zu jeder auf einen Körper einwirkenden Kraft existiert eine gleichgroße Reaktionskraft in entgegengesetzter Richtung.

Diese Axiome umfaßten Galileis Beweis, daß die Gravitationskraft allen Körpern eine bestimmte Beschleunigung verleiht; sie bedeuteten einen vollständigen Bruch mit der Vorstellung von Aristoteles, daß die Einwirkung einer Kraft nötig sei, um einen Körper in gleichförmiger Bewegung zu halten. Selbst heute noch folgen viele Menschen intuitiv dieser falschen Ansicht und finden die Newtonschen Axiome kaum einleuchtend.

Drücken wir den Sachverhalt mathematisch aus: Nach Newtons zweitem Axiom bewirkt eine Kraft $\vec{F}$, die auf einen Körper der Masse m einwirkt, eine Beschleunigung $\vec{a}$, für die gilt $\vec{a} = \vec{F}/m$. Darin bedeuten die Pfeile, daß die betreffenden Größen nicht nur einen Wert, sondern auch eine Richtung haben. Das soll ein wenig näher erläutert werden.

Viele physikalische Größen werden zum einen durch eine Zahl charakterisiert (ihren sogenannten Betrag) und zum anderen durch die Angabe ihrer Richtung. Das gilt beispielsweise für Kräfte oder auch für Geschwindigkeiten. Solche Größen nennt man Vektoren; in den Gleichungen tragen sie einen Pfeil über dem Formelzeichen. So wird eine Geschwindigkeit meist als $\vec{v}$ notiert. Einzelheiten finden Sie im Exkurs «Vektoren».

Die Newtonschen Axiome

Wenn ein physikalisches System aus mehreren Körpern besteht, dann gilt für jeden einzelnen von ihnen eine Bewegungsgleichung. Üben die Körper aufeinander Kräfte aus, dann hängt die auf den Körper 1 ausgeübte Kraft $\vec{F}_1$ im allgemeinen nicht nur von seinem Ort ab, sondern auch von den Orten aller anderen Körper. Entsprechendes gilt für jeden Körper. Beispielsweise wirken im Sonnensystem auf die Erde u.a. folgende Kräfte: die Gravitationskraft, die sie zum momentanen Ort der Sonne zieht, ferner die vom Mond ausgeübte Gravitationskraft sowie die von den anderen Planeten herrührenden schwächeren Kräfte. Wie man hier schon vermutet, kann das Gleichungssystem recht kompliziert werden, wenn das betrachtete System viele Körper enthält.

Wenn man weiß, wie die Kräfte zwischen allen Teilchen*) oder Körpern in einem mechanischen System von den jeweiligen Abständen abhängen, und wenn man auch alle anderen auf die Teilchen wirkenden Kräfte kennt, so kann man das zugehörige System von *Differentialgleichungen* aufstellen, das die Bewegungen aller Teilchen zu jeder beliebigen Zeit beschreibt.

Im Jahre 1665 beendete Isaac Newton sein Studium am Trinity College in Cambridge mit der Magisterprüfung. Unmittelbar darauf erfand (oder, wie manche Mathematiker lieber sagen, entdeckte) er die Differentialrechnung, wobei er vor allem ihre Anwendung in der Physik im Sinn hatte. Aber es gab einen Wissenschaftler, der — unabhängig von Newton und einige Jahre später — die Differentialrechnung ebenfalls erfand. Es war der deutsche Philosoph und Mathematiker Gottfried Wilhelm Leibniz, der vielleicht letzte Universalgelehrte. Sein Aufsatz wurde 1684 veröffentlicht, noch vor dem Erscheinen von Newtons Arbeit (1687). Das führte zu häßlichen Streitigkeiten um die Priorität und zu Animositäten unter den Anhängern der beiden. Als Folge wurden die britischen Mathematiker noch Jahre nach Newtons Tod von ihren Kollegen auf dem europäischen Kontinent geschnitten. Heute wird Newtons Priorität bei der Konzeption und der Entwicklung der Differentialrechnung praktisch allgemein anerkannt. Allerdings benutzt man inzwischen die Schreibweise, die Leibniz vorschlug.

Galileis Schüler Buonaventura Cavalieri sowie die französischen Mathematiker Pierre de Fermat (laut Laplace der «wahre Erfinder der Differentialrechnung») und Blaise Pascal schufen mit einer Reihe früherer Beiträge die Grundlagen für die Arbeiten von Newton und Leibniz. Ihre «Infinitesimalrechnung» war der Ausgangspunkt für die Entwicklung eines neuen Gebietes der Mathematik, nämlich der *Analysis*. Hierbei vollzog sich ein Bruch mit den von den antiken Griechen und den Arabern überkommenen Vorstellungen. Obwohl auch andere mathematische Disziplinen bedeutend blieben, hat vor allem dieser Zweig die moderne Naturwissenschaft erst ermöglicht. (Einzelheiten werden in den Exkursen «Funktionen» und «Differentialrechnung» in diesem Kapitel besprochen.)

---

*)   Unter einem Teilchen verstehen wir in diesem Zusammenhang einen kleinen Körper, den wir als punktförmig betrachten. Seine eventuelle Teilbarkeit soll hier keine Rolle spielen. In Kapitel 8 werden wir den Begriff «Teilchen» in einer anderen Bedeutung verwenden.

Exkurs: Funktionen

Um die Newtonschen Bewegungsgleichungen und die ihnen zugrunde-liegende Differentialrechnung zu verstehen, betrachten wir zunächst den Begriff der *Funktion*. Wir bezeichnen eine variable Größe (in der Mathematik einfach «Variable» genannt) beispielsweise mit x. Sie soll beliebige Werte annehmen können. Eine andere Variable y nennen wir eine *Funktion von x* und schreiben sie daher als $y = f(x)$. Das bedeutet: Für jeden Wert von x nimmt y einen bestimmten Wert an. Dabei ist x die *unabhängige Variable*, und y ist die *abhängige Variable*; denn x kann frei gewählt werden, während der Wert von y durch den von x festgelegt wird. Ist beispielsweise $y = 5\,x$, dann hat für $x = 2{,}5$ die Variable y den Wert 12,5. Bei der Funktion $y = ax$ müssen wir jeweils den x-Wert mit einer bestimmten Zahl a multiplizieren und erhalten dadurch den y-Wert. Entsprechend muß bei der Funktion $y = x^2$ der x-Wert quadriert werden. Allgemeiner ausgedrückt: eine Funktion kann in algebraischer Form gegeben sein, die es uns erlaubt, y aus dem gegebenen x zu berechnen. Im Ausdruck $y = f(x)$ ist die Größe x das *Argument* der Funktion f.

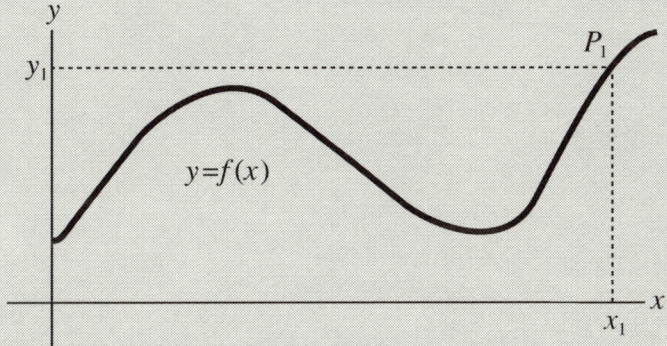

Abb. 2 Der Graph einer Funktion $y = f(x)$.

Eine Funktion kann auch durch einen sogenannten Graphen gegeben sein, wie in Abbildung 2 gezeigt. Das Koordinatensystem wird durch die Abszisse (die waagerechte x-Achse) und die Ordinate (die senkrechte y-Achse) gebildet. Jede Achse muß einen Maßstab haben, an dem die entsprechenden Werte der beiden Variablen abzulesen sind, d.h. jeder Punkt auf der x-Achse repräsentiert einen x-Wert, und Entsprechendes gilt für die y-Achse. Wir bestimmen den Wert y_1 der abhängigen Variablen y, indem wir die Funktionsvorschrift auf den Wert x_1 der unabhängigen Variablen x anwenden. In der Zeichnung ziehen wir dazu eine senkrechte Linie vom Punkt x_1 auf der Abszisse zum Graphen der Funktion. Vom

Schnittpunkt dieser Senkrechten mit dem Funktionsgraphen ziehen wir dann eine waagerechte Linie zur Ordinate und lesen dort am Schnittpunkt den Wert von y_1 ab. Dieser wird also durch die Funktion dem Wert von x_1 zugeordnet.

Eine Kurve wie in Abbildung 2 kann aus Meßwerten erstellt werden oder durch eine Gleichung definiert sein. Ein Beispiel für den ersten Fall ist der Temperaturverlauf an einem bestimmten geographischen Ort zu einer bestimmten Zeit als Funktion der Höhe über dem Meeresspiegel. Dabei sind x die Meereshöhe und y die Temperatur, beispielsweise in °C. Ein Beispiel für den zweiten Fall ist die Auftragung der Gleichung $y = 1 + \frac{1}{4}x$. Sie ergibt eine Gerade (siehe Abbildung 3), die die Ordinate im Punkt $y = 1$ schneidet und die nach oben gerichtete Steigung $\frac{1}{4}$ hat. Eine Funktion, deren Graph eine Gerade ist, heißt *lineare Funktion*.

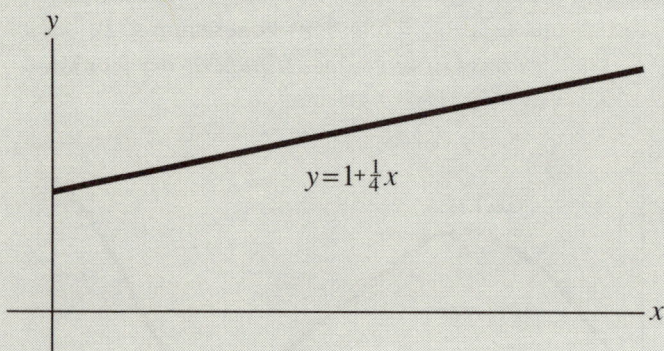

Abb. 3 Der Graph einer linearen Funktion, hier $y = 1 + \frac{1}{4}x$, ist eine Gerade.

In vielen Fällen wird die abhängige Variable durch mehrere unabhängige Variablen bestimmt. So hängt die Lufttemperatur an einem bestimmten geographischen Ort nicht nur von der Höhe über dem Meeresspiegel ab, sondern unter anderem auch von der Zeit; so wird die Temperatur im Juni anders als im Januar und mittags anders als nachts sein.

Wenn zwei unabhängige Variablen mit x bzw. y und die abhängige Variable mit z bezeichnet werden, so schreibt man die Funktion als $z = f(x,y)$. Der Graph einer solchen Abhängigkeit erfordert ein dreidimensionales Koordinatensystem. In diesem werden die beiden unabhängigen Variablen (x und y) auf zwei zueinander senkrechten Achsen aufgetragen, die eine Ebene aufspannen. Senkrecht zu dieser Ebene verläuft die z-Achse für die abhängige Variable. Der Graph der Funktion ist eine irgendwie gekrümmte (oder auch ebene) Fläche (siehe Abbildung 4).

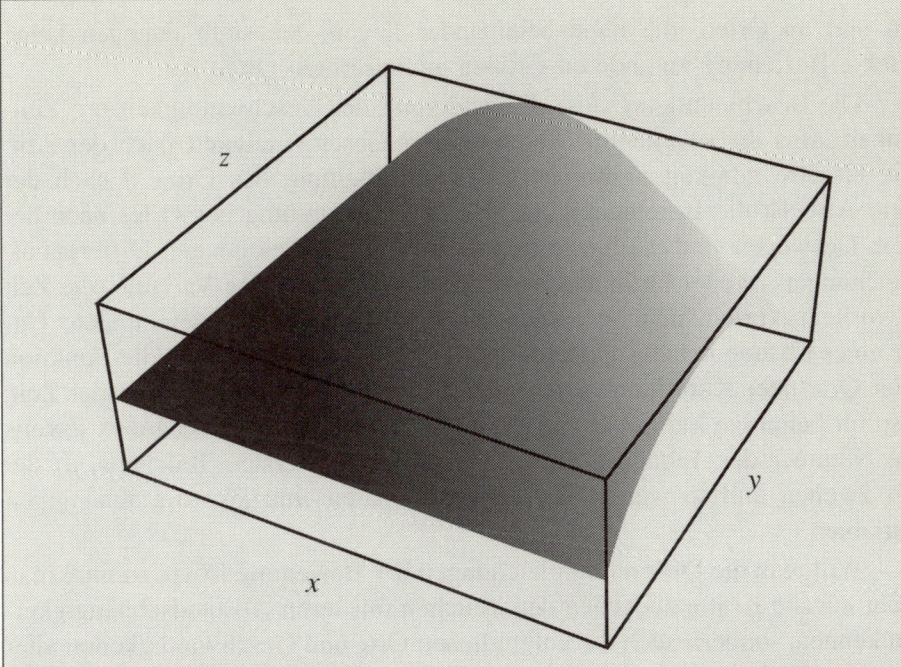

Abb. 4 Der Graph einer Funktion $z = f(x, y)$ zweier unabhängiger Variablen ist eine
Fläche in drei Dimensionen.

Um hier aus dem Graphen den z-Wert für ein bestimmtes Wertepaar
x, y zu ermitteln, wird zuerst der Punkt P in der horizontalen xy-Ebene
aufgesucht, der diesem Wertepaar entspricht. Dazu wird beim x-Wert eine
Gerade parallel zur y-Achse und beim y-Wert eine Gerade parallel zur x-
Achse gezeichnet. Der Schnittpunkt der beiden Geraden ist der gesuchte
Punkt P. Nun wird auf der xy-Ebene in P das Lot errichtet; die Höhe,
bei der es den Graphen (im dargestellten Beispiel die gekrümmte Fläche)
schneidet, gibt dann den z-Wert an. Dazu wird durch den Schnittpunkt
des Lotes mit dem Graphen eine Gerade parallel zur xy-Ebene bis zur
z-Achse gezogen; an dieser ist nun der z-Wert abzulesen, der durch die
Funktion f dem gegebenen Wertepaar der unabhängigen Variablen x und
y zugeordnet ist.

Zum besseren Verständnis dessen, wie die Begriffe zur Beschreibung
der Natur gebildet werden, betrachten wir eine wichtige allgemeine Aussage:
Eine Differentialgleichung in der Physik (beispielsweise eine Newtonsche
Bewegungsgleichung oder eine andere Differentialgleichung, wie wir sie
später noch antreffen werden) verknüpft physikalische Größen zu Zeitpunk-

ten und an Orten, die nahe beieinander liegen. Sie stellt dagegen keine direkte Beziehung zu anderen Größen an entfernten Orten her.

Die Beschleunigung $\vec{a}$ ist die Änderung der Geschwindigkeit pro Zeiteinheit, also die sogenannte Ableitung der Geschwindigkeit nach der Zeit. Die Geschwindigkeit $\vec{v}$ ihrerseits ist die Ableitung des Ortes $\vec{q}$ nach der Zeit. Also ist die Beschleunigung die zweite Ableitung des Ortes nach der Zeit. Deswegen sind die Newtonschen Bewegungsgleichungen Differentialgleichungen zweiter Ordnung. Weil nur eine unabhängige Variable (die Zeit t) vorliegt, spricht man von «gewöhnlichen» Differentialgleichungen. Unter einer Lösung solcher Differentialgleichungen versteht man die Funktion aller Orte oder Koordinaten $(\vec{q}_1, \vec{q}_2, \ldots)$ der Teilchen als Funktion der Zeit, also für beliebige Zeitpunkte: $\vec{q}_1(t), \vec{q}_2(t), \ldots$ Hierbei gibt der Index jeweils die Nummer des Teilchens an: $\vec{q}_1$ ist der Ort des ersten Teilchens, $\vec{q}_2$ der des zweiten und so weiter. Die Ortskoordinaten sind also die abhängigen Variablen.

Will man die Differentialgleichungen der Bewegung lösen, so muß man nicht nur die Kräfte zwischen den Teilchen mit ihren Abstandsabhängigkeiten kennen, sondern auch die anfänglichen Orte und Geschwindigkeiten aller Teilchen; siehe hierzu den Exkurs «Differentialgleichungen». Anders gesagt: Die Bewegungsgleichungen mehrerer Teilchen, die Kräfte aufeinander ausüben, haben unendlich viele Lösungen, je nach den anfänglichen Orten und Geschwindigkeiten aller Teilchen. Diese Anfangsbedingungen sind also nicht durch die physikalischen Gesetze vorgegeben, sondern abhängig von der Vorgeschichte des betrachteten Systems.

Die Hamilton-Gleichungen

Der irische Mathematiker William Rowan Hamilton lebte im 19. Jahrhundert und las schon mit zwölf Jahren die Schriften Newtons. Er erzielte später große Fortschritte beim Lösen der komplizierten Newtonschen Bewegungsgleichungen für Systeme, die aus einer beliebigen Anzahl von Teilchen bestehen. Seine Arbeiten führten zu einer «geometrischen» Betrachtung der Entwicklung mechanischer Systeme. Diese Sichtweise wird unser Verständnis der Laplaceschen Behauptung erleichtern, mit der dieses Kapitel eingeleitet wurde.

Bevor wir den von Hamilton eingeführten Formalismus verstehen können, müssen wir uns mit dem Begriff *Arbeit* bzw. *Energie* beschäftigen. Er spielte in der Naturwissenschaft des 19. Jahrhunderts eine entscheidende Rolle, wie wir im Lauf dieses Buches noch erkennen werden. Wir werden ihn hier zunächst nur im Rahmen der Mechanik und erst später allgemeiner behandeln. Was ist eigentlich damit gemeint, wenn jemand sagt, es sei ein

Exkurs: Differentialrechnung

Die Differentialrechnung dient hauptsächlich dazu, die Änderung des Funktionswertes bei kontinuierlicher Änderung des Arguments zu ermitteln. Anders ausgedrückt: Mit Hilfe der Differentialrechnung können wir das Ausmaß bestimmen, in dem sich der Funktionswert ändert, wenn das Argument zu- oder abnimmt. Dazu müssen wir die Funktionswerte für nahe benachbarte Werte des Arguments betrachten.

Nehmen wir an, das Tachometer Ihres Personenwagens sei defekt, und Sie wollen trotzdem die Geschwindigkeit ermitteln, mit der Sie fahren. Welche Möglichkeiten gibt es dafür? Ein vernünftiger Ansatz ist folgender: Sie peilen bestimmte Punkte am Straßenrand an, beispielsweise Streckenpfosten, deren Abstand Sie kennen oder zuvor gemessen haben. Dann stoppen Sie die Zeit, die Ihr Wagen benötigt, um die Strecke von einem zum nächsten Pfosten zurückzulegen. Bei einer anderen Methode nützen Sie dazu die Kilometerschilder, die sich an den Autobahnen befinden, und können die in einer bestimmten Zeit gefahrene Strecke leicht ermitteln. In jedem Fall gibt Ihnen der Quotient aus der Fahrtstrecke und der dafür benötigten Zeit die *mittlere* Geschwindigkeit im betreffenden Zeitraum. War die Geschwindigkeit einigermaßen konstant, so ist der berechnete Wert ausreichend. Sind Sie aber nicht gleichmäßig gefahren und möchten genauere Werte ermitteln, so müssen Sie das Zeitintervall und damit die jeweils zurückgelegte Strecke kleiner wählen. Je kürzer das Intervall ist, desto genauer entspricht der Quotient aus Strecke und Zeit der momentanen Geschwindigkeit.

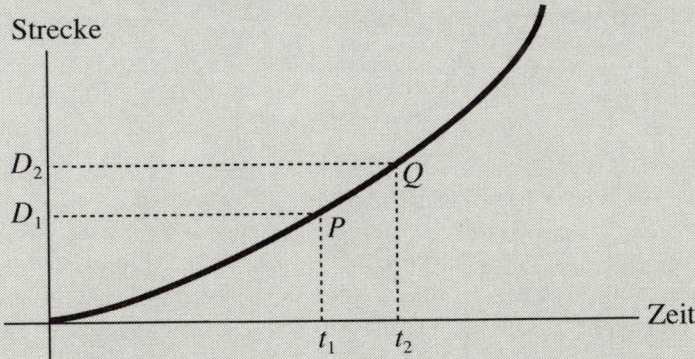

Abb. 5 Die Ableitung einer Funktion in einem bestimmten Punkt entspricht der Steigung des Graphen in diesem Punkt.

Wir können die zurückgelegte Distanz bzw. Strecke D als Funktion der Zeit t auftragen (siehe Abbildung 5). Wenn das Zeitintervall $t_2 - t_1$

klein genug ist, nämlich *infinitesimal* (unendlich klein), dann kann der Graph der Funktion in diesem Intervall, zwischen den Punkten P und Q, als praktisch geradlinig angesehen werden. Dann ist die Geschwindigkeit des Wagens in der Mitte zwischen den Zeitpunkten t_1 und t_2 gegeben durch den Quotienten $(D_2 - D_1)/(t_2 - t_1)$, und die Geschwindigkeit entspricht der mittleren *Steigung* des Graphen zwischen den Punkten P und Q. Je kleiner das Zeitintervall $t_2 - t_1$ ist, desto genauer können wir die Momentangeschwindigkeit angeben. Bei infinitesimalem Zeitintervall bezeichnen wir den Quotienten $(D_2-D_1)/(t_2-t_1) = [f(t_2)-f(t_1)]/(t_2-t_1)$, also die Steigung der Kurve $D = f(t)$, als *Ableitung* der Funktion $f(t)$ nach der Zeit t in der Mitte des Intervalls zwischen t_1 und t_2. Also können wir sagen: Die Geschwindigkeit Ihres Wagens als Funktion der Zeit ist gleich der Ableitung der zurückgelegten Strecke nach der Zeit. Die Geschwindigkeit ist demnach gleich der Zunahme der gefahrenen Strecke pro Zeiteinheit. Die Ableitung einer Funktion $f(t)$ nach der Zeit wird üblicherweise mit $f'(t)$ oder auch mit $f_t(t)$ bezeichnet. In Abbildung 6 ist eine allgemeine Funktion $f(x)$ mit ihrer Ableitung $f'(x)$ aufgetragen.

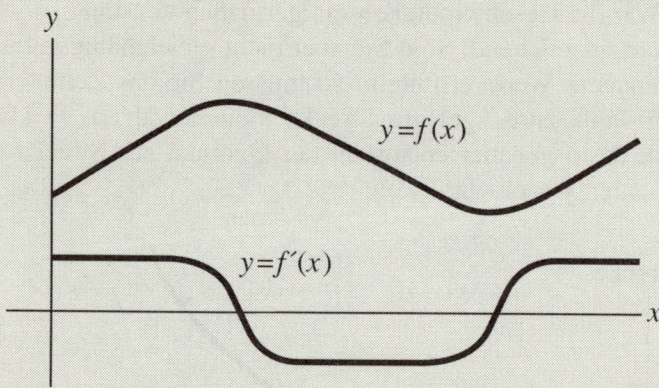

Abb. 6 Die Graphen einer Funktion $y = f(x)$ und ihrer Ableitung $y = f'(x)$.

Betrachten wir ein anderes Beispiel für eine Ableitung. Die Funktion f beschreibe die (in Litern angegebene) Menge an Benzin, die Ihr Wagen verbraucht, und zwar als Funktion der zurückgelegten Strecke (in Kilometern). Dann ist ihre Ableitung gleich der Geschwindigkeit, mit der das Benzin verbraucht wird, also gleich der Anzahl an Litern, die pro Kilometer benötigt werden. Wir können uns auch die Anzahl der zurückgelegten Kilometer als eine (andere) Funktion f der Anzahl an Litern verbrauchten Benzins vorstellen. Ihre Ableitung ist die Anzahl der gefahrenen Kilometer, dividiert durch Anzahl der Liter Benzin, die dazu benötigt wurden. Und wenn eine Funktion f Ihr Gewicht als Funktion der täglich zugeführten Energie (in Kilojoule) angibt, dann ist die Ableitung gleich dem Quotienten aus Ihrer Gewichtsänderung und der aufgenommenen Energiemenge in Kilojoule.

Wenn, wie in Abbildung 5, D_2 größer als D_1 ist, dann ist die Ableitung positiv, denn der Funktionswert steigt mit zunehmender Zeit t. Das bedeutet, der Wagen bewegt sich vorwärts. Ist aber D_2 kleiner als D_1, dann ist $D_2 - D_1$ negativ, und der Quotient $(D_2 - D_1)/(t_2 - t_1)$ ist ebenfalls negativ. In diesem Fall fährt der Wagen rückwärts. Der Graph der Funktion ist dann abwärts gerichtet, und der Funktionswert $D = f(t)$ sinkt mit zunehmender Zeit t.

Wenn eine Funktion $f(x)$ an einem bestimmten Punkt x_1 ein Maximum oder ein Minimum hat, so verläuft der Graph an dieser Stelle waagerecht, und die Ableitung ist hier null: $f'(x_1) = 0$. Beispielsweise ist die Geschwindigkeit Ihres Wagens null, wenn Sie anhalten, weil Sie an einer Ampel stehen oder weil Sie Ihr Ziel erreicht haben. Die Ableitung $f'(x)$ einer Funktion $f(x)$ wird meist dazu verwendet, die Werte des Arguments x zu ermitteln, bei denen die Ableitung null ist. Es werden also die Maxima und die Minima der Funktion $f(x)$ ermittelt. Allgemein können wir sagen: Wenn wir für einen Wert x_1 der Variablen x nicht nur die Funktion $y = f(x)$ kennen, sondern auch den Wert $f'(x_1)$ ihrer Ableitung an diesem Punkt, dann wissen wir etwas über den Verlauf des Graphen nahe der Stelle x_1. Betrachten wir ein sehr kleines Intervall c an der Stelle x_1. Dann ist die Ableitung der Funktion definiert als $f'(x) = [f(x_1 + c) - f(x_1)]/c$. Das multiplizieren wir mit c, und es folgt: Der Wert von $y = f(x)$ für einen x-Wert nahe bei x_1 (also bei $x_1 + c$ für kleines c) ist gegeben durch $y \approx f(x_1) + c\,f'(x_1)$. Je kleiner c ist, desto genauer ist diese Näherung. (Das Zeichen $\approx$ bedeutet «näherungsweise gleich».) Wenn Sie wissen wollen, wie weit Sie während der kurzen Zeit T gefahren sind, erhalten Sie die Strecke also angenähert dadurch, daß Sie T mit der Geschwindigkeit multiplizieren, die Ihr Wagen am Ende der Zeitspanne T hatte. Dabei darf sich die Geschwindigkeit während der Zeit T natürlich nicht wesentlich geändert haben.

Nehmen wir nun an, es seien eine Funktion $f(x)$ und ihre Ableitung $f'(x)$ gegeben. Die Ableitung dieser Funktion $f'(x)$ heißt zweite *Ableitung* der Funktion $f(x)$ und wird üblicherweise mit $f''(x)$ oder auch mit $f_{xx}(x)$ bezeichnet. Wenn $f(t)$ die von Ihrem Wagen zurückgelegte Strecke ist, so ist $f'(x)$ die Geschwindigkeit, wie wir schon gesehen haben. Die zweite Ableitung von $f(x)$ ist die Änderung der Geschwindigkeit pro Zeit, also die *Beschleunigung* a. Ist diese negativ, nennt man sie auch

Verzögerung, da die Geschwindigkeit mit der Zeit abnimmt, etwa beim Bremsen. Betrachten wir auch hier ein anderes Beispiel: Wenn f die Menge an verbrauchtem Benzin als Funktion der Strecke ist, so ist ihre Ableitung f' die pro Kilometer verbrauchte Benzinmenge, und die zweite Ableitung ist die Geschwindigkeit, mit der sich der Benzinverbrauch pro gefahrenem Kilometer ändert. Und wenn f Ihr Gewicht als Funktion der täglichen Energieaufnahme ist, dann stellt f' die Änderung des Gewichts pro Energiemenge dar, und die zweite Ableitung f'' ist der Quotient aus der Gewichtsänderung pro Kilojoule und der Energiemenge. Man kann im Prinzip beliebig viele aufeinanderfolgende Ableitungen einer Funktion berechnen; dies werden wir im folgenden aber nicht anwenden.

hartes Stück Arbeit und koste ihn viel Energie, einen schweren Zementsack drei Stockwerke hoch zu schleppen? Es bedeutet erstens, daß der Träger eine aufwärts gerichtete Kraft ausüben muß, die der Gewichtskraft des Sackes gleicht, damit dieser nicht herunterfällt. Zweitens muß er diese Kraft entlang der senkrechten Strecke von drei Stockwerkhöhen ausüben. Die Arbeit ist — physikalisch ausgedrückt — gleich dem Produkt aus der ausgeübten Kraft und dem in Richtung der Kraft zurückgelegten Weg. Das Hochtragen zweier gleichschwerer Säcke erfordert demnach die doppelte Arbeit, wie auch das Tragen eines einzigen Sackes sechs Stockwerke höher. (Hier wird das Eigengewicht des Trägers außer acht gelassen, das ja auch mit nach oben befördert wird.) Wenn man an einem System Arbeit verrichtet, so erhöht man dessen Energie.

Wir betrachten zunächst nur *konservative* Kräfte. Für diese gilt folgendes: Wenn wir einen Körper vom Punkt A zu einem anderen Punkt B bewegen, dann hängt die dafür aufzuwendende Arbeit nicht von dem Weg ab, auf dem sich das Teilchen von A nach B bewegt. Eine konservative Kraft ist beispielsweise die Gravitationskraft. Wenn Sie auf den Gipfel eines Berges klettern, ist die dafür nötige Arbeit dieselbe, gleichgültig, welchen Weg sie am Hang nach oben wählen. Wenn Ihr Weg steil verläuft, müssen Sie für jeden entlang des Abhangs zurückgelegten Meter mehr Arbeit aufwenden als an flacheren Teilen, die für dieselbe Höhendifferenz einen längeren Gesamtweg erfordern. Das Produkt aus Ihrer Gewichtskraft und der Höhendifferenz ist letztlich stets gleich. Durch das Hochklettern haben Sie ihre *potentielle Energie* (Lage-Energie) um einen bestimmen Betrag erhöht, der gleich dem Produkt aus Ihrer Gewichtskraft und der Höhendifferenz ist. Weil sich Ihr Gewicht unterwegs praktisch nicht ändert, hängt die Energiezunahme allein von der Höhendifferenz ab, aber nicht vom Weg, den Sie am Hang wählten. Wenn Sie nun — etwa auf Skiern — den Hang heruntergleiten, so wird die potentielle Energie, die der Höhendifferenz entspricht, in *kinetische Energie* (Bewegungsenergie) umgewandelt, und zwar vollständig, wenn die Bewegung reibungsfrei abläuft.

Die meisten Kräfte, denen wir im täglichen Leben begegnen, sind nicht-konservativ, unter anderem die Reibungskräfte. In der Naturwissenschaft ist es sehr oft nützlich, Vereinfachungen anzusetzen. So kann man die im betrachteten System auftretenden Kräfte zunächst als konservativ ansehen und auf dieser Basis eine Theorie aufstellen. Anschließend vergleicht man die theoretischen Resultate mit den Messungen und überprüft dadurch, wie weit die Vereinfachungen zulässig sind. Galileis Behauptung, daß alle Körper mit gleicher Beschleunigung zu Boden fallen — unabhängig von ihrer Masse —, gilt in der Realität wegen des Luftwiderstands meist nicht exakt. Unter idealisierten Bedingungen aber ist sie korrekt und ermöglichte in den letzten Jahrhunderten große Fortschritte beim Verständnis physikalischer Systeme.

Wenn in einem System von Teilchen nur konservative Kräfte wirken, kann die *gesamte Energie* des Systems (also die Summe der potentiellen und der kinetischen Energien) als Funktion der Orte und der Impulse aller Teilchen ausgedrückt werden. Der *Impuls* eines Teilchens oder Körpers ist, zumindest in den meisten praktischen Fällen, gleich dem Produkt aus seiner Geschwindigkeit und seiner Masse. Betrachten wir als Beispiel einen Satelliten, der die Erde umrundet. Wir lassen die innere Energie in seinen Batterien und elektrischen Stromkreisen einmal außer acht und sehen ihn als einen starren Körper oder ein «Teilchen» an. Mit dieser Vereinfachung ist seine gesamte Energie in der Umlaufbahn durch seinen Impuls (Produkt aus Masse und Geschwindigkeit) sowie seine Position zu einer gewissen Zeit bestimmt. Die gesamte kinetische und potentielle Energie des Systems aus Sonne, Erde und Mond ist durch ihre Massen sowie ihre relativen Geschwindigkeiten und Abstände gegeben, wenn wir von den Eigenrotationen absehen und die Körper als idealisierte Punktmassen annehmen. Bei dem Satelliten, der um die Erde kreist, sind sechs Variablen zu berücksichtigen, nämlich (wegen der drei Raumrichtungen) je drei für seine Position und für seinen Impuls. Bei den drei Himmelskörpern liegen 18 Variable vor, nämlich je 9 für die Positionen und für die Impulse. Die Gesamtenergie als Funktion aller Komponenten der Positionen $q_1, q_2, \ldots$ und der Impulse $p_1, p_2, \ldots$ aller Körper heißt *Hamilton-Funktion*. Sie wird meist mit H bezeichnet. Ein System aus n Teilchen mit Kräften, die zwischen den Teilchen und auf diese wirken, ist vollständig charakterisiert durch Angabe seiner Hamilton-Funktion mit $6n$ Variablen (je $3n$ für die Komponenten q_i der Positionen und p_i der Impulse).

Die Hamiltonschen Bewegungsgleichungen sind ein System von $6n$ Differentialgleichungen erster Ordnung für die $6n$ abhängigen Variablen $q_1, q_2, \ldots$ und $p_1, p_2, \ldots$, die alle ihrerseits Funktionen der Zeit sind. Diese

Exkurs: Differentialgleichungen

Die meisten physikalischen Gesetze, so auch Newtons zweites Axiom, werden in Form von Differentialgleichungen ausgedrückt, die Funktionen und deren Ableitungen enthalten. Eine Differentialgleichung für eine Funktion $f(x)$ enthält also nicht nur die Funktion selbst, sondern auch ihre erste Ableitung $f'(x)$ und eventuell auch die zweite und/oder höhere Ableitungen. Sie kann auch nur Ableitungen der Funktion $f(x)$, aber nicht diese selbst enthalten. Weist die Differentialgleichung von den Ableitungen der Funktion nur die erste auf, so heißt sie «erster Ordnung». Ist die zweite Ableitung der Funktion vorhanden , dann liegt eine Differentialgleichung «zweiter Ordnung» vor und so weiter.

Ein Beispiel für eine einfache Differentialgleichung erster Ordnung ist $f'(x) = b$. Hierbei soll b ein fester Zahlenwert sein, eine Konstante. Diese Gleichung besagt, daß die Steigung des Graphen $y = f(x)$ für alle Werte von x die gleiche ist, nämlich b. Daher muß der Graph der Funktion $f(x)$ eine Gerade sein (siehe Abbildung 3, S. 36), die die Steigung b hat. Dabei ist der Achsenabschnitt auf der Ordinate (der y-Achse) unbestimmt. Also lautet die Lösung der Differentialgleichung $f(x) = bx + c$. Darin ist c eine noch festzulegende Konstante.

Wir können allgemein feststellen: Die Lösung einer Differentialgleichung erster Ordnung enthält eine unbestimmte Konstante. Ihren Wert können wir ermitteln, wenn wir eine *Randbedingung* kennen und einsetzen. Wenn die unabhängige Variable die Zeit ist, so bezieht sich die Randbedingung im allgemeinen auf den Zeitpunkt $t = 0$, und man spricht von einer Anfangsbedingung. Wir bestimmen dazu den Wert der Lösung für diesen Zeitpunkt, beispielsweise $f(0) = 1$. Dann lautet die Lösung für unser Beispiel $f(x) = bx + 1$. Die Lösung der Differentialgleichung ist mit der Randbedingung eindeutig bestimmt. Nehmen wir an, die Geschwindigkeit $v(t)$ eines Wagens sei durch $f'(t) = v(t)$ als Funktion der Zeit t gegeben, und uns sei ferner die bisher verstrichene Fahrzeit bekannt. Damit können wir noch nicht sagen, wo der Wagen anhalten wird, wenn wir den Ort nicht wissen, an dem die Fahrt begann. Angenommen, die pro Kilometer benötigte Benzinmenge ist bekannt, und wir wollen wissen, wieviel Benzin der Tank nach einigen Kilometern Fahrt enthält. Diesen Wert können wir nur ermitteln, wenn bekannt ist, wieviel Benzin der Tank beim Fahrtbeginn enthielt. Das Gleichungssystem, das aus der Gleichung $f'(t) = v(t)$ und der Anfangsbedingung besteht, ist also nur mit Kenntnis der Anfangsbedingung eindeutig lösbar.

Bei einer Differentialgleichung zweiter Ordnung müssen für eine eindeutige Lösung zwei Anfangs- oder Randbedingungen gegeben sein.

Die Differentialgleichung $f''(t) = 0$ kann in eine Differentialgleichung erster Ordnung umgeformt werden. Wir setzen zunächst $g(t) = f'(t)$. Darin ist g eine noch unbekannte Funktion, und wir erhalten für die Funktion $g(t)$ die Differentialgleichung $g'(t) = 0$. Wenn sie für alle Zeitpunkte t gilt, ist die Steigung des Graphen von $g(t)$ überall null. Der Graph ist daher eine waagerechte Gerade, und wir können schreiben $g(t) = c$. Darin ist c wieder eine willkürliche Konstante. Damit folgt $f'(t) = g(t) = c$. Wie wir schon gesehen haben, lautet die Lösung dieser Differentialgleichung $f(t) = c\,t + b$, wobei b eine andere frei wählbare Konstante ist. Somit enthält die Lösung der ursprünglichen Differentialgleichung zwei unbestimmte Konstanten, die wir beispielsweise durch die Anfangsbedingungen $f(0) = k_1$ und $f'(0) = k_2$ ermitteln können. Die Funktion $f(t)$ hat zu Beginn ($t = 0$) den Wert k_1, und ihre Steigung $f'(t)$ beträgt in diesem Moment k_2. Die Lösung ist damit $f(t) = k_2\,t + k_1$. Ein Beispiel: Wir kennen die Beschleunigung eines Wagens als Funktion der Zeit und wollen den Ort ermitteln, den er eine bestimmte Zeit nach dem Start erreicht. Dazu müssen uns sowohl der Startort als auch die Anfangsgeschwindigkeit bekannt sein. Allgemein gilt: Wenn eine Bewegung einer Differentialgleichung zweiter Ordnung gehorcht und wir den anfänglichen Ort und die Anfangsgeschwindigkeit kennen, dann ist die Differentialgleichung in Verbindung mit den beiden Randbedingungen eindeutig lösbar, obwohl ihre mathematische Lösung zwei willkürliche Konstanten aufweist.

Eine Differentialgleichung kann auch mehrere abhängige Variablen enthalten, und es können auch mehrere Gleichungen vorliegen, die simultan gelöst werden müssen. Dann spricht man von einem *System* von Differentialgleichungen. Zur eindeutigen Lösbarkeit müssen für jede der abhängigen Variablen die entsprechenden Rand- oder Anfangsbedingungen gegeben sein.

Gleichungen haben denselben Inhalt wie die Newtonschen, sind ihnen also äquivalent. Jedoch ermöglichen sie eine weitergehende Verallgemeinerung. Wir können sie einfach als Umformulierungen ansehen, die die Newtonschen Gleichungen leichter lösbar machen und es uns zudem gestatten, die Entwicklungen in einem System intuitiv zu verfolgen. Die Bewegungsgleichungen nach Hamilton enthalten nur erste Ableitungen, wobei die zeitlichen Ableitungen der Komponenten der Positionen und der Impulse gegebene Funktionen aller Positionen und Impulse sind.

Wir können das auch anders ausdrücken: Wenn wir zur Zeit t die Positionen und die Impulse kennen, so sind auch deren zeitliche Ableitungen

gegeben. Das bedeutet, daß wir die Positionen und Impulse zu einem etwas
später liegenden Zeitpunkt T ermitteln können, denn es gilt (wie wir schon
gesehen haben) $f(t+T)-f(t) = f'T$. In einem kurzen Zeitintervall kann der
Graph also durch eine Gerade angenähert werden. Nun ahnen wir, wie die
Gleichungen mit Hilfe von Computern numerisch zu lösen (zu integrieren)
sind: Die Startwerte der abhängigen Variablen werden als Anfangsbedingungen zur Zeit $t = 0$ eingesetzt, und die Zeit wird um das kleine Intervall
T erhöht. Nun werden nach der obigen Formel die abhängigen Variablen
zur Zeit T berechnet; diese Werte bilden die Anfangsbedingungen für den
Beginn des zweiten Zeitintervalls. Damit wird das eben beschriebene Verfahren wiederholt. Viele solcher Schritte führen schließlich zu den Werten
für die Positionen und die Impulse zu irgend einem späteren Zeitpunkt.

Der große Vorteil der hamiltonschen Formulierung der Newton-Glei-
chungen liegt darin, daß man mit den Komponenten der Positionen und der
Impulse (also mit den Werten q_i und p_i) zu einem beliebigen Zeitpunkt auch
deren erste zeitliche Ableitungen zur selben Zeit kennt. Das ermöglicht die
Lösung des Gleichungssystems.

Der Phasenraum

Wir verfügen nun über eine Formulierung der Bewegungsgleichungen eines
Systems von Teilchen im dreidimensionalen Raum in Abhängigkeit von
den Positionen und den Impulsen. Es ist zum weiteren Verständnis sehr
hilfreich, wenn wir die Bewegungen eines Systems von Teilchen in einem
andersartigen Raum betrachten, in dem ein Punkt die Positionen und Impulse
aller Teilchen angeben soll. Dieser Raum heißt *Phasenraum*. Ein Punkt in
ihm gibt also nicht nur an, wo sich alle Teilchen zu einer gegebenen Zeit
befinden, sondern auch, wie groß ihre Geschwindigkeiten (bzw. Impulse)
sind. Die «jeweiligen Zustände der Bestandteile» nach Laplace sind damit
zurückgeführt auf die Angabe eines Punktes im Phasenraum.

Betrachten wir ein Teilchen, das sich auf einer Geraden bewegt. Sein
Phasenraum ist zweidimensional: Die Position des Teilchens wird auf einer
Achse und der Impuls auf der anderen Achse aufgetragen (siehe Abbildung
7, S. 49, auf die wir noch zu sprechen kommen). Kann sich das Teilchen
in drei Dimensionen frei bewegen, so müssen wir die jeweils drei Komponenten von $\vec{q}$ und von $\vec{p}$ angeben. Das sind sechs Werte; also ist der
zugehörige Phasenraum sechsdimensional. Allgemein hat er bei n Teilchen
$6n$ Dimensionen, das heißt, ein Punkt im Phasenraum ist hier durch sechs
Koordinaten gegeben. Greifen wir noch einmal das Beispiel des (punktförmig gedachten) Satelliten auf, der die Erde umläuft. Hier ist der Phasenraum
sechsdimensional, bei dem ebenfalls schon erwähnten System aus den (wie-

derum punktförmig gedachten) Himmelskörpern Sonne, Erde und Mond ist
er 18-dimensional. Kehren wir zum einzelnen Teilchen zurück. Im Gegensatz zu seiner Flugbahn in unserem «normalen» dreidimensionalen Raum,
dem sogenannten *Ortsraum*, gibt seine Bahn im Phasenraum — die sogenannte *Phasenbahn* oder auch Phasentrajektorie — nicht nur die Position,
sondern auch den Impuls zu verschiedenen Zeitpunkten an.

Der gegenwärtige *Zustand* eines Systems ist gekennzeichnet durch die
Angabe der Positionen und der Impulse aller in ihm enthaltenen Teilchen.
Wollen wir den Zustand eines Systems mit n Teilchen charakterisieren, so
müssen wir den zugehörigen Punkt im Phasenraum bezeichnen. Die Bewegung oder Zustandsänderung des Systems in Abhängigkeit von der Zeit wird
dann einfach durch eine Phasenbahn beschrieben; diese gibt die Bewegung
vollständig an, selbst wenn das System eine Gasmenge ist, die aus 10^{23} Molekülen besteht. Sein Phasenraum hat in diesem Falle $6 \cdot 10^{23}$ Dimensionen.
Die Idee ist einleuchtend, auch wenn man sich einen Raum mit so vielen
Dimensionen nicht mehr vorstellen kann.

Wenn die Energie erhalten bleibt (zu den Gründen siehe Kapitel 10),
gibt es für die Phasenbahn eines Systems eine Einschränkung. Diese folgt
aus der Struktur der Bewegungsgleichungen für konservative Kräfte. Zu den
Gleichungen wird aber nichts hinzugefügt. Erinnern Sie sich daran, daß für
ein gegebenes System die Hamilton-Funktion H die Energie angibt und eine
bekannte Funktion der Komponenten der Positionen q_i und der Impulse p_i
ist. Wenn die Energie konstant bleiben soll, müssen die Werte von q_i und
p_i im Phasenraum dergestalt eingeschränkt sein, daß H konstant bleibt, wie
auch immer sich die einzelnen Größen zeitlich ändern. Geometrisch bedeutet
dies, daß der Punkt im Phasenraum stets auf einer Fläche oder Hyperfläche
liegen muß, die eine Dimension weniger als der Phasenraum hat.

Wenn beispielsweise ein Punkt im dreidimensionalen Ortsraum die Koordinaten (x, y, z) hat und in seiner Bewegung so eingeschränkt ist, daß
immer $x^2 + y^2 + z^2 = 1$ gilt, dann muß sich der Punkt immer auf der
Oberfläche der Kugel mit dem Radius 1 befinden, deren Zentrum im Ursprung (dem Nullpunkt) liegt. Wenn dagegen $x^2 + y^2 + z^2 = 2$ gilt, so
kann sich der Punkt nur auf der dazu konzentrischen Kugel mit dem Radius
$\sqrt{2}$ bewegen. Diesen Wert kann man durch zweimalige aufeinanderfolgende
Anwendung des Satzes von Pythagoras berechnen: Der Abstand des Punktes (x, y, z) vom Ursprung des dreidimensionalen Koordinatensystems ist
$\sqrt{x^2 + y^2 + z^2}$. Ferner liegen alle Punkte, die von einem bestimmten Punkt
gleichen Abstand haben, definitionsgemäß auf einer Kugel, deren Radius
gleich diesem Abstand ist.

Die Gleichung $H = E$ bestimmt die Fläche im Phasenraum, auf der
sich der Punkt befinden muß, der das gegebene System mit der Energie E

repräsentiert. Wenn ein gleichartiges System (mit denselben Kräften) eine andere Energie hat, liegt sein Punkt im Phasenraum auf einer anderen Fläche und verbleibt auch auf ihr. Zwei solche Flächen können sich nie schneiden; denn das würde bedeuten, daß dasselbe System gleichzeitig zwei verschiedene Energien hätte. Wir können uns die Flächen, die die verschieden großen Energien darstellen, daher wie die einander umhüllenden Schalen einer Zwiebel vorstellen.

Von welcher Art von Flächen sprechen wir hier? Wir nehmen an, das System habe nicht so viel Energie, daß sich eines seiner Teilchen unendlich weit entfernen oder eine unendlich hohe Geschwindigkeit annehmen könnte. Daher kann sich die Phasenbahn des Systems nur in einem beschränkten Gebiet des Phasenraums befinden. Wenn das System eindimensional ist, so ist sein Phasenraum zweidimensional, und seine Kurve muß wegen der erwähnten Einschränkung eine *geschlossene Kurve* sein (siehe Abbildung 7). Diese Kurve im Phasenraum wird immer wieder identisch durchlaufen. Die Bewegung muß *periodisch* sein, wie die eines Pendels.

Wie wird die Kurve bestimmt, die die Bewegung eines Systems im Phasenraum beschreibt? Wenn die zwischen den Teilchen wirkenden Kräfte bekannt sind, kennt man auch die gesamte Energie zu beliebigen Zeitpunkten als Funktion der Werte von q_i und p_i. Damit kann man die Hamiltonschen Bewegungsgleichungen aufstellen. Diese Differentialgleichungen erster Ordnung erlauben es uns im Prinzip, die Phasenbahn zu ermitteln, wenn wir die Anfangsbedingungen wissen. Bei gegebener Hamilton-Funktion — also bei einem System, in dem die Kräfte bekannt sind — kann durch einen gegebenen Punkt im Phasenraum nur eine einzige Phasenbahn verlaufen. Keine zwei Phasenbahnen eines gegebenen Systems können einander schneiden, und eine Phasenbahn kann sich auch nicht selbst schneiden. Andernfalls würde die Anfangsbedingung mit den Differentialgleichungen die Lösung nicht eindeutig festlegen.

Nun können wir verstehen, worauf sich die Aussage von Laplace gründete, die zu Beginn des Kapitels zitiert wurde: Selbst für das gesamte Universum könnten wir einen Phasenraum entwerfen und uns die Phasenbahn vorstellen, die in ihm die zeitliche Entwicklung der Welt repräsentiert. Wir müßten dazu bei einem willkürlichen Anfangspunkt beginnen. Dann wäre die zukünftige Entwicklung vollständig festgelegt. Wenn wir umfassend genug rechnen könnten und den Ort des Punktes im Phasenraum des Universums (also dessen gegenwärtigen Zustand) genau genug wüßten, könnten wir seine Bewegung für alle Zukunft vorhersagen.

So weit, so gut. Wir könnten Laplaces Projekt jetzt in einen Supercomputer eingeben. Nun aber fällt uns etwas auf, was zunächst nur wie eine

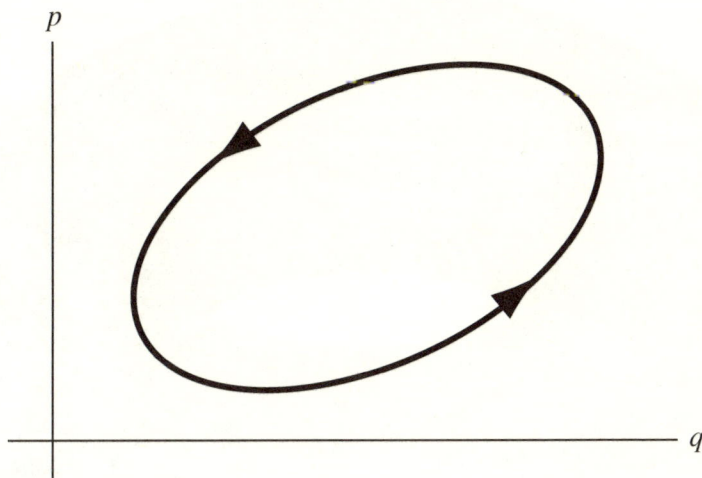

Abb. 7   Eine geschlossene Phasenbahn im zweidimensionalen Phasenraum.

kleinere Schwierigkeit wirkt. Ein Computer ist ein digital arbeitendes Re-
chengerät von hoher, jedoch nicht unbegrenzter Genauigkeit. Daher werden
sich die Daten, die wir als «gegenwärtigen Zustand des Universums» eingeben, zwangsläufig ein wenig vom wirklichen Zustand unterscheiden; wir
wissen aber nicht genau, wie groß diese Abweichung ist. Daher sind wir ge-
zwungen festzustellen, wie sich eine kleine Differenz der Anfangsdaten auf
die Genauigkeit unserer Vorhersage auswirkt. Um diese Konsequenzen besser zu verstehen, werden wir zunächst einige physikalische Systeme näher
betrachten. Dabei werden wir bemerken, daß Laplace zwar im Rahmen der
klassischen Mechanik recht hatte, sich seine Vision im allgemeinen jedoch
als unhaltbar herausstellen mußte.

Der Hamiltonsche Fluß

Kehren wir noch einmal zu einem eindimensionalen System zurück. Es
hat einen «Freiheitsgrad», wie der Physiker sagt. Im System sollen anziehende Kräfte wirken. Wie wir bereits wissen, ist seine Phasenbahn eine
geschlossene Kurve, die periodisch durchlaufen wird. Nun betrachten wir
ein System mit zwei Freiheitsgraden, beispielsweise eine Kugel, die sich in
einer Ebene bewegen kann. An ihr seien Federn angebracht, die sie in zwei
Richtungen ziehen: Die Bewegung in x-Richtung werde durch ein Paar von
Federn gesteuert, und die Bewegung in y-Richtung durch ein zweites Paar.
Die Bewegungen in beiden Richtungen sind voneinander unabhängig, wenn

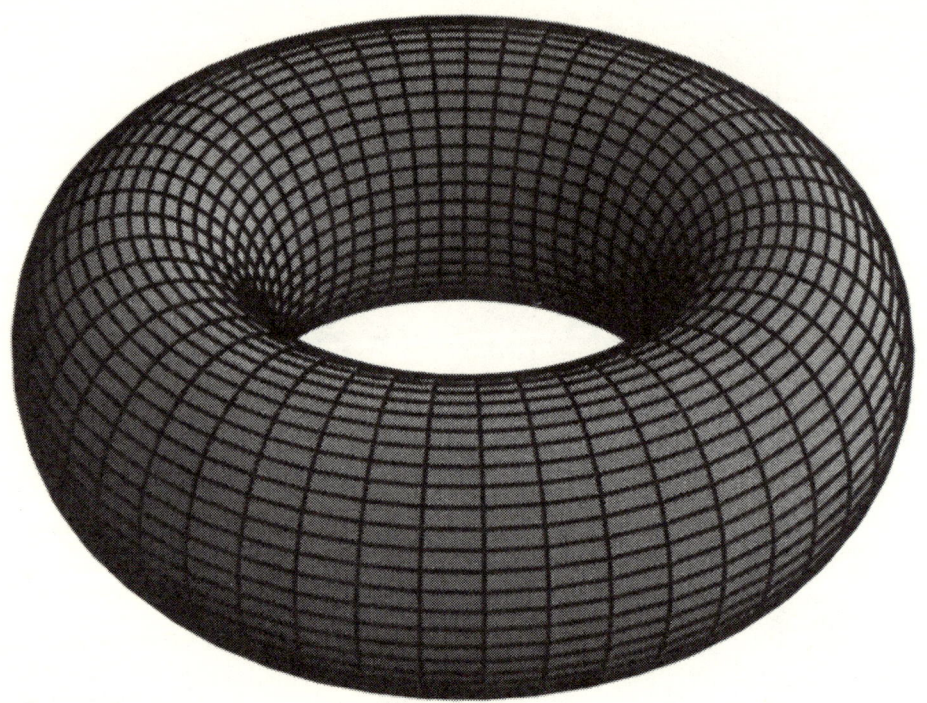

Abb. 8 Ein zweidimensionaler Torus.

die Verschiebungen der Kugel aus der Gleichgewichtslage klein sind. Für dieses System ist der Phasenraum vierdimensional. Die sich ergebende Phasenbahn liegt auf einer zweidimensionalen Ebene, denn es bleibt nicht nur die Gesamtenergie erhalten, sondern auch — unabhängig voneinander — die Bewegungsenergie in x-Richtung und die in y-Richtung. Weiterhin sind die Bewegungen in beiden genannten Richtungen periodisch. Daher wird die Fläche der Phasenbahn ein *Torus* (Kreisring) sein (siehe Abbildung 8). Dieser Torus muß aber nicht unbedingt einen kreisförmigen Querschnitt wie ein Fahrradschlauch haben.

Die Fläche der Phasenbahn weist hier zwei Arten geschlossener Kurven auf: eine um die mittlere Öffnung herum und eine senkrecht dazu. Wenn beide Federpaare identisch sind, dann sind die Perioden T der Bewegungen in x-Richtung und in y-Richtung gleich. Dann wird das System nach der Zeit T stets wieder in den Anfangszustand zurückkehren, und die Gesamtbewegung hat ebenfalls die Periodendauer T. Wenn beispielsweise die x-Periode T_x und die y-Periode T_y zueinander im Verhältnis $T_x/T_y = 5/3$ stehen, so ist $3\,T_x = 5\,T_y$. Dann kehrt das System nach drei Wiederholungen der x-Bewegung bzw. nach fünf Wiederholungen der y-Bewegung in den Anfangszustand zurück. Die gesamte Periode ist daher $T = 3\,T_x = 5\,T_y$. Wenn die

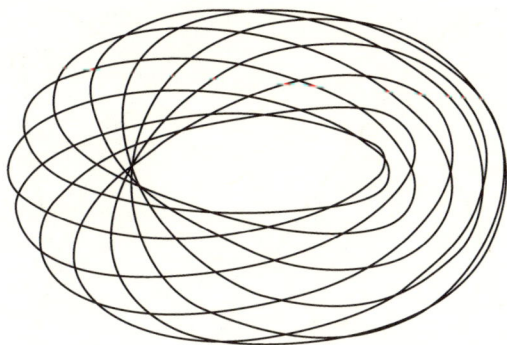

Abb. 9 Eine geschlossene Phasenbahn in einem vierdimensionalen Phasenraum auf einem zweidimensionalen Torus.

beiden einzelnen Periodendauern kommensurabel sind, also zueinander im Verhältnis ganzer Zahlen stehen, ist die Gesamtbewegung periodisch, und die Phasenbahn auf dem Torus ist eine geschlossene Kurve. Ein Beispiel hierfür ist in Abbildung 9 dargestellt. Bei nicht kommensurablen Periodendauern ist die Phasenbahn nicht geschlossen, sondern überdeckt nach und nach die ganze Oberfläche des Torus; dabei wird sie irgendwann durch ein beliebiges Stück der Oberfläche verlaufen, wie klein dieses auch sein mag. Die Bewegung ist dabei *quasi-periodisch*. Verfolgen wir die Bewegung des Teilchens in der *xy*-Ebene (und nicht im Phasenraum), so beobachten wir im periodischen Fall ein kompliziertes, aber graphisch reizvolles Gebilde, das man als *Lissajous-Figur* bezeichnet (Abbildung 10), nach dem französischen Physiker Jules Antoine Lissajous. Dieser erzeugte solche Kurven erstmals, und zwar auf optischem Wege mit Hilfe der Schwingungen von Stimmgabeln.

Integrierbare Systeme

Gehen wir nun zu komplexeren Systemen mit mehreren Dimensionen über. Läßt sich ein System mit n Freiheitsgraden (also mit einem $2n$-dimensionalen Phasenraum) durch einen Satz von Variablenpaaren beschreiben, bei dem jedes Paar eine periodische Funktion der Zeit ist, so ist die Bewegung dann periodisch, wenn alle einzelnen Perioden kommensurabel sind. Andernfalls ist die Bewegung nur quasi-periodisch. Die Phasenbahn ist dabei auf einen n-dimensionalen Torus beschränkt; bei der quasi-periodischen Bewegung wird sie dessen Oberfläche ganz überdecken. Die ganze Energiefläche hat $2n-1$ Dimensionen. Für $n > 1$ ist dieser Ausdruck größer als n, und die Phasenbahn ist viel stärker eingeschränkt, als sie es sonst wäre.

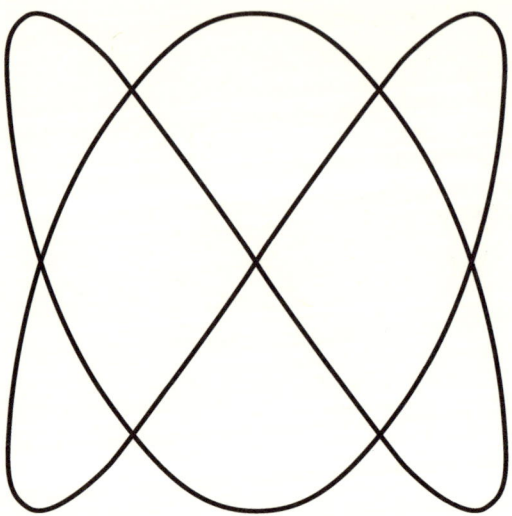

Abb. 10 Eine Lissajous-Figur.

Solche Systeme nennt man *integrierbar*. Die Integrierbarkeit rührt normalerweise entweder von einer besonderen Symmetrie des Systems her oder von bestimmten anderen Eigenschaften, die es aufweist.

Eine Symmetrie kann beispielsweise darin bestehen, daß die im System wirkenden Kräfte gegenüber der Rotation des ganzen Systems invariant sind, d.h. sich nicht ändern. Die eben erwähnten anderen Eigenschaften können darin bestehen, daß einige Teile des Systems von den anderen unabhängig sind, so daß die Energien der einzelnen Teile jeweils getrennt erhalten bleiben. Das ist bei zwei Pendeln der Fall, die nicht aufeinander einwirken. Das ganze System aus den beiden Pendeln ist integrierbar. Weil beide periodisches Verhalten zeigen, ist das ganze System entweder periodisch oder quasi-periodisch, abhängig von der Kommensurabilität beider Periodendauern. Der Phasenraum dieses Systems mit zwei Freiheitsgraden ist vierdimensional, und seine Energiefläche ist dreidimensional. Weil die Energien beider Pendel einzeln erhalten bleiben, liegt die Phasenbahn auf der Oberfläche eines zweidimensionalen Torus.

Was geschieht, wenn wir dem System mit den zwei Pendeln einen Mechanismus hinzufügen, der beide miteinander koppelt? Beispielsweise verbinden wir beide Pendelgewichte durch eine Feder. Dann beginnt die Bewegung des einen Pendels die des anderen auf charakteristische Weise allmählich zu beeinflussen. Allgemein erwarten wir, daß die Integrierbarkeit des Systems durch eine solche Kopplung verlorengeht, denn die besondere Eigenschaft der unabhängigen Energieerhaltung in beiden Teilsystemen fällt ja nun weg. Während die Phasenbahn ohne Kopplung auf die Oberfläche eines (zweidimensionalen) Torus beschränkt ist, wird sie mit Kopplung über die gesamte (dreidimensionale) Energiefläche wandern können. Dies entspricht den Gesetzen der klassischen Mechanik, die im 18. und 19. Jahrhundert auf der Grundlage von Newtons Bewegungsgleichungen aufgestellt wurden. Maßgebend daran beteiligt waren die bedeutenden Mathematiker Leonard Euler, Adrien Marie Legendre, Carl Gustav Jacobi und Henri Poincaré sowie Lagrange, Laplace, Liouville und Hamilton, der schon erwähnt wurde.

Der Übergang zu nichtintegrierbaren Systemen

Mit Hilfe der heutigen, sehr leistungsfähigen Computer kann man solche mechanischen Systeme, wie wir sie eben betrachtet haben, eingehend untersuchen — also die beiden gekoppelten Pendel, die ein «beinahe integrierbares» System bilden. Die beiden Astronomen Michel Hénon und Carl Heiles verwendeten es im Jahre 1964 erstmals als aufschlußreiches Modell für komplexere Systeme. Selbst bei dem einfachen System der gekoppelten Pendel lassen sich die Lösungen der Bewegungsgleichungen nicht explizit angeben, sondern nur numerisch ermitteln. Das Ergebnis war recht überraschend und ist mathematisch noch nicht restlos erklärt. Um das zu verstehen, betrachten wir zunächst ein Verfahren, mit dem man auf einfache Weise feststellen kann, ob ein System wie dieses integrierbar ist.

Wir schneiden die dreidimensionale Energiefläche mit der sogenannten «Teilebene», die den «Schlauch» des Torus schneidet, auf den die Phasenbahn bei einem integrierbaren System beschränkt ist. Dann können wir leicht erkennen, ob ein System mit zwei Freiheitsgraden integrierbar ist. Die Phasenbahn des Systems durchdringt die Teilebene bei jedem Umlauf, und wir markieren jeweils den Schnittpunkt. Wenn die Phasenbahn auf dem Torus verläuft, liegen die markierten Schnittpunkte auf einer erkennbar geschlossenen Kurve, nämlich auf der Schnittlinie der Torusoberfläche mit der Teilebene. Diese Punkte bilden die Kurve nicht, indem sie irgendwie regelmäßig verlaufen oder zeitlich gleichmäßig vorrücken, jedoch wird die aus den markierten Punkten entstehende Kurve nach ausreichend vielen Durchgängen allmählich erkennbar. Wenn das System aber nicht integrierbar ist, wandern die markierten Punkte chaotisch auf der Teilfläche.

Hénon und Heiles fanden mit ihren Computerberechnungen heraus, daß das untersuchte System bei geringen Energien integrierbar erscheint, während bei steigenden Energien (oder bei stärkerer Kopplung der Pendel) die Bewegung chaotisch wird. Mit anderen Worten: Bei niedrigen Energien oder schwacher Kopplung bilden die markierten Punkte auf der Teilfläche

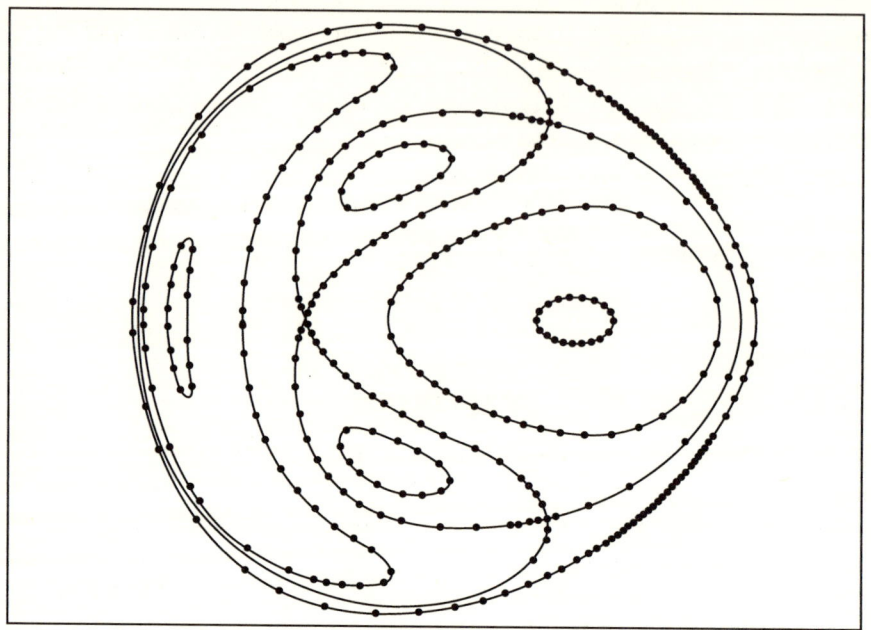

Abb. 11

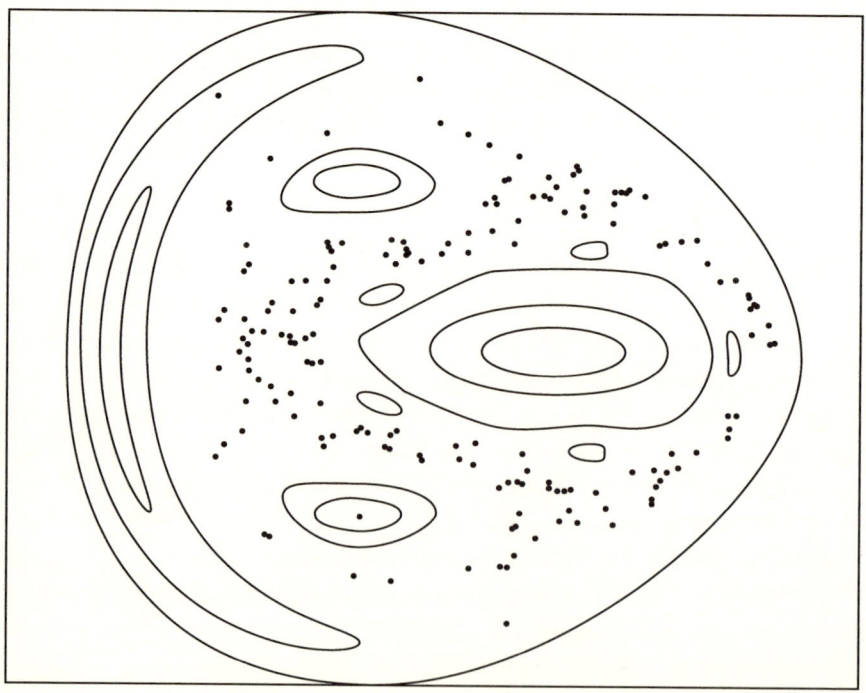

Abb. 12

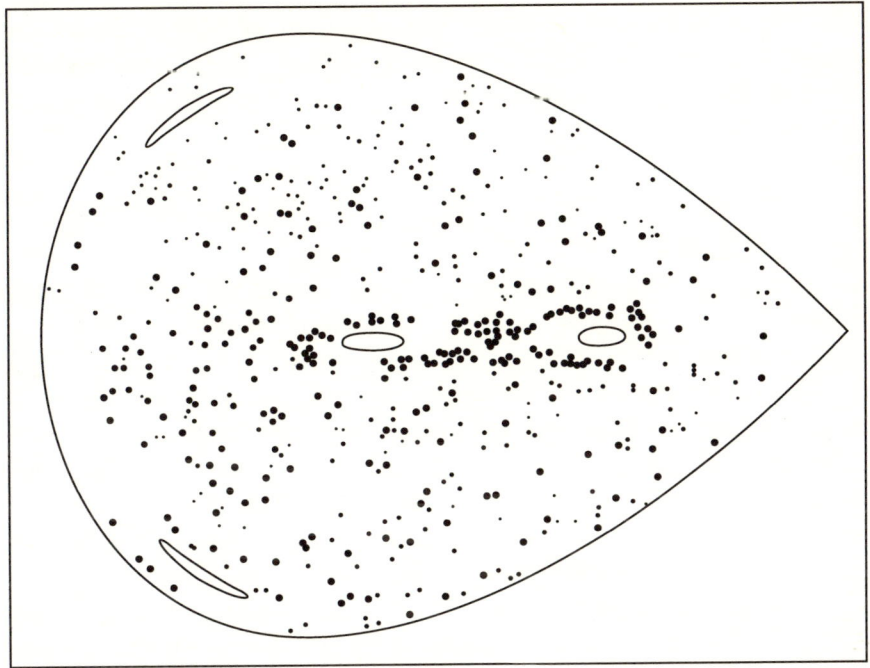

Abb. 11, 12 und 13 Eine Teilfläche des von Hénon und Heiles untersuchten Systems bei geringer, bei höherer und bei noch höherer Energie.

nach vielen Durchgängen eine Anzahl von deutlich sichtbar geschlossenen Kurven; diese folgen den Schnittlinien der Kreisringe mit der Teilfläche. Bei höheren Energien oder stärkerer Kopplung wandern immer mehr markierte Punkte ungeordnet über die ganze Teilfläche, bis schließlich alle markierten Punkte chaotisch angeordnet sind. Die mit Hilfe eines Computers erstellten Abbildungen 11 bis 13 zeigen die Teilflächen des von Hénon und Heiles untersuchten Systems bei zunehmenden Energien.

Dieses Verhalten kann noch nicht vollständig erklärt werden. Es gibt aber einen bemerkenswerten Lehrsatz, von dem man glaubt, er könne eine allgemeine, qualitative Deutung liefern. Er wurde vor rund 40 Jahren von dem Mathematiker Andrej Kolmogorow aufgestellt, und sein Beweis wurde von Vladimir Arnold und Jürgen Moser vervollkommnet. Im Gegensatz zu den früheren Erwartungen von Fachleuten wie Poincaré besagt dieses sogenannte *KAM-Theorem*, daß ein System mit einer ausreichenden Anzahl von Symmetrien, die es integrierbar machen, bei einer Störung dieser Symmetrien nicht unbedingt nichtintegrierbar wird. In einem gewissen Bereich von Störungen und Energien kann die Integrierbarkeit erhalten bleiben, obwohl deren augenscheinlicher Grund nicht mehr vorliegt. Aus dem Theorem kann man aber nicht die Art und das Ausmaß der Störungen bestimmen, bei denen das System noch integrierbar bleibt. Das Theorem ist also «nichtkonstruktiv», das heißt, es beschreibt lediglich das Vorliegen der Integrierbarkeit. Das Hénon-Heiles-System gilt als ein Beispiel für Systeme, die dem KAM-Theorem folgen.

Chaos

Allgemein nimmt man an, daß in der Natur sowohl integrierbare Systeme existieren, deren Bewegung eine besondere Art von Regelmäßigkeit aufweist, als auch solche Systeme, deren Phasenbahnen chaotisch sind*). Die überwältigende Mehrheit der Systeme gehört zur zweiten Art, obwohl aus dem KAM-Theorem folgt, daß die erstgenannte Art nicht so selten ist, wie die Physiker annahmen. Wenn ein System zwar nichtintegrierbar, jedoch «beinahe» integrierbar ist, so können besondere Anfangsbedingungen existieren, die eine periodische oder quasi-periodische Bewegung bewirken; für die meisten Anfangsbedingungen gilt das aber nicht. Wenn schließlich ein System genügend «weit entfernt» vom Zustand der völligen Integrierbarkeit ist und keine Anfangsbedingungen zu einer periodischen oder quasi-periodischen Bewegung führen, so sagt man, daß seine Hamilton-Funktion «fluktuiert». Das bedeutet, der Fluß der Phasenbahnen des Systems ist *ergodisch*, so daß eine gegebene Phasenbahn nicht nur über die ganze Energiefläche wandert, sondern jedem Punkt auf ihr beliebig nahe kommt. Wenn wir uns also irgendeinen Punkt auf der Energiefläche von einer Kugel umgeben denken, deren Radius beliebig klein ist, und lange genug warten, so muß die Phasenbahn diese Kugel schneiden. Anders ausgedrückt: zwei Systeme der gleichen Art mit derselben Energie werden irgendwann im Lauf ihrer Entwicklung Zustände erreichen, die nahezu identisch sind. Das von der Energiefläche eingeschlossene Volumen ist bei Systemen mit anziehenden Kräften und negativer Energie endlich. Wenn wir sie in kleine, gleichgroße Stücke aufteilen, dann wird sich die Phasenbahn letztlich in jedem Stück gleich lange aufhalten. In gewissem Sinne ist jeder für ein System mit bestimmter Energie erreichbare Zustand gleich wahrscheinlich.

Nehmen wir an, zwei identische physikalische Systeme mit vielen Freiheitsgraden haben nahezu gleiche Anfangsbedingungen. Allgemein werden dann ihre Phasenbahnen eine Zeitlang eng beieinander liegen. Doch nach langer Zeit werden ihre Punkte im Phasenraum weit voneinander entfernt sein. Für alle praktischen Zwecke werden ihre Zustände kaum von denen un-

---

*)   Es ist kein Zufall, daß der Begriff «chaotisch» noch nicht exakt definiert wurde. Eine solche Bewegung ist schwer zu beschreiben, aber relativ leicht zu erkennen, wenn sie auftritt.

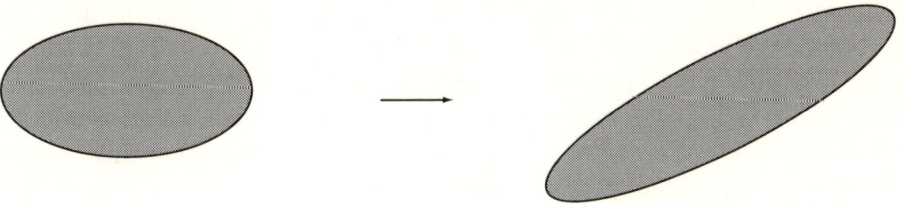

Abb. 14 Ein Volumenelement des Phasenraums ändert im Lauf der Zeit seine Form.

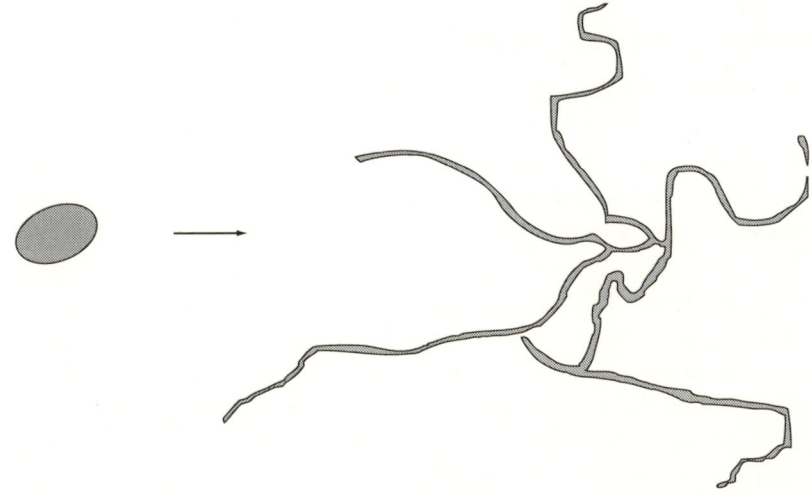

Abb. 15 Die Änderung der Gestalt eines Volumenelements im Phasenraum über sehr lange Zeit.

terscheidbar sein, die Systeme mit wesentlich anderen Anfangsbedingungen annehmen. Die «Erinnerung» an die Anfangsbedingungen ist demnach vollständig verlorengegangen, obwohl wir ihre Entwicklung natürlich entlang ihrer Phasenbahnen bis zum Beginn zurückverfolgen könnten.

Das Verhalten von Systemen mit unterschiedlichen Anfangsbedingungen kann man sich vorstellen, wenn man ein kleines Stück (ein Volumenelement) des Phasenraums betrachtet und jeden Punkt in ihm seine zeitliche Entwicklung gemäß derselben Hamilton-Funktion vollziehen läßt. Die Gestalt des Volumenelements wird sich stark ändern (siehe Abbildung 14). Nach einem Theorem, das der französische Mathematiker Joseph Liouville bewies, bleibt das Volumen des betrachteten Stückes des Phasenraums dabei aber konstant, als sei es mit einer inkompressiblen Flüssigkeit gefüllt. Wenn das System — wie fast alle realen Systeme — nichtintegrierbar und chaotisch ist, wird sich das Volumenelement trotz seines gleichbleibenden Volumens schließlich über alle für ihn zugelassenen Energiebereiche erstrecken. War es anfangs rund und kompakt, etwa wie ein Ball, kann es später wie eine Krake mit ihren Tentakeln größere Entfernungen überstreichen, wobei sein Volumen (wie gesagt) konstant bleibt (siehe Abbildung 15). Zwei Punkte, die anfangs in der kleinen Kugel nahe beieinander lagen, können sich nun in entgegengesetzten Armen der «Krake» befinden und damit sehr weit voneinander entfernt sein. Wie ähnlich die Zustände zweier (fast) identischer Systeme zu Anfang auch sind, sie werden sich nach langer Zeit deutlich unterscheiden.

Wiederkehr und Zeitumkehr

Das chaotische Verhalten der meisten Systeme und der große Abstand von Punkten im Phasenraum, die anfangs nahe benachbart waren, wird noch überraschender, wenn wir den *Poincaréschen Wiederkehrsatz* berücksichtigen. Weil Laplace ein Jahrhundert vor Poincaré lebte, konnte er den Satz noch nicht kennen, was seiner eingangs zitierten Vision etwas Pikantes verleiht. Für ein System mit endlicher Energiefläche im Phasenraum besagt das Theorem von Liouville, daß irgendein gegebenes kleines Volumen um einen Anfangspunkt beim Umherwandern schließlich das ganze Volumen des Phasenraums überstreichen muß. Es kann nicht in Bewegung bleiben, ohne sich mit anderen Bereichen zu überlappen, die es schon überdeckt hatte. Dies muß zuerst in der Nähe des Startpunktes geschehen. Das System muß dann im Lauf der Zeit *wieder beliebig nahe an seinen Anfangszustand herankommen*. Damit ist aber nicht gesagt, daß alle anderen Punkte, die sich anfangs im Volumenelement um den Startpunkt befanden, zur gleichen Zeit hierher zurückkehren müssen. Das würde bedeuten, daß die nach einiger Zeit aus dem kompakten Volumenelement entstandene langgezogene Form sich wieder kontrahieren würde. Während ein Punkt wieder an den Anfang zurückgekehrt ist, können sich andere, die in der Nachbarschaft starteten, zur selben Zeit weit links befinden. Aber alle müssen irgendwann zum Anfangszustand zurückkehren. Die Rückkehrzeiten zweier Punkte können sich stark unterscheiden, auch wenn sie sehr nahe beieinander starteten. Man sagt dann, die Systeme seien *extrem empfindlich gegen Änderungen der Anfangsbedingungen*. Die Rückkehrzeiten natürlicher Systeme mit sehr vielen Freiheitsgraden sind außerordentlich lang. Für die Moleküle in einem Behälter mit Gas ist die Rückkehrzeit noch viel länger als das Alter des Universums. Für die gesamte Welt haben wir etwas, das einer wörtlichen Version von Nietzsches «ewiger Wiederkehr» ähnelt, aber mit einer geringen Abweichung. Weil die Welt nie *exakt* zu ihrem Anfangszustand zurückkehren wird und ihre Phasenbahn stark von den Anfangsbedingungen abhängt, ist ihre Entwicklung beim zweiten Durchgang der Phasenbahn nicht genau dieselbe wie beim ersten.

Eine weitere Verwirrung rührt offensichtlich daher, daß bei einer Umkehr des Zeitablaufs (bei der die Bewegung rückwärts abläuft) die Hamiltonschen oder die Newtonschen Bewegungsgleichungen sich in derselben Weise ändern, als wenn alle Impulse umgekehrt würden, so daß die Bewegung vorwärts liefe, aber mit umgekehrten Richtungen der Geschwindigkeiten in ihr. Nähme man also einen Film von der Entwicklung des Systems auf und spielte ihn rückwärts ab, dann würde man eine völlig korrekte Bewegung sehen. Man könnte auf keine Weise feststellen, ob der Film in der richtigen Richtung läuft. Wohlgemerkt: In dem System, das wir betrachten, gibt es keinerlei Reibung, so daß keine Energie abgeführt wird.

Stellen Sie sich vor, Sie sehen in einem Film eine rote «Flüssigkeit», die anfangs eine kleine Kugel bildet. Dann beobachten Sie, wie sich die Flüssigkeit nach und nach ausbreitet, bis sie schließlich wie ein Gewirr von Fäden ungeordnet über den größten Teil des verfügbaren Phasenraums verteilt ist. Nun halten Sie den Film an und lassen ihn rückwärts laufen. Jetzt verfolgen Sie eine Entwicklung, die mit den Naturgesetzen ebenso vereinbar ist wie die Vorwärtsbewegung. Aber beim rückwärts laufenden Film entzerrt sich das Gewirr von selbst und zieht sich wieder zu einer kleinen Kugel zusammen! Bei der Vorwärtsbewegung entsteht aus einem geordneten Zustand eine sehr ungeordnete, chaotische Verteilung, die dann bei der Rückwärtsbewegung wieder geordnet wird. Beide gehorchen denselben Bewegungsgleichungen.

Aus alldem folgern wir: Was wie ein totales Chaos wirkt, ist nicht in jeder Hinsicht so ungeordnet, wie es zunächst scheint. So hat das Durcheinander von Papieren auf meinem Schreibtisch für einen Besucher auch den Anschein, als sei es undurchdringlich. Aber mein Schreibtisch ist keineswegs völlig ungeordnet; denn ich finde sehr schnell jeden im Stapel vergrabenen Brief, weil ich mich erinnere, wo ich ihn hingelegt hatte. (Der Vergleich ist ein bißchen überzogen: Der Wust auf meinem Schreibtisch ist tatsächlich ein Chaos, und oft finde ich wichtige Briefe wirklich kaum.) Das bedeutet jedoch nicht, daß sich jedes Gewirr von selbst entflechten kann, indem man das System — in der einen oder der anderen Richtung des Zeitablaufs — lange genug sich selbst überläßt. Wenn einer der Fäden des «geordneten Durcheinanders» nur ein wenig verschoben wird, kann dieses niemals wieder in das ursprüngliche kompakte Volumen zurückkehren, sondern zumindest ein Teil von ihm wird verstreut bleiben. Wiederum haben wir eine *extreme Empfindlichkeit gegen Änderungen der Anfangsbedingungen* vor uns, und zwar in beiden Richtungen des Zeitablaufs.

Laplaces Traum verblaßt

Was bedeutet dies nun für das uhrwerkartig funktionierende, in seiner Entwicklung vollständig vorhersagbare Universum, das sich Laplace vorstellte? Soweit es nur die klassische Mechanik betrifft, hatte er im Grunde völlig recht. Aber dieses Prinzip kann auch mit den leistungsfähigsten Computern, die man sich nur vorstellen kann, keinesfalls realisiert werden. Es ist nie eine perfekte Übereinstimmung erreichbar zwischen der möglichst exakten Eingabe der Anfangsbedingungen und der Art und Weise, wie das Computerprogramm diese Daten nutzt. Der Grund liegt darin, daß im Computer für jedes Stadium der Entwicklung numerische Näherungen angesetzt werden müssen. Jede für einen Rechenschritt verwendete Zahl hat im Computer eine endliche Anzahl von Dezimalstellen und ist allein deswegen praktisch immer ein Näherungswert. Die kleinste anfängliche Abweichung oder Zahlenrundung wird letztlich zu einer großen Diskrepanz zwischen der realen Entwicklung des Systems und dem berechneten Ablauf führen. Wenn sich solche Berechnungen der Entwicklung eines Systems bis auf eine ferne Zukunft erstrecken sollen, sind sie daher nur von begrenztem Wert, und Voraussagen auf ihrer Basis müssen irgendwann in die Irre führen; meist geschieht das sogar schon recht früh. Ein gutes Beispiel dafür sind die langfristigen Wettervorhersagen. John von Neumann, einer der Pioniere der Digitalcomputer, hatte noch damit gerechnet, daß die Meteorologen mit Hilfe leistungsfähiger Rechner verläßliche Langzeitprognosen erstellen könnten. Diese Erwartung hat sich nicht erfüllt. Anders als zu seiner Zeit wird die weite Verbreitung des Chaos inzwischen weitgehend akzeptiert, so daß heute nur noch sehr wenige glauben, daß diese Erwartung irgendwann zu erfüllen sein wird.

In den letzten zehn Jahren kam die Untersuchung des Chaos in deterministischen Systemen stark in Mode. Manche Enthusiasten tun so, als sei sie ein neues Gebiet der Physik. In Wahrheit weiß man schon seit mehr als hundert Jahren — zumindest seit Poincarés Arbeiten — von der Existenz und sogar von der Vorherrschaft solcher Systeme in der Natur. In der Vergangenheit zogen es die Physiker aber allgemein vor, geordnete (allerdings die Ausnahme bildende) Systeme zu erforschen, weil diese einfacher zu verstehen sind. Daß sich viele Wissenschaftler heute eher mit den chaotischen Systemen befassen, kann vielleicht vom psychologischen Einfluß des sozialen Chaos unserer Zeit herrühren. Das wäre ein Beispiel für die Einwirkung anderer Faktoren auf die Wissenschaft, wie sie viele Wissenschaftssoziologen postuliert und teilweise auch sehr betont haben. Die Erforschung solcher Systeme wurde in diesem Ausmaß erst durch die Hochgeschwindigkeitscomputer möglich, mit denen die notwendigen numerischen Berechnungen durchführbar sind, die zu Poincarés Zeit wegen des enormen Umfangs unmöglich waren.

Das Prinzip von Laplaces Traum einer deterministischen Ordnung hat sich sozusagen verflüchtigt. Es gibt aber einen Bereich der Physik, in dem dieses Prinzip erstaunlicherweise mit ganz anderen beobachteten Fakten ko-existiert. Dies führt zu etwas Neuem: Systeme, die aus einer sehr großen Anzahl von Teilchen in chaotischer Bewegung bestehen (z.B. Gase und Flüs-sigkeiten), zeigen ein *irreversibles* Verhalten. Einen Film, der die Bewegung eines einzelnen Moleküls zeigt, kann man rückwärts ablaufen lassen, ohne daß das jemand bemerken könnte. Wenn man dagegen einen Film von der Ausbreitung eines Tintentropfens in einem Glas Wasser zeitlich umkehrt, so ergibt sich ein völlig «unmöglicher» Ablauf des Geschehens. Den Grund dafür werden wir im nächsten Kapitel untersuchen.

3 Der Zeitpfeil

Die Mechanik befaßt sich mit der Beschreibung der Bewegungen von Körpern, die man dabei entweder als punktförmig oder als starr bzw. deformierbar ansieht. Im vorigen Kapitel haben wir uns mit den Begriffen und mathematischen Methoden beschäftigt, die in den vergangenen 300 Jahren hierfür entwickelt wurden. Will man die Bewegungen von Körpern verstehen, muß man ihre Masse, Form und Elastizität sowie die Kräfte kennen, die auf sie einwirken. Dabei beschränken wir uns auf punktförmige Teilchen, so daß Form und Elastizität keine Rolle spielen; wir lassen also Probleme außer acht, die mit der räumlichen Ausdehnung der Körper zu tun haben. Jedoch gibt es noch andere interessante physikalische Eigenschaften der Körper, die uns umgeben. Diejenige, der wir uns wohl am häufigsten bewußt sind, ist die Temperatur.

Wir kennen selbstverständlich den Unterschied zwischen einem warmen und einem kalten Gegenstand. Weiterhin wissen wir aus der Erfahrung, daß eine Tasse heißen Kaffees allmählich abkühlt, bis sie die Temperatur der sie umgebenden Luft angenommen hat. Wenn Sie die Tasse mit den Händen umfassen, werden sie spüren, wie Wärme von der heißen Tasse zu den kalten Händen fließt. Haben Sie jemals beobachtet, daß Ihre Hände dabei kälter werden und die Tasse noch heißer wird? Niemand konnte einen solchen Vorgang bisher feststellen. Nehmen wir an, jemand zeigt uns einen Film, in dem ein Eisenstab in einen Eimer mit kochendem Wasser getaucht und anschließend rotglühend herausgezogen wird, wobei im Eimer Eis zurückbleibt. Dann wissen wir sofort, daß der Film nur rückwärts laufen kann, denn auch ein solcher Ablauf ist noch nie beobachtet worden. In krassem Gegensatz zu den im vorigen Kapitel beschriebenen mechanischen Bewegungen sind viele Vorgänge, die mit dem Fluß von Wärme verbunden sind, *irreversibel* (nicht umkehrbar). Wir untersuchen in diesem Kapitel den Zusammenhang zwischen Wärme und mechanischer Arbeit sowie das Phänomen der Irreversibilität.

Temperatur

Schon im 17. Jahrhundert stellte Isaac Newton sein berühmtes Abkühlungsgesetz auf: Die Geschwindigkeit, mit der ein heißer Körper abkühlt, ist proportional zur Temperaturdifferenz zwischen ihm und der ihn umgebenden Luft. Wenn der Kaffee in der Tasse sehr heiß ist, kühlt er demnach schnell ab, und während er kälter wird, verläuft die weitere Abkühlung immer langsamer. Das läßt sich im Experiment leicht nachvollziehen. Aber was ist mit *Temperatur* eigentlich gemeint? Wir brauchen ein objektiveres

Maß als die Tastempfindung an unseren Händen, weil wir wissen, daß sich ein Metallstück kälter anfühlt als ein Holzstück mit derselben Temperatur.

Wir denken zunächst einmal nicht darüber nach, was das Wesen der Temperatur ist, sondern definieren sie folgendermaßen: Wenn zwei Gegenstände lange Zeit in engem Kontakt miteinander stehen, so sind ihre Temperaturen schließlich gleich. Man sagt, die Körper befinden sich in *thermischem Gleichgewicht*. Das ist ein wichtiger Schritt auf dem Weg zur Definition der Temperatur, denn wir können nun die Temperatur irgendeines Körper bestimmen, indem wir ihn in thermisches Gleichgewicht mit einer Standardanordnung bringen, die in irgendeiner Weise für die Anzeige der Temperatur geeicht ist. Wir nennen sie *Thermometer*.

Schon um 100 v. Chr. versuchte Philon von Byzanz ein Thermometer zu bauen, doch erst 1593 erfand es Galilei wirklich. Der holländische Erfinder Cornelius Drebbel hatte etwa zur gleichen Zeit dieselbe Idee, als er versuchte, die Temperatur von Schmelzöfen und Backöfen zu regeln. Die Erfindung beruhte darauf, daß sich eine gegebene Menge einer Flüssigkeit (heute meist Alkohol oder Quecksilber) beim Erwärmen ausdehnt. An einem Glasröhrchen mit einer Skala ist die jeweilige Höhe des Flüssigkeitsspiegels abzulesen, die ein Maß für die aktuelle Temperatur der Flüssigkeit ist. 1664 schlug Robert Hooke vor, die Temperatur des schmelzenden Eises als Temperatur-Nullpunkt zu verwenden; denn er hatte festgestellt, daß ein Thermometer in einer Mischung aus Eis und Wasser stets denselben Wert anzeigte. 30 Jahre später wählte der italienische Mathematiker Carlo Renaldini den Siedepunkt des Wassers als zweiten Bezugspunkt und teilte die Skala zwischen Schmelz- und Siedepunkt des Wassers in elf gleiche Teile. Zu gleicher Zeit hatte der Astronom Joachim Delancé, der ein Franzose war, vorgeschlagen, den Schmelzpunkt der Butter als Referenzpunkt zu wählen. Dieser wurde aber als zu ungenau verworfen. Die Skala, wie wir sie heute im Alltag verwenden, stammt von dem schwedischen Astronomen Anders Celsius, der das Intervall zwischen dem Schmelzpunkt und dem Siedepunkt des Wassers — anders als Renaldini — in 100 gleiche Abschnitte unterteilte, die man heute Grade nennt. Celsius schlug zunächst vor, die Schmelzpunkt des Eises gleich 100 °C und seine Siedetemperatur gleich 0 °C zu setzen; dies setzte sich aber nicht durch. Neben der uns geläufigen *Celsius-Skala* ist in den angelsächsischen Ländern noch die Fahrenheit-Skala in Gebrauch. Für diese setzte der Physiker Daniel Gabriel Fahrenheit die seinerzeit tiefste künstlich zu erzeugende Temperatur (rund -18 °C) gleich 0 °F und die menschliche Körpertemperatur gleich 100 °F. Bezeichnen wir die Temperatur in Grad Celsius mit t_C und die in Grad Fahrenheit mit t_F, so lautet die Umrechnungsformel: $t_C = \frac{5}{9}(t_F - 32)$.

Allerdings ist der Nullpunkt der Celsius-Skala in gewisser Weise willkürlich, denn die Schmelztemperatur des Eises ist nicht wirklich konstant, also im Grunde als Bezugspunkt ungeeignet. Die Forschungen von Boyle im 17. Jahrhundert sowie von Charles, Dalton und Gay-Lussac im 18. Jahrhundert ergaben, daß für eine bestimme Menge eines «idealen Gases» (also irgendeines Gases bei geringem Druck) das Produkt aus ihrem Druck p und ihrem Volumen V einen konstanten Wert hat, der sich mit der Temperatur t linear ändert. Betrachten wir beispielsweise ein Mol eines Gases, das die ungeheure Anzahl von $6,022 \cdot 10^{23}$ Teilchen (Molekülen oder Atomen) enthält. Diese Zahl heißt Avogadro-Zahl. Für ein Mol eines idealen Gases gilt das ideale Gasgesetz in der Form $pV = R(t + a)$. Darin ist R die *Gaskonstante*, und a ist ebenfalls eine Konstante. Sie beträgt $a = 273,16\ °C$, wenn in die Gleichung die Temperatur t in $°C$ eingesetzt wird. Führt man eine Temperaturskala T ein, für die gilt $T = t + 273,16\ °C$, dann lautet das ideale Gasgesetz: $pV = RT$. Diese Temperaturskala heißt *Kelvin-Skala*, benannt nach William Thomson, dem späteren Lord Kelvin, der im 19. Jahrhundert der Physik wesentliche Impulse gab. Die zugehörige Temperatureinheit heißt Kelvin (Formelzeichen K). Sie ist ebenso groß wie das $°C$, nur ist der Nullpunkt der Skala ein anderer. Die nach Kelvin gemessene Temperatur heißt auch *absolute Temperatur* und ist universell verwendbar, denn ihr Nullpunkt bei $-273,16\ °C$ ist nicht willkürlich, weil sie — anders als die Temperatur der Celsius-Skala — nicht von den Eigenschaften einer bestimmten Substanz abhängt.

Wärme

Wir begannen dieses Kapitel mit der schon sehr früh aufgestellten Beobachtung, daß heiße Körper die Temperatur kalter Körper erhöhen, wenn sie mit diesen in thermischem Kontakt stehen. Die Natur der Wärme, die dabei offensichtlich übertragen wird, bleibt dabei aber noch unklar. Die Griechen der Antike sahen das Feuer als eines der vier Elemente in der Natur an, und noch in der ersten Hälfte des 19. Jahrhunderts war das Wort Feuer häufig ein Synonym für den Begriff Wärme. Eine andere Idee hatte schon 1760 der schottische Physiker und Chemiker Joseph Black: Er meinte, die Wärme sei eine unzersetzbare Flüssigkeit, die die mikroskopisch kleinen Zwischenräume in allen Körpern (ob fest, flüssig oder gasförmig) ausfülle. Er glaubte, sie habe die ihr innewohnende Tendenz, von Gegenständen mit höherer Temperatur zu solchen mit geringerer Temperatur zu fließen, so wie Wasser am Abhang von höheren zu tieferen Stellen fließt. Diese sogenannte *kalorische Theorie* (vom lateinischen *calor* = Wärme) war in den folgenden Jahrzehnten besonders in England sehr verbreitet.

Aber 40 Jahre später kam die mit ihr konkurrierende *kinetische Theorie* der Wärme auf. Der vor der Revolution in Amerika geborene Benjamin Thompson (später in England zum Grafen Rumford geadelt) hatte bemerkt, daß beim Bohren von Kanonenrohren enorme Wärmemengen entstehen. Daraus schloß er, daß die Wärme eine Art Schwingungsbewegung der Bestandteile der Körper sein müsse. Der englische Chemiker Humphrey Davy kam um 1805 zum gleichen Schluß; denn als er zwei Eisstücke gegeneinander rieb, schmolzen sie. Allerdings war man sich nicht immer einig darüber, *was* dabei eigentlich schwingt. Jedoch hatte schon 1738 Daniel Bernoulli*) vermutet, der von einem Gas ausgeübte Druck rühre von den Impulsen seiner sich schnell bewegenden Moleküle her, wenn sie auf die Behälterwände prallen. Aber nicht jeder war mit dieser Vorstellung einverstanden. Andere nahmen an, ein Gas sei einem Festkörper ähnlich, und die Wärmebewegung bestünde in geringfügigen Schwingungen. Auf jeden Fall aber unterschied sich die kalorische Theorie deutlich von jeder Version der kinetischen Theorie, die wir heute in der von Bernoulli aufgestellten Form als richtig akzeptieren. Doch in der ersten Hälfte des 19. Jahrhunderts existierten — vor allem in Frankreich — beide einander widersprechenden Theorien über das Wesen der Wärme nebeneinander.

Kommen wir nun zur tatsächlichen Wirkung der Wärme. Der schottische Ingenieur James Watt erfand 1765 den Kondensator für die Dampfmaschine. Sie wurde dadurch (wörtlich und bildlich) die treibende Kraft der Industriellen Revolution in Europa und in Amerika, mit weitreichenden sozialen und technischen Konsequenzen. Die Dampfmaschine war eine sehr praktische und nützliche Vorrichtung zum Umwandeln von Wärme in mechanische Arbeit. Die Thermodynamik ist der Zweig der Physik, der sich mit dieser Umwandlung befaßt. Die auf diesem Gebiet tätigen Wissenschaftler waren aber weniger daran interessiert, die Dampfmaschine zu verbessern, als vielmehr daran, deren Wirkungsweise besser zu verstehen. Daher war die Dampfmaschine, die die meisten Geräte in der unaufhaltsam expandierenden Industrie antrieb, ihr bevorzugtes Forschungsobjekt. Der französische Ingenieur Sadi Carnot (dessen Vater Kriegsminister unter Napoleon I. gewesen war) und der deutsche Physiker Rudolf Clausius waren zwei Wegbereiter der Thermodynamik. Sie begannen ihre wichtigsten Arbeiten mit Untersuchungen über die Umwandlung von Wärme in mechanische Arbeit. Nachdem sich herausgestellt hatte, daß diese Umwandlung in beiden Richtungen möglich ist, war die kalorische Theorie nicht mehr haltbar, gemäß der die Wärme als solche erhalten bleiben sollte. Allerdings vollzogen sich die ersten Entwicklungen der Thermodynamik zu einer Zeit, als die kalorische neben der kinetischen Theorie noch Bestand hatte. Die

---

*)   Die Familie Bernoulli war in den Wissenschaften etwa das, was die Familie Bach in der Musik war. Daniel gehörte der zweiten von drei Generationen an, in denen acht Männer — außer ihm sein Vater, sein Onkel, zwei Brüder, ein Cousin und zwei Neffen — wesentliche Beiträge zur Mathematik und zur Physik leisteten.

Thermodynamik bietet jedoch eher phänomenologische Beschreibungen und erfordert daher keine Theorien über das Wesen der Wärme.

Der Erste Hauptsatz der Thermodynamik

Wärme und mechanische Arbeit können ineinander umgewandelt werden. Wir messen die Menge der Arbeit in mechanischen Einheiten, und zwar als Produkt einer Kraft, die entlang eines Weges wirkt. Eine Wärmemenge können wir aus der Temperaturdifferenz bestimmen, die sie bei einem Standardkörper hervorruft. Das führt zur Frage des sogenannten «mechanischen Wärmeäquivalents»: Welche Menge an Arbeit entspricht einer bestimmten Wärmemenge? Diese Relation wurde erstmals im Jahre 1798 von Thompson grob ermittelt; genauere Messungen stellte James Prescott Joule zwischen 1845 und 1847 an. Bei seinem berühmten Experiment ließ er einen Satz Schaufelräder in einem mit Wasser gefüllten Behälter rotieren und maß die dabei auftretende Temperaturerhöhung. Außerdem bestimmte er die für die Rotation aufzuwendende mechanische Arbeit und konnte so das Verhältnis der Arbeitsmenge zur Wärmemenge errechnen. Es ergab sich, daß die Summe von mechanischer Arbeit und Wärme stets erhalten bleibt. Statt des Begriffs Arbeit (der vorwiegend bei mechanischen Vorgängen angewandt wird) können wir auch die allgemeinere Bezeichnung «Energie» verwenden. Die Erhaltung der Energie gilt jedoch nicht nur für die mechanische und die Wärmeenergie, sondern ebenso für die anderen Energieformen, beispielsweise die elektrische Energie. Bei seinen Experimenten trieb Joule die Schaufelräder auch mit einem Elektromotor an und ermittelte so die Äquivalenz zwischen Wärmeenergie und elektrischer Energie. Die Erhaltung der gesamten Energie — also der Summe aus mechanischer, elektrischer und Wärmeenergie — heißt *Erster Hauptsatz der Thermodynamik*. Seine Entdeckung wird zum Teil James Joule zugeschrieben, aber die Geschichte des Ersten Hauptsatzes ist etwas komplizierter.

Der deutsche Arzt Robert Mayer nahm 1842 als Schiffsarzt an einer langen Expedition teil. In deren Verlauf bemerkte er, daß das Blut der europäischen Seeleute in den Tropen deutlich roter war als zu Hause. Daraus schloß er, daß in den warmen Gebieten zur Extraktion des Sauerstoffs aus dem Blut weniger Arbeit erforderlich ist, um die Körpertemperatur konstant zu halten, als in unseren Breiten. Diese Beobachtung regte ihn dazu an, den Zusammenhang zwischen Arbeit und Wärme genauer zu untersuchen. Durch eine Reihe teilweise etwas gewundener Folgerungen kam er auf das Prinzip der Energieerhaltung. Eine Zeitlang mußte er gegen Joule um seinen Prioritätsanspruch kämpfen. Ähnlichen Gedankengängen wie Mayer folgte Hermann von Helmholtz, ein Wissenschaftler, der auf mehreren Wissensgebieten erfolgreich war. Er folgerte aus seinen eigenen Experimenten, daß die

Körperwärme und die von den Muskeln verrichtete Arbeit die gleiche Quelle hatte, nämlich die Oxidation der Nahrung im menschlichen Körper. Andere Wissenschaftler postulierten seinerzeit eine «Lebenskraft», die für die Lebensfunktionen notwendig sein sollte. Nach den neuen Erkenntnissen war sie jedoch weder nötig, noch war sie überhaupt vorhanden. Wie Helmholtz und Clausius deutlich machten, bewiesen Joules Experimente, daß nicht die Wärme allein erhalten bleibt, sondern stets die Gesamtenergie des Systems. Auch ihnen wird daher die Entdeckung des Prinzips der Energieerhaltung zum Teil zugeschrieben.

Im 19. Jahrhundert und davor — sogar zuweilen heutzutage noch — wurde immer wieder versucht, eine Maschine zu konstruieren, die unaufhörlich läuft und dabei Arbeit verrichtet, ohne eine dieser Arbeit entsprechende Energiemenge aufzunehmen. Sie wäre das technische Pendant zum «Stein der Weisen», der es im Mittelalter ermöglichen sollte, aus Blei Gold zu machen. Man nennt diese hypothetische Maschine *perpetuum mobile* (lateinisch: «sich ewig bewegend»). Gemäß der negativen Formulierung des Ersten Hauptsatzes ist es prinzipiell unmöglich, eine solche Maschine zu konstruieren oder zu bauen, wie ideenreich der Erfinder auch sein mag.

Heute wissen wir, daß sich die Materie aus Teilchen zusammensetzt und daß die Wärme aus deren ungeordneter Bewegung sowie aus elektromagnetischer Strahlung besteht. Demnach ist der Erste Hauptsatz ein Teil des allgemeinen Prinzips der Energieerhaltung im Rahmen der Mechanik und des Elektromagnetismus (siehe Kapitel 4). Wir werden in Kapitel 10 die tieferen Zusammenhänge untersuchen. Der Erste Hauptsatz spielte bei der Entwicklung der Thermodynamik eine große Rolle, wird aber inzwischen oft als redundant angesehen.

Der Carnotsche Kreisprozeß

Zwar gehört es inzwischen zum Schulwissen, daß sich Wärme und Arbeit im Prinzip ineinander umwandeln lassen, doch wie müssen wir die Art und Weise verstehen, in der der Wärmefluß in einer Dampfmaschine in Arbeit umgesetzt wird? Sadi Carnot leistete einen wichtigen Beitrag zur Erforschung der Wärme: Er stellte einen idealisierten Zyklus auf, bei dem mit größtmöglicher Effizienz Arbeit der Wärme entzogen wird, die von einem wärmeren zu einem kälteren Körper fließt. Dieser *Carnotsche Kreisprozeß* hängt weder vom Wesen der Wärme ab (Carnot selbst vertrat noch die kalorische Theorie) noch von den konstruktiven Einzelheiten der Maschine. Entscheidend ist, daß der gedachte Prozeß *reversibel* ist, also in jedem Augenblick auch in der Gegenrichtung fortgesetzt werden könnte. Unser Interesse am Carnot-Prozeß liegt nicht in der Faszination, die die ersten Dampfmaschinen ausübten, sondern in seinem Nutzen für die Beweisführung in der Thermodynamik. Unsere Argumentation läßt zwar den historischen Ursprung der Thermodynamik in der Dampfmaschine außer acht, aber es gibt keinen brauchbaren Ersatz als Kurzfassung der vollständigen mathematischen Formulierung.

Stellen wir uns einen zylindrischen Behälter vor, der — wie eine Fahrradluftpumpe — durch einen beweglichen Kolben gasdicht verschlossen ist. Durch Hineinschieben oder Herausziehen des Kolbens kann das Volumen des Behälters leicht verändert werden. Der Behälter sei mit einer bestimmten Gasmenge gefüllt, deren Druck höher als der äußere Atmosphärendruck ist (das ist zwar nicht notwendig, erleichtert uns aber das Verständnis). Abbildung 16 zeigt eine Auftragung des Gasdrucks gegen das Volumen für verschiedene Temperaturen. Zu Beginn sei der Behälter in ein großes «Wärmereservoir» (wie in eine riesige Badewanne) eingetaucht, das die Temperatur T_1 habe. Ein *Reservoir* stellen wir uns im folgenden jeweils so groß vor, daß sich seine Temperatur praktisch nicht ändert, auch wenn es Wärme aus dem Behälter entnimmt oder ihm zuführt. Nun kann sich das Gas im Behälter langsam ausdehnen, wobei es den Kolben nach außen schiebt und Arbeit an der Umgebung verrichtet, beispielsweise ein auf ihm lastendes Gewicht anhebt. Wie gesagt, bleibt währenddessen die Temperatur des Gases konstant bei T_1. Bei diesem Vorgang wird im Druck-Volumen-Diagramm der Abbildung 16, ausgehend vom Punkt A, der Punkt B erreicht. Im nächsten Schritt wird der Behälter vom Reservoir getrennt und gegen die Umgebung thermisch isoliert, so daß er Wärme weder aufnehmen noch abgeben kann. Nun wird der Kolben weiter nach außen gezogen, und das Gas kühlt auf die Temperatur T_2 ab. Dabei sinkt der Druck, bis der Zustand dem am Punkt C im Diagramm entspricht. Im dritten Schritt wird die Isolation entfernt, und der Behälter wird in thermischen Kontakt mit einem Reservoir der Temperatur T_2 gebracht. Auf dem Weg von C nach D im Diagramm wird der Kolben nach innen geschoben, während die Temperatur konstant bei T_2 bleibt. Im vierten Schritt schließlich wird der Behälter vom Reservoir getrennt und thermisch gegen die Umgebung isoliert. Nun wird der Kolben noch weiter nach innen geschoben, bis er wieder die Anfangsposition erreicht hat, wobei auch der Druck zu seinem Anfangswert zurückkehrt. Jetzt muß das Gas im Behälter auch dieselbe Temperatur T_1 wie zu Beginn haben, weil sein Druck und sein Volumen jeweils den Anfangswert haben; denn für das Gas im Zylinder gilt das ideale Gasgesetz oder eine andere sogenannte *Zustandsgleichung*, die die Größen Druck, Volumen und Temperatur der gegebenen Gasmenge miteinander verknüpft. Im Diagramm ist also wieder der Anfangspunkt A erreicht. Im Laufe des gesamten Carnot-Prozesses hat der Kolben eine bestimmte Menge W an mechanischer Arbeit verrichtet. Sie ist gleich der von den vier Kurvenstücken im Diagramm eingeschlossenen Fläche.

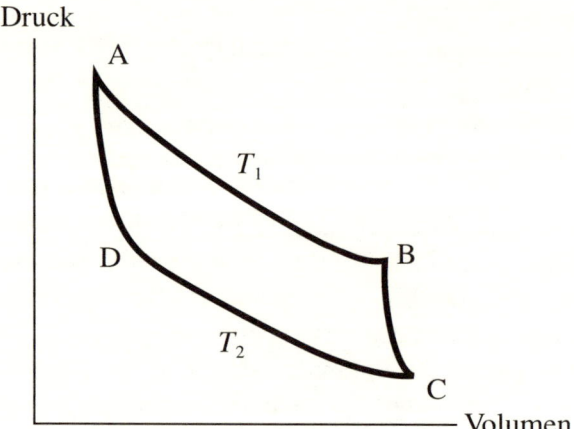

Abb. 16 Das Druck-Volumen-Diagramm eines Carnotschen Kreisprozesses.

Nach dem Ersten Hauptsatz der Thermodynamik muß die verrichtete Arbeit gleich der Wärmemenge sein, die das Gas während des Zyklus netto aufnimmt. Die Wärmeaufnahme ist nur während der beiden Schritte möglich, in denen das Gas thermisch nicht isoliert ist, sondern in Kontakt mit einem der Reservoire mit der Temperatur T_1 bzw. T_2 steht. Wir bezeichnen mit Q_1 die Wärmemenge, die das Gas aus dem Reservoir mit der Temperatur T_1 aufnimmt, während es der Kurve AB folgt. Entsprechend ist Q_2 die Wärmemenge, die das Gas an das Reservoir mit der Temperatur T_2 abgibt, während es der Kurve CD folgt. Weil das Gas hier Wärme abgibt, müssen wir die Wärmemenge negativ rechnen: $-Q_2$. Wegen der Energieerhaltung gilt, wie gesagt, $W = Q_1 - Q_2$. Der Kreisprozeß kann beliebig oft wiederholt werden; jedesmal wird die gleiche Menge an Arbeit verrichtet und gleichzeitig Wärme vom wärmeren Reservoir (der Quelle) in das kältere Reservoir (die Senke) übertragen. Die Vorrichtung heißt daher *Wärmekraftmaschine*.

Stellen wir uns vor, der Zyklus werde in der Gegenrichtung durchlaufen. Dabei wird Arbeit am Kolben verrichtet, und Wärme fließt vom kälteren Reservoir zum wärmeren. Wir sprechen hier von einer *Kältemaschine* oder *Wärmepumpe*, denn sie entzieht Wärme dem kälteren Reservoir und führt sie dem wärmeren zu. Dazu muß ihr, wie wir gesehen haben, mechanische Arbeit zugeführt werden. Mit anderen Worten: Der Wärmefluß von einem Körper tieferer Temperatur zu einem Körper höherer Temperatur läuft nicht spontan ab, sondern muß erzwungen werden.

Wie kann man nun berechnen, wie effizient eine Wärmekraftmaschine arbeitet, deren Arbeitsschritte dem Carnotschen Kreisprozeß entsprechen?

Der Wirkungsgrad ist allgemein definiert als der Quotient aus abgegebener Arbeit und eingesetzter Wärme. Würde die dem wärmeren Reservoir entnommene Wärme vollständig in Arbeit umgesetzt, betrüge der Wirkungsgrad 1,0 (oder 100 Prozent). Wir haben aber gesehen, daß wegen der Energieerhaltung für die Arbeit gilt: $W = Q_1 - Q_2$. Daher beträgt der Wirkungsgrad nicht 1, sondern ist kleiner, und zwar um den Quotienten aus der an das kältere Reservoir abgeführten Wärmemenge Q_2 und der dem wärmeren Reservoir entnommenen Wärmemenge Q_1. Demnach könnte der Wirkungsgrad der Wärmekraftmaschine nur dann 1 betragen, wenn keine Wärme an das kältere Reservoir abgegeben und damit «verlorengehen» würde. Das aber widerspräche dem Zweiten Hauptsatz der Thermodynamik, wie ihn W. Thomson (Lord Kelvin) formulierte. Auf dieses Gesetz wollen wir jetzt näher eingehen.

Der Zweite Hauptsatz der Thermodynamik

Zu Beginn dieses Kapitels haben wir festgestellt: Wenn einem System von außen keine Arbeit zugeführt wird, dann fließt nach unserer allgemeinen Erfahrung die Wärme stets vom wärmeren zum kälteren Körper. Die andere Richtung des Wärmeflusses konnte noch nie beobachtet werden. Diesem Wärmefluß kann gemäß dem Carnotschen Kreisprozeß Energie in Form von mechanischer Arbeit entzogen werden. Umgekehrt kann man dem System mechanische Arbeit zuführen, so daß Wärme vom kälteren zum wärmeren Körper fließt. Nun stellt sich die Frage, ob man eine Maschine konstruieren kann, die mechanische Arbeit verrichtet, während sie einem Reservoir Wärme entnimmt und gleichzeitig etwas Wärme in dasselbe Reservoir zurückfließt. Die in allen Meeren und allen Festlandsmassen der Erde enthaltene Wärmeenergie ist unvorstellbar groß. Daher wäre eine solche Maschine praktisch gleichbedeutend mit einem *perpetuum mobile*, obwohl ihre Funktion dem Ersten Hauptsatz nicht widerspräche. Man nennt sie ein *perpetuum mobile zweiter Art*. Der *Zweite Hauptsatz der Thermodynamik* besagt jedoch, daß auch eine solche Maschine unmöglich ist. Er lautet in der Formulierung nach Kelvin: *Es kann keinen Prozeß geben, dessen einziger Effekt darin besteht, Wärme aus einem Reservoir zu entnehmen und sie in Arbeit umzusetzen.* Gleichbedeutend damit ist die Feststellung, daß die Wärmeerzeugung durch Reibung irreversibel ist. Wenn Sie mit ihrem Fahrrad auf einer waagerechten Ebene entlangrollen, ohne zu treten, wird es wegen der Reibung irgendwann stehenbleiben. Die mechanische Bewegungsenergie wurde dabei in Wärme umgewandelt. Diese Wärme ist aber nicht als mechanische Arbeit nutzbar zu machen. Man kann das Fahrrad also nicht wieder in Bewegung setzen, indem man etwa seine Reifen abkühlt.

In der Formulierung von Clausius lautet der Zweite Hauptsatz: *Es kann keinen Prozeß geben, dessen einziger Effekt darin besteht, Wärme von einem kälteren in ein wärmeres Reservoir zu übertragen.* Das bedeutet, daß das Innere eines Kühlschranks nur durch unmittelbare Einwirkung der Umgebung — nämlich durch Energiezufuhr — gegenüber der Umgebung abkühlen kann. Das bedeutet andererseits, daß der Prozeß der Wärmeleitung irreversibel ist. Während keine Energie aufgewandt werden muß, um im Winter ein warmes Haus auf die Außentemperatur abzukühlen, erfordert das Erwärmen den Einsatz von Energie aus der Heizung. Die beiden Formulierungen des Zweites Hauptsatzes von Kelvin und Clausius klingen verschieden, sind aber äquivalent, wie wir gleich sehen werden.

Nehmen wir an, das Clausiussche Postulat sei falsch, und wir könnten daher — ohne irgendeinen anderen Effekt — eine bestimmte Wärmemenge von einem Reservoir mit der niedrigen Temperatur T_2 in eines mit der höheren Temperatur T_1 übertragen. Wir könnten dann eine Wärmekraftmaschine realisieren, die in einem Carnot-Prozeß diese Wärmemenge dem wärmeren Reservoir entnimmt, sie teilweise in Arbeit umsetzt und teilweise in das kältere Reservoir überträgt. Insgesamt gäbe das wärmere Reservoir dieselbe Wärmemenge ab, die es zuvor aufgenommen hatte, und bliebe damit völlig unverändert. Als Nettoeffekt bliebe allein die Umwandlung der dem kälteren Reservoir entnommenen Wärme in Arbeit. Dies widerspräche aber dem Postulat von Kelvin. Nehmen wir umgekehrt an, dessen Formulierung des Zweites Hauptsatzes sei falsch. Dann könnten wir mechanische Arbeit dadurch gewinnen, daß wir einem Reservoir mit der Temperatur T_2 Wärme entnehmen und die erhaltene Arbeit beispielsweise durch Reibung vollständig in Wärme umwandeln, mit der wir einen anderen Körper erwärmen, der zuvor die höhere Temperatur T_1 hatte. Dann bestünde der Nettoeffekt allein darin, daß wir Wärme aus dem kälteren Reservoir in das wärmere übertragen hätten. Das widerspräche dem Clausiusschen Postulat. Somit ist gezeigt, daß beide Formulierungen des Zweiten Hauptsatzes einander entsprechen.

Nun werden Sie vielleicht fragen, was diese negativen Formulierungen (daß etwas *nicht* möglich ist) mit den verbreiteten Versionen des Zweiten Hauptsatzes zu tun haben, nach denen «die Entropie zunimmt» und der «Wärmetod des Universums» unausweichlich ist. Dazu müssen wir zunächst untersuchen, was Entropie eigentlich ist.

Entropie

Auf der Grundlage seiner eigenen frühen Formulierung des Zweiten Hauptsatzes der Thermodynamik bewies Sadi Carnot: Keine Vorrichtung irgendeiner Art — reversibel oder irreversibel —, die zwischen den Temperaturen

T_1 und T_2 arbeitet (wobei Wärme vom Reservoir mit T_1 zu dem mit T_2 fließt) und mechanische Arbeit liefert, kann einen Wirkungsgrad haben, der größer ist als derjenige der ideal (reibungsfrei und reversibel) arbeitenden Maschine. Daraus folgt, daß dieser maximale Wirkungsgrad nur von den beiden Temperaturen T_1 und T_2 abhängen kann, ebenso wie das Verhältnis der entnommenen zur zugeführten Wärmemenge Q_1/Q_2. Dann muß dieses Verhältnis vom Quotienten einer Funktion $f(T_2)$ zu einer gleichen Funktion $f(T_1)$ abhängen. Um das zu verstehen, denken wir uns den Carnotschen Kreisprozeß als Kombination aus zwei Maschinen, die zwischen den Temperaturen T_1 und T_0 beziehungsweise T_0 und T_2 arbeiten, wobei T_0 konstant gehalten werde. Wird die Temperatur in der Kelvin-Skala (absolute Temperaturen) angegeben, so stellt sich heraus, daß die Funktion $f(T)$ die Temperatur T selbst ist. Das kann übrigens auch als Definition der Kelvin-Skala angesehen werden. Es gilt also $Q_1/Q_2 = T_1/T_2$. Die Multiplikation dieser Gleichung mit Q_2 und die Division durch T_1 sowie Umstellen ergibt

$$\frac{Q_1}{T_1} + \frac{-Q_2}{T_2} = 0.$$

Erinnern Sie sich daran, daß Q_2 die im dritten Schritt des Zyklus vom Gas aufgenommene, also $-Q_2$ die von ihm abgegebene Wärmemenge ist; denn jede vom System abgegebene Energiemenge wird negativ gerechnet.

Den Quotienten aus der von einem Körper oder einem System (wie unserem Gas im Behälter) aufgenommenen oder abgegebenen Wärmemenge und seiner Temperatur nennt man die Änderung seiner *Entropie*. Dieser äußerst nützliche Begriff, abgeleitet vom griechischen Wort für Umkehren, wurde 1865 von Clausius geprägt. Der obigen Gleichung entnehmen wir, daß bei einer völlig reversibel (also nach dem idealisierten Carnotschen Kreisprozeß) arbeitenden Maschine die Entropieänderung insgesamt gleich null ist. Andere reversibel durchlaufene Kreisprozesse haben zwar nicht die einfache Eigenschaft, daß die gesamte Wärme bei jeweils konstanter Temperatur aufgenommen oder abgegeben wird, aber jeder beliebige Kreisprozeß kann durch eine Reihe von Carnot-Prozessen ersetzt werden, die eine geringe Wärmemenge bei jeweils konstanter Temperatur übertragen. Weil die Entropieänderung eines jeden Carnotschen Kreisprozesses null ist, bleibt bei jedem reversibel durchlaufenen Kreisprozeß die Entropie ebenfalls konstant.

Die resultierende Entropieänderung eines jeden Körpers ist also null, wenn dieser einen reversiblen Zyklus durchläuft, der ihn wieder in den Anfangszustand versetzt. Daraus folgt, daß die Entropieänderung immer die gleiche ist, wenn der Körper reversibel von einem Zustand in einen anderen überführt wird — gleichgültig, auf welchem Wege die Zustandsänderung vollzogen wird. Welcher Weg im Druck-Volumen-Diagramm auch eingeschlagen wird: Solange alle Vorgänge reversibel ablaufen, ist die Entropie-differenz zwischen Anfangszustand und Endzustand dieselbe. Der Grund dafür ist, daß sich zwei reversible Wege im Diagramm nur durch die Addition eines geschlossenen reversiblen Kreisprozesses unterscheiden. Das kann man sich vereinfacht so vorstellen: Zieht man um einen Baumstamm links herum eine Linie bis auf die gegenüberliegende Seite, so ist das gleichbedeutend damit, daß man die Linie rechts herum zieht und dann — einmal um den ganzen Stamm herum — zurückgeht. Die Differenz zwischen beiden zurückgelegten Strecken ist der geschlossene Weg um des ganzen Umfang des Stammes. Weil die Entropie eines Körpers nicht davon abhängt, *wie* er seinen gegenwärtigen Zustand erreicht hat, kann die Entropie als Eigenschaft dieses Zustands angesehen werden, der beispielsweise durch die Werte von Druck, Volumen und Temperatur definiert ist. Die einzige Unsicherheit oder Mehrdeutigkeit liegt jetzt nur noch in der Wahl eines Anfangs- oder Referenzzustands, der ein für alle Male festzulegen ist. In dieser Hinsicht besteht eine Analogie zwischen Entropie und Energie. Der Formalismus ist der gleiche wie in Kapitel 2, wo wir von der Ableitung einer Funktion auf die Funktion selbst zurückgerechnet haben.

Nehmen wir nun an, eine kleine Wärmemenge Q werde von einem Wärmereservoir mit der Temperatur T_1 auf einen Körper mit der Temperatur T_2 übertragen. Dann steigt dessen Entropie um Q/T_2, während die Entropie des Reservoirs um Q/T_1 abnimmt. Wenn der Körper und das Reservoir vom Rest des Universums isoliert sind, so daß keine mechanische Arbeit ausgetauscht werden kann, dann ist der Prozeß reversibel, wenn $T_1 = T_2$ ist. Nach dem Clausius-Postulat ist er irreversibel, wenn T_1 größer als T_2 ist. Im ersten Fall, bei gleichen Temperaturen, steigt die Entropie des Körpers um denselben Betrag, um den die des Reservoirs sinkt, und die gesamte Entropie bleibt konstant. Im zweiten Fall, bei unterschiedlichen Temperaturen, nimmt die Entropie des Reservoirs weniger stark ab, als die des Körpers zunimmt. Also bleibt die gesamte Entropie bei einer reversiblen Wärmeübertragung konstant, während sie bei einer irreversiblen Wärmeübertragung zunimmt. Für umfassendere Übergänge bei verschiedenen Temperaturen teilen wir die Vorgänge in einzelne Prozesse auf und kommen zu denselben Folgerungen.

Wir betrachten nun ein System, das sich im Gleichgewicht befindet, also keine Druck- oder Temperaturdifferenzen aufweist. Es soll einem irreversiblen Prozeß ohne Wärmeübertragung unterzogen werden. Dann können wir den oberen Teil des Carnotschen Kreisprozesses (siehe Abbildung 16, S. 70) als seine Kurve im Druck-Volumen-Diagramm setzen, und der Rest des Carnot-Prozesses dient zur Rückkehr des Systems in den Anfangszustand. Die Entropie bei A ist die gleiche wie bei D, und die Entropie bei B ist die gleiche wie bei C, weil entlang der Kurven DA und BC keine Wärme übertragen wird. Daher ist die Entropiedifferenz zwischen A und B dieselbe wie die zwischen D und C, und diese ist Q/T_2. Die übertragene Wärmemenge Q ist dabei negativ zu rechnen, da Wärme abgegeben wird. Andernfalls würde Wärme dem wärmeren Reservoir entnommen und ohne weitere Änderungen in Arbeit umgesetzt, was dem Zweiten Hauptsatz nach Kelvin widerspräche. Somit ist die Entropie bei D kleiner als die bei C, und die Entropie bei A ist kleiner als die bei B, so daß bei dem irreversiblen Prozeß die Entropie insgesamt steigt. Befindet sich das System nicht im Gleichgewichtszustand, dann betrachten wir jeweils kleinere Teile, die im Gleichgewicht sind, und kommen zum gleichen Ergebnis.

Wir können jetzt folgern, daß der Zweite Hauptsatz der Thermodynamik das «Prinzip der zunehmenden Entropie» umfaßt: *Die Entropie irgendeines isolierten Systems kann niemals abnehmen.* Es ist aber durchaus möglich, daß die Entropie eines nicht isolierten Systems abnimmt. In diesem Fall muß aber die Entropie außerhalb des Systems (in der Umgebung oder in einem anderen System) mindestens ebenso stark zunehmen. Sind zwei Systeme gemeinsam gegen die Umgebung (den Rest des Universums) isoliert, so kann ihre gesamte Entropie niemals abnehmen. Jedes isolierte System strebt unausweichlich seinem Entropiemaximum zu, wenn ein solches existiert (das trifft zu, wie wir noch sehen werden). Die Entropie des Universums, das vermutlich als ein isoliertes System anzusehen ist, kann daher ebenfalls niemals abnehmen. Clausius drückte den Ersten und den Zweiten Hauptsatz der Thermodynamik folgendermaßen positiv aus: «Die Energie des Universums ist konstant; seine Entropie strebt einem Maximum zu.» Damit wirkt der Zweite Hauptsatz nicht mehr wie ein Verbot.

Wir können uns die mit einer Entropiezunahme verbundenen Vorgänge im einzelnen klarmachen: Es arbeite eine Wärmekraftmaschine reversibel (also gemäß dem Carnot-Prozeß) zwischen einem heißen Reservoir mit der Temperatur T_1 und einem sehr kalten Reservoir mit der Temperatur T_0. Dann hängt, wie wir gesehen haben, die an das kalte Reservoir abgegebene Wärmemenge Q_0 mit der dem heißen Reservoir entnommenen Wärmemenge Q zusammen über $Q_0/T_0 = Q/T_1$. Multiplizieren dieser Gleichung mit T_0 ergibt $Q_0 = Q T_0/T_1$. Damit ist die Arbeit W_1, die bei der Entnahme von Q aus dem heißen Reservoir verrichtet wird, gegeben durch $W_1 = Q - Q T_0/T_1$. Wenn dieselbe Maschine aber zwischen einem nicht ganz so heißen Reservoir mit der Temperatur T_2 (also mit $T_2 < T_1$) und demselben kalten Reservoir arbeitet, kann sie bei der Entnahme der gleichen Wärmemenge die Arbeit $W_2 = Q - Q T_0/T_2$ verrichten. Diese Arbeitsmenge ist kleiner als W_1, und die Differenz ist $W_1 - W_2 = T_0 (Q/T_1 - Q/T_2) = T_0 \Delta S$. Darin ist ΔS die Entropieänderung bei einem (hier nur gedachten) Wärmefluß vom ersten in das zweite Reservoir. Anders ausgedrückt: Die Menge an Arbeit, die bei der Entnahme einer bestimmten Wärmemenge aus einem heißen Reservoir abgegeben werden kann — wobei auch Wärme in das kältere Reservoir fließen muß —, ist kleiner, wenn die Temperatur des heißen Reservoirs geringer ist. Hierbei wird vorausgesetzt, daß die Temperatur des anderen Reservoirs konstant und wesentlich tiefer ist. Wenn also Wärme, beispielsweise infolge Wärmeleitung in einem Stab, irreversibel von einem heißen zu einem kalten Körper fließt, wird die Energie dabei in einem gewissen Sinn *entwertet*, denn die betreffende Wärmemenge kann in einer Wärmekraftmaschine nun nicht mehr dieselbe Menge an Arbeit erzeugen. Die Entropiezunahme bei einem irreversiblen Prozeß ist ein Maß für diese Energieentwertung.

Damit ist klar, daß jeder irreversible Prozeß (bei dem ja die Entropie steigt) etwas Wärme hinsichtlich der Umwandlung in mechanische Arbeit entwertet. Die Wärmeenergie geht natürlich nicht verloren, aber sie ist nach der Übertragung auf ein Reservoir niedrigerer Temperatur in geringerem Grade nutzbar. Je heißer das Reservoir ist, in dem eine bestimmte Menge an Wärmeenergie gespeichert ist, desto besser ist diese nutzbar. Die ständige Zunahme der Entropie des Universums bedeutet daher, daß die Wärme immer weniger nutzbar wird, weil sie bei immer tieferer Temperatur vorliegt. Wenn die Entropie jemals ihr Maximum erreicht, dann befindet sich das Universum in einem Gleichgewichtszustand, und es ist kein irreversibler Prozeß mehr möglich. Wenn nur reversible Prozesse möglich sind, muß die Temperatur überall gleich sein, und es kann keine festen Körper geben, an denen (irreversible!) Reibung möglich wäre. Dies nennt man den «Wärmetod des Universums». Dabei müssen nicht alle Prozesse zum Stillstand gekommen sein, aber es können sich keine wesentlichen Änderungen mehr vollziehen.

Die Notwendigkeit einer Erklärung

Es wird dem Leser nicht entgangen sein, daß die Gesetze der Thermodynamik einen anderen «Eindruck» machen als beispielsweise die der Mechanik, die wir im vorigen Kapitel besprochen haben. P.W. Bridgman drückte es so aus: «Sie verraten eher ihren menschlichen Ursprung».[18] Diese fundamentalen Gesetze mit ihrer hohen Allgemeingültigkeit und ihrem breiten Anwendungsbereich bieten zunächst einmal nicht die großen Möglichkeiten zur Vorhersage von Vorgängen wie etwa das zweite Newtonsche Axiom. Mit diesem können wir die Bewegung eines Körpers exakt vorausberechnen, wenn wir die auf ihn einwirkenden Kräfte kennen. Im Gegensatz dazu bleibt die Thermodynamik dichter an den beobachteten Effekten. Das meinte ich, als ich sie weiter oben «phänomenologische Beschreibungen» nannte. Diese Erscheinungen — und auch die Hauptsätze — erfordern offensichtlich eine Erklärung, die die Thermodynamik nicht wirklich liefert.

Es gibt zudem einen prinzipiellen Unterschied zwischen der Newtonschen Mechanik und dem Zweiten Hauptsatz der Thermodynamik. Newtons zweites Axiom oder Bewegungsgesetz und seine Konsequenzen auf die Teilchenbahnen im Raum definieren keine Richtung des Zeitablaufs. So könnte eine Filmaufnahme etwa von den Planetenbewegungen um die Sonne vorwärts oder rückwärts abgespielt werden und zeigte jedesmal einen gleicherweise möglichen Ablauf des Geschehens. Aber das Prinzip der Entropiezunahme definiert eine eindeutige Zeitrichtung, nämlich diejenige, bei der die Entropie des Universums (oder eines isolierten Systems) steigt. Wenn die Filmaufnahme eines irreversiblen Vorgangs rückwärts abgespielt wird, ist sie ohne weiteres als «falsch» zu erkennen. (Allerdings macht die Thermodynamik selbst — im Unterschied zur Kinetik — keine Aussagen über die zeitlichen Abhängigkeiten der Prozesse.) Würden sich Billardkugeln ideal bewegen, also ohne Reibung, so könnte man bei einem Film nicht entscheiden, ob er vorwärts oder rückwärts läuft. Da in der Praxis jedoch Reibung vorliegt, läßt sich die Frage der Zeitrichtung entscheiden, da jede Kugel allmählich zur Ruhe kommt.

Die notwendige Erklärung der thermodynamischen Prinzipien im Zusammenhang mit grundlegenderen Gesetzen wurde in der zweiten Hälfte des 19. Jahrhunderts möglich. Hieran waren vor allem drei Physiker beteiligt: James Clerk Maxwell, Ludwig Boltzmann und Josiah Willard Gibbs. Der Schotte James. C. Maxwell, Professor in Cambridge, lieferte nicht nur auf diesem Gebiet richtungsweisende Beiträge, sondern auch auf vielen anderen, vor allem in der Theorie des Elektromagnetismus; in Kapitel 4 werden wir ihm wieder begegnen. Die neuen Ideen, die die drei erwähnten Physiker zur Interpretation der thermodynamischen Gesetze entwickelten, beruhten hauptsächlich auf der atomistischen Theorie, damals auch mechanistische Theorie genannt. Nach ihr ist alle Materie aus unsichtbar kleinen Teilchen aufgebaut, deren Bewegungen durch die Newtonschen Gesetze zu beschreiben sind. Um die letzte Jahrhundertwende war diese Theorie noch umstritten und wurde auch von angesehenen Wissenschaftlern bekämpft, die sich gegen die anscheinend unerbittliche Ausbreitung der Laplaceschen Auffassung vom mechanistischen Determinismus wandten. Die atomistische Theorie wurde allgemein erst akzeptiert, nachdem Einstein 1905 die ungeordnete Bewegung kleiner Teilchen erklärte, beispielsweise die Bewegung von in einer Flüssigkeit schwebenden Blütenpollen, die der schottische Botaniker Robert Brown schon 1827 unter dem Mikroskop beobachtet hatte. Der Grund für die sogenannte *Brownsche Molekularbewegung* ist, wie Einstein erkannte, der ständige Anprall der Flüssigkeitsteilchen aus unterschiedlichen Richtungen. Damit war die Bewegung der Teilchen sozusagen direkt augenfällig geworden.

Der Österreicher Ludwig Boltzmann, Professor in Wien, war als Verfechter der mechanistischen Theorie teilweise heftigen Angriffen ausgesetzt. Kurz bevor sich die Meinung endgültig durchsetzte, daß die Materie aus kleinsten Teilchen aufgebaut ist, setzte er 1906 seinem Leben selbst ein Ende. Man weiß nicht genau, wieweit dieser Selbstmord aus Verzweiflung über die erwähnten Angriffe geschah. J. W. Gibbs prägte den heute allgemein üblichen Begriff *statistische Mechanik* für den neuen Wissenschaftszweig, dem er auch entscheidende Anstöße gab. Er führte ein recht behütetes Leben. Abgesehen von drei Jahren Studium in Europa lebte er in Yale in dem Haus, in dem er als Sohn eines Professors an der Yale University aufgewachsen war. Auch er wurde hier Professor. Reisen unternahm er nur selten. Seine Arbeiten publizierte er in der weniger bedeutenden Zeitschrift *Transactions of the Connecticut Academy of Arts and Sciences*. Dennoch wurde er der erste amerikanische Professor für Theoretische Physik, der Weltgeltung erlangte. In Europa war er bekannt, denn er sandte seine Artikel an berühmte europäische Kollegen, und besonders Maxwells Unterstützung förderte seine Reputation.

Statistische Mechanik

Maxwells Interesse an der kinetischen Gastheorie wurde durch die Arbeiten von Clausius angeregt. Nach dieser Theorie besteht ein Gas aus Teilchen (Molekülen oder Atomen), die sich schnell bewegen. Was Maxwell am meisten reizte, war die Argumentation, mit der Clausius einen gravierenden Einwand gegen die kinetische Theorie widerlegte. Die Frage war: Wenn sich die Gasmoleküle so schnell bewegten, wie Clausius und andere annahmen (mindestens mit etwa 300 Metern pro Sekunde), warum breitet sich dann ein Gas so langsam in einem Zimmer aus (wie sich an einem Gas mit intensivem Geruch leicht zeigen läßt)? Clausius entgegnete, daß sich die Gasmoleküle nicht alle mit derselben Geschwindigkeit bewegen und daß sie ständig miteinander zusammenstoßen. Daher sind ihre Wege von einem Teil des Zimmers in einen anderen keineswegs geradlinig, sondern verlaufen ständig im Zickzack. Clausius berechnete die Wahrscheinlichkeit der Molekülzusammenstöße sowie auch die Strecke (die «mittlere freie Weglänge»), die die Moleküle zwischen zwei aufeinanderfolgenden Stößen durchschnittlich zurücklegen. Maxwell entwickelte diese Vorstellung noch wesentlich weiter und führte die *Statistik* bei der Beschreibung physikalischer Eigenschaften ein. Als erstes Ergebnis konnte er zeigen, wie die Geschwindigkeiten der einzelnen Gasmoleküle variieren, wenn sich das Gas in thermischem Gleichgewicht befindet.

Nehmen wir an, der Zustand eines der unzählig vielen Gasmoleküle in einem gegebenen Behälter werde durch einen Punkt im sechsdimensionalen

Phasenraum beschrieben. (In Kapitel 2 hatten wir gesehen, daß je drei Dimensionen für den Ort und für den Impuls oder die Geschwindigkeit nötig sind.) Nun teilen wir den Phasenraum in kleine, gleichgroße Zellen mit gleichen Volumina auf. Wie groß ist nun die Wahrscheinlichkeit, den Punkt in einer bestimmten Zelle anzutreffen? Wir dürfen annehmen, daß sich die Gasmoleküle unabhängig voneinander bewegen (abgesehen davon, daß sie sehr häufig zusammenstoßen und dabei meist einen Teil ihrer kinetischen Energien austauschen). Dann gibt die erwähnte Wahrscheinlichkeit gleichzeitig an, wieviele der Gasmoleküle solche Positionen und Geschwindigkeiten haben, die derselben Zelle im Phasenraum entsprechen. Analog dazu ist die Aussage, daß von sehr vielen gleichzeitig geworfenen Würfeln ziemlich genau ein Sechstel beispielsweise die 3 zeigen wird, gleichbedeutend mit der Behauptung, daß bei einem einzelnen Würfel die Wahrscheinlichkeit 1/6 beträgt, daß die 3 kommen wird.

Maxwell bewies: In einem Gas, das sich bei der Temperatur T im thermischen Gleichgewicht befindet, ist die Anzahl der Moleküle, die die Geschwindigkeit v haben, durch eine Funktion gegeben, wie sie in Abbildung 17 gezeigt ist. Sie wird heute *Maxwellsche Geschwindigkeitsverteilung* genannt. Bei $v = 0$ hat die Funktion den Wert null, denn kein Molekül verharrt in Ruhe. Die Funktion hat ihr Maximum bei der Geschwindigkeit $v_{max} = \sqrt{2\,k\,T/m}$ und fällt zu großen Geschwindigkeiten langsam auf null ab. Die Größe v_{max} gibt also die wahrscheinlichste Geschwindigkeit der Gasmoleküle an. In dieser Formel ist m die Masse eines Moleküls, und k ist die *Boltzmann-Konstante*, eine wichtige Naturkonstante. Die mittlere Geschwindigkeit aller Moleküle ist gegeben durch $\langle v \rangle = \sqrt{8\,k\,T/\pi\,m}$. Beispielsweise ist bei 0 °C für Stickstoff, aus dem die Luft zu 80 Prozent besteht, die wahrscheinlichste Geschwindigkeit 401 m/s, und die mittlere Geschwindigkeit beträgt 453 m/s. Diese Werte konnten experimentell bestätigt werden. Beide angegebenen Geschwindigkeiten (die wahrscheinlichste und die mittlere) sind proportional zur Quadratwurzel aus der absoluten Temperatur T des Gases und umgekehrt proportional zur Quadratwurzel aus der Masse m eines Moleküls. Gase aus leichteren Molekülen sind flüchtiger, denn bei gleicher Temperatur bewegen sich diese Moleküle schneller als schwerere. Außerdem wird die Kurve der Geschwindigkeitsverteilung mit zunehmender Temperatur breiter und flacher; das nennt man *Dispersion*. Das bedeutet, bei höherer Temperatur hat ein zunehmender Anteil der Moleküle eine deutlich höhere Geschwindigkeit als die mittlere. Außerdem verschiebt sich das Maximum (die wahrscheinlichste Geschwindigkeit) zu höheren Werten. Bei tiefer Temperatur ist die Geschwindigkeitsverteilung schmal und hoch: Die Moleküle haben im wesentlichen ähnliche Geschwindigkeiten.

Wahrscheinlichkeit

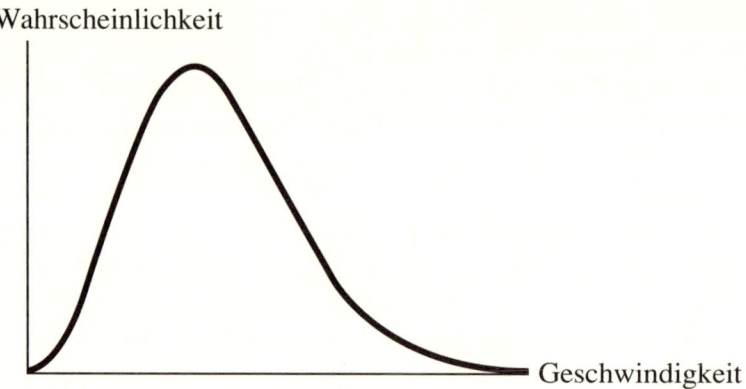

Geschwindigkeit

Abb. 17 Eine Maxwellsche Geschwindigkeitsverteilung von Gasmolekülen.

Makroskopische Gasmengen mit ihren unzählig vielen Molekülen sind ein Beispiel für Systeme mit sehr vielen Freiheitsgraden. Man darf die statistische Methode für die Beschreibung solcher Systeme anwenden, weil es praktisch unmöglich ist, den genauen Zustand des Systems bezüglich *aller* seiner Teilchen zu irgendeinem Zeitpunkt zu ermitteln. Diesen Zustand müßte man aber exakt kennen, um das zukünftige Verhalten des Systems (abhängig von den äußeren Bedingungen) anhand der Gesetze der Mechanik vorherzusagen. Wir sind jedoch am Verhalten der Gasmenge als ganzem System interessiert und nicht an dem der einzelnen Teilchen. Wir wollen also den Zustand des Systems nicht durch die Orte und die Geschwindigkeiten der einzelnen Moleküle angeben, sondern durch die thermodynamischen Variablen Druck, Volumen und Temperatur der gesamten Gasmenge. Betrachten wir einmal zwei Gasmengen mit gleich vielen Molekülen derselben Sorte und mit den gleichen Werten von Druck, Volumen und Temperatur. Die jeweiligen Orte und Geschwindigkeiten der einzelnen Teilchen werden sich jedoch deutlich voneinander unterscheiden. Was uns deshalb allein interessiert, sind *Mittelwerte* über viele Systeme, die alle aus gleichartigen Teilchen bestehen.

Um solche Mittelwerte zu ermitteln, stellen wir uns sehr viele Systeme vor, die alle aus der gleichen Anzahl der gleichen Moleküle bestehen. Gibbs führte für solche Ansammlungen identischer Systeme den Begriff *Gesamtheit* (englisch *ensemble*) ein. Wir bestimmen dann *Gesamtheits-Mittelwerte* als Funktionen der Positionen und der Geschwindigkeiten der Teilchen — so wie wir beispielsweise den Mittelwert der Gewichte aller Einwohner Hamburgs ermitteln können. Anschließend wollen wir diese Mittelwerte auf jedes einzelne System anwenden. Wir können auch die typischen Fluktuationen gegenüber dem jeweiligen Mittelwert einer Gesamtheit errechnen. Damit wissen wir, was in bestimmten Situationen zu erwarten ist. Zudem stellte sich heraus, daß solche Fluktuationen in den meisten praktisch interessanten Fällen extrem klein sind. Auf jeden Fall arbeiten wir mit statistischen Verfahren, und große Abweichungen sind wegen der Vielzahl an Teilchen, über die gemittelt wird, selten zu erwarten.

Erinnern wir uns an die Besprechung des Phasenraums für ein mechanisches System in Kapitel 2. Für eine Gasmenge mit 10^{23} Molekülen hat er $6 \cdot 10^{23}$ Dimensionen, je drei für den Ort und für den Impuls jedes Moleküls. Der Zustand des Gases, soweit es die Newtonsche Mechanik betrifft, ist durch einen Punkt in diesem Phasenraum vollständig bestimmt. Im Gegensatz zur Diskussion der Maxwellschen Geschwindigkeitsverteilung richten wir unser Augenmerk hier nicht auf den Phasenraum eines einzelnen Moleküls, sondern auf den der gesamten Gasmenge. Eine Gesamtheit identischer Gasmengen ist daher durch eine große Zahl solcher Punkte gegeben, die auf der gleichen Energiefläche (siehe Kapitel 2) des gleichen Phasenraums liegen. Den Mittelwert irgendeiner uns interessierenden Funktion ermitteln wir als Durchschnitt aus den Werten dieser Funktion an allen betreffenden Punkten. Wie müssen wir diese Punkte verteilen? Wo müssen sie dicht und wo weniger dicht liegen? Stellen wir uns vor, der Phasenraum sei aufgeteilt in kleine Zellen gleichen Volumens, und eine Zelle weise mehr Systempunkte auf als eine andere. Dann besteht eine entsprechend höhere *a-priori*-Wahrscheinlichkeit, daß sich ein System im erstgenannten Zustand befindet als im zweiten. Wenn Sie eine Anzahl numerierter Steinchen auf einem Schachbrett verteilen und auf zufällige Weise, etwa mit einem Roulette-Gerät, die Nummer eines Steinchens ermitteln, dann ist die Wahrscheinlichkeit höher, damit ein dichter besetztes Feld auszuwählen als eines mit weniger Steinchen. Um keine Verzerrung einfließen zu lassen, verteilen wir die Systempunkte gleichmäßig und ermitteln die Mittelwerte auf der Basis solcher *gleich großer a-priori-Wahrscheinlichkeiten*.

Es gibt noch einen anderen Grund für dieses Vorgehen. Bei unserer Besprechung nicht-integrierbarer Systeme in Kapitel 2 erwähnte ich, daß die meisten dieser Systeme *ergodisch* sind, sich also während langer Zeit in jeder unserer gedachten Zellen gleich lange aufhalten. Für nahezu jedes derartige System (aber nicht unbedingt für alle) gilt daher folgendes: Wenn sich seine Entwicklung über einen langen Zeitraum erstreckt und wir es zu einem beliebigen Zeitpunkt untersuchen, dann ist die Wahrscheinlichkeit für jede Zelle gleich, seinen Punkt dort anzutreffen. Daher sind die Gesamtheits-Mittelwerte irgendwelcher Funktionen bei den meisten Systemen gleich den *zeitlichen Mittelwerten* derselben Funktionen. Oft sind vor allem die zeitlichen Mittelwerte bei einzelnen Systemen interessant.

Die Begründung für den Ersten Hauptsatz der Thermodynamik verstehen wir unmittelbar, wenn wir die mechanistische Theorie anwenden. Dort wird die Wärme als ungeordnete Bewegung der Moleküle beschrieben, für die die Newtonschen Bewegungsgleichungen gelten. Daraus folgt, daß in jedem System die Gesamtenergie erhalten bleibt. Wie schon bemerkt, wird der Erste Hauptsatz in diesem Zusammenhang redundant gegenüber den Gesetzen der Mechanik. Das gilt aber nicht für den Zweiten Hauptsatz, der im Rahmen der Mechanik recht verwirrend erscheint. In der Newtonschen Mechanik gibt es keine Zeitrichtung. Woher rührt sie also in der Thermodynamik?

Die Entropie und der Zweite Hauptsatz in der statistischen Mechanik

Um die eben gestellte Frage zu beantworten, kehren wir zum sechsdimensionalen Phasenraum eines einzelnen Moleküls in unserem System zurück. Wir stellen uns dabei vor, daß alle Moleküle durch Punkte im selben Phasenraum repräsentiert werden. Wieder teilen wir den Phasenraum in viele kleine Zellen gleichen Volumens auf, die wir numerieren. Nehmen wir an, zu einer bestimmten Zeit sei der Zustand des Gases dergestalt, daß sich n_1 Moleküle in der Zelle Nr. 1 befinden und n_2 Moleküle in der Zelle Nr. 2 sowie n_3 Moleküle in der Zelle Nr. 3 und so weiter. Dafür definierte Boltzmann die sogenannte H-Funktion (nicht zu verwechseln mit der Hamilton-Funktion H, die wir in Kapitel 2 besprochen haben):

$$H = n_1 \log n_1 + n_2 \log n_2 + n_3 \log n_3 + \cdots$$

Zur Logarithmenrechnung vergleichen Sie bitte den nebenstehenden Exkurs. Im Lauf der Zeit werden die Anzahlen der Moleküle in den einzelnen Zellen des Phasenraums variieren, so daß H nicht zeitlich konstant ist, sondern sich ändert. Unter Berücksichtigung aller möglicher Bewegungen und Stöße der Moleküle bewies Boltzmann nun, daß im Lauf der Zeit die Funktion H *niemals zunehmen kann*. Vielmehr ist zu erwarten, daß sie abnimmt, bis sie ihren Minimalwert erreicht. Bei diesem Wert befindet sich das System im Gleichgewicht, und alle Zellen gleicher Energie sind gleich stark besetzt, während Zellen verschiedener Energien unterschiedliche Besetzungszahlen gemäß einer Maxwell-Verteilung haben. Je höher der Wert von H über dem Minimum liegt, desto schneller nimmt er ab. Dies ist das *Boltzmann-Theorem*, eines der wichtigsten Ergebnisse von Boltzmanns Arbeiten.

Exkurs: Logarithmen

Die Funktion $y = f(x) = \log x$ ist für alle positiven Zahlen x definiert. Eine wichtige Eigenschaft ist, daß für zwei verschiedene Argumente a und b gilt:

$$\log ab = \log a + \log b.$$

Beispielsweise ist $\log 35 = \log 7 + \log 5$. Abgesehen von einer willkürlichen multiplikativen Konstanten definiert diese Eigenschaft die Funktion vollständig. Die multiplikative Konstante kann bestimmt werden, indem man fordert, daß für eine gewisse Zahl c gilt $\log c = 1$. Dann ist c die *Basis* des Logarithmus. Die meistverwendeten Basen sind 10 und 2 sowie die Zahl $e = 2,718\ldots$ Logarithmen mit der Basis e heißen *natürliche Logarithmen*, in Formeln geschrieben als «ln». Ist das Argument des Logarithmus negativ, resultiert ein imaginärer Wert. So ist $\ln(-1) = i\pi$. Darin ist $i = \sqrt{-1}$, und π ist uns als Verhältnis des Umfangs zum Durchmesser eines Kreises bekannt.

Die Funktion $\log x$ steigt monoton mit dem Wert von x. Für $x < 1$ ist der Logarithmus negativ; für $x = 1$ ist er null, und für darüber hinaus steigende Werte von x nimmt der Logarithmus zu, ohne jemals einen Grenzwert zu erreichen.

Vor der Erfindung des Taschenrechners Anfang der 70er Jahre dienten die Logarithmen als praktische Rechenhilfe, weil sich mit ihren nach der eingangs gegebenen Formel Produkte auf Summen (und Potenzen auf Produkte) reduzieren lassen. Daher waren Logarithmentafeln beispielsweise in Schulen und Ingenieurbüros weit verbreitet, wie auch der Rechenschieber. Auch er wird heute praktisch nicht mehr verwendet; seine Funktion beruht ebenfalls auf der Logarithmenrechnung.

Die Umkehrfunktion des Logarithmus ist die *Exponentialfunktion*. Beim Zehnerlogarithmus ($y = \log x$) lautet sie $y = 10^x$, und beim natürlichen Logarithmus ($y = \ln x$) ist sie $y = e^x$. Das ist die natürliche Wachstumsfunktion. Sie spielt in Mathematik und Physik eine wichtige Rolle. So ist die in Abbildung 17 (S. 80) dargestellte Maxwellsche Geschwindigkeitsverteilung gegeben durch die Funktion $v^2 e^{mv^2/2kT}$. Und aus $\ln(-1) = i\pi$ folgt die recht merkwürdig anmutende Relation $e^{i\pi} = -1$, die der Schweizer Mathematiker Leonhard Euler aufstellte.

Ein anderer Weg, die H-Funktion auszudrücken — oder eine andere Funktion **H**, die sich nur durch additive und multiplikative Konstanten von ihr unterscheidet —, ist folgender: Bei insgesamt N Molekülen ist der Quotient n_1/N gleich der Wahrscheinlichkeit p_1, ein bestimmtes Molekül in der Zelle Nr. 1 zu finden, und n_2/N ist die Wahrscheinlichkeit p_2, es in der Zelle Nr. 2 zu finden und so weiter. Daher können wir schreiben

$$\mathbf{H} = p_1 \log p_1 + p_2 \log p_2 + p_3 \log p_3 + \cdots$$

Es gibt noch eine dritte Methode, die H-Funktion aufzustellen: Man gibt nicht die Wahrscheinlichkeiten an, je ein Molekül in den einzelnen Zellen anzutreffen, sondern die Wahrscheinlichkeit P, das ganze Gas in einem bestimmten Zustand vorzufinden, bei dem sich n_1 Moleküle in der Zelle Nr. 1 befinden und n_2 Moleküle in der Zelle Nr. 2 und so weiter. Damit folgt die sehr einfache Funktion

$$\mathscr{H} = -\log P.$$

Obwohl unsere ursprüngliche Definition der Entropie im Zusammenhang mit der Thermodynamik ganz anders aussieht, kann man zeigen, daß — bis auf eine willkürliche additive Konstante — die Boltzmannsche H-Funktion proportional zum Negativen der Entropie ist. Also ist das Boltzmann-Theorem äquivalent zum Prinzip des Entropieanstiegs. Sein Beweis läuft also auf den Beweis des Zweiten Hauptsatzes der Thermodynamik hinaus, ausgehend von den Annahmen der statistischen Mechanik. Wir müssen uns fragen, was dieser Beweis über die Gültigkeit des Zweiten Hauptsatzes aussagt, und wie Boltzmann aus den eigentlich zeitunabhängigen mechanischen Gesetzen eine Zeitrichtung ableiten konnte[*]).

Entscheidend ist, daß das Boltzmann-Theorem eine *statistische Aussage* darstellt. Es bedeutet daher nicht, daß bei einem gegebenen System die Größe H immer abnehmen muß; vielmehr sagt es nur aus, daß dies *im Mittel* geschehen wird bzw. daß diese Abnahme *am wahrscheinlichsten* ist. Wir dürfen nicht vergessen, daß wir ein mechanisches System betrachten, dessen mikroskopischer Zustand — wie in der Thermodynamik üblich und angemessen — nicht exakt angegeben ist. Dieses Fehlen der präzisen Beschreibung des Zustands wird bei unserem Verfahren offenkundig,

---

[*]) Wie später noch besprochen wird, wurde die klassische Newtonsche Mechanik strenggenommen durch die Quantenmechanik ersetzt. Weiterhin gibt es die *quantenstatistische Mechanik*, in der die Quantenmechanik die klassische Mechanik bei der zugrundeliegenden Beschreibung der molekularen Vorgänge ersetzt. Ihre Ergebnisse ähneln allgemein denen der gewöhnlichen statistischen Mechanik und sind teilweise exakter. Weil die Quantenmechanik ebenfalls keine Zeitrichtung kennt, bleibt auch hier die Frage nach dem Ursprung der Zeitrichtung.

den molekularen Phasenraum in Zellen endlicher Größe aufzuteilen. Dabei kümmern wir uns weder um den genauen Ort des Punktes, der das Molekül in einer Zelle repräsentiert, noch darum, welches einzelne Molekül sich dort befindet.

Betrachten wir ein einfaches Beispiel. Ein Behälter werde durch eine Wand in zwei Hälften unterteilt, von denen eine mit Gas gefüllt und die andere leer sei. Nun werde in der Trennwand ein Durchlaß geöffnet. Wir wissen aus Erfahrung, daß dann so lange Gas in den leeren Teil des Behälters strömen wird, bis Druck und Temperatur in beiden Teilen gleich sind. Daß dieser Vorgang auch dem Boltzmann-Theorem entspricht, können wir leicht erklären. Wir denken uns (bei geöffnetem Durchlaß) den Phasenraum des Gases im Behälter unterteilt in kleine Zellen gleichen Volumens; jede Zelle soll dabei die Positionen und Geschwindigkeiten aller Moleküle repräsentieren, und zwar innerhalb gewisser Toleranzen, die durch die Größe einer Zelle bestimmt sind. Dann gibt es wesentlich mehr Zellen für einen Zustand, in dem die Moleküle gleichmäßig über beide Behälterteile verteilt sind, als Zellen, gemäß denen ein Behälterteil leer ist. Der Grund dafür ist, daß es viel mehr Möglichkeiten gibt, einen Zustand zu realisieren, in dem verschiedene Moleküle sich in unterschiedlichen Behälterhälften aufhalten. Deshalb ist die Wahrscheinlichkeit, daß sich in beiden Hälften gleich viele Moleküle aufhalten, viel größer als die Wahrscheinlichkeit, daß die Moleküle nur eine Hälfte besetzen und die andere leer bleibt. Zur Veranschaulichung können wir folgendes überlegen: Wenn wir 1000 Münzen werfen, so ist es sehr wahrscheinlich, daß je 500mal Wappen und Zahl fällt. Dagegen ist es praktisch ausgeschlossen, daß überhaupt kein Wappen oben liegen wird. Die Gleichverteilung beider Seiten wird um so genauer erreicht, je mehr Münzen wir werfen. Nun ist die Anzahl der Moleküle in einer makroskopischen Gasmenge mit über 10^{23} unvorstellbar groß. Daher ist die Wahrscheinlichkeit dafür, daß eine Behälterhälfte leer bleibt, vernachlässigbar klein gegenüber der Wahrscheinlichkeit, daß beide Hälften gleich viele Moleküle enthalten werden. Wenn sich das Gas auf beide Hälften verteilt, dann wird gemäß der obigen Formel $\mathcal{H}$ kleiner und die Entropie größer. Also besagt das Boltzmann-Theorem, daß nach dem Öffnen des Durchlasses das Gas in die leere Hälfte strömt, weil dabei der Wert von $\mathcal{H}$ sinkt.

Wenn wir die Tür zwischen zwei Zimmern öffnen, in denen die Luft unterschiedliche Temperaturen hat, wird sich — wie wir wissen — nach einiger Zeit eine in beiden Zimmern gleiche Lufttemperatur einstellen. Teilen wir den großen Phasenraum der Luftmoleküle in beiden Zimmern in kleine Zellen, so gibt es viel mehr Zellen, die derselben Geschwindigkeitsverteilung in beiden Räumen entsprechen, als Zellen, die in einem Zimmer schnelle und im anderen Zimmer langsame Moleküle repräsentieren. Deshalb ist die Wahrscheinlichkeit, daß sich ein Punkt im Phasenraum in einer

Zelle für gleiche Geschwindigkeitsverteilungen befindet, viel größer als die
Wahrscheinlichkeit, daß er sich in einer Zelle für sehr unterschiedliche Geschwindigkeitsverteilungen in beiden Zimmern befindet. Damit erklärt das
Boltzmann-Theorem auch den Temperaturausgleich zwischen beiden Zimmern, der gleichermaßen dem Zweiten Hauptsatz der Thermodynamik entspricht.

Nehmen wir an, wir filmen den Vorgang nach dem oben beschriebenen
Öffnen des Durchlasses im Gasbehälter. Es strömen so lange Moleküle von
der Hälfte A in die Hälfte B, bis beide gleichmäßig gefüllt sind. Wenn wir
den Film rückwärts abspielen, so strömen alle Moleküle in B nach A, bis B
leer ist, und kein Molekül strömt von A nach B. Dieser Vorgang widerspricht
keineswegs den Gesetzen der Mechanik. Das Experiment mit einem rückwärts vorgeführten Film können wir uns auch bei den beiden Zimmern vorstellen. Beide haben anfangs dieselbe Lufttemperatur, und ohne jede äußere
Einwirkung wird das eine wärmer, während sich das andere abkühlt. Beide
Vorgänge sind auf jeden Fall seltsam, werden aber von den Gesetzen der
Mechanik nicht ausgeschlossen. Wie ist das mit den im vorigen Absatz ge-
troffenen Feststellungen zu vereinbaren? Aufgrund der Bewegungsgesetze
der Mechanik sind die beiden merkwürdigen Prozesse nicht nur erlaubt,
sondern — in diesem Rahmen — ebenso wahrscheinlich wie der jeweils
in Gegenrichtung ablaufende Prozeß, den wir aber wirklich beobachten. In
der Mechanik ist eine Vorwärtsbewegung ebenso möglich wie die entsprechende Rückwärtsbewegung. Nach dem Boltzmann-Theorem kann der Prozeß jedoch in beiden Fällen nur in einer Richtung ablaufen, obwohl dieses
Theorem angeblich nur aus den Newtonschen Axiomen abgeleitet wurde.

Ein anderer Einwand resultiert aus Poincarés Wiederkehrsatz (siehe
Kapitel 2). Nach diesem kehrt jedes mechanische System irgendwann in
die Nähe seines Anfangszustands zurück. Wie kann dann seine Entropie
stets zunehmen oder wenigstens im Mittel ansteigen? Der Gegensatz scheint
unüberbrückbar zu sein.

Die Auflösung des Widerspruchs

Um die Gegebenheiten zu verstehen, müssen wir die *Fluktuationen* von *H*
über seinem Minimalwert oder diejenigen der Entropie unterhalb ihres Ma-
ximums untersuchen. Jede Zelle im großen Phasenraum des Gases definiert
eine Verteilung der Moleküle und ihrer Geschwindigkeiten. Zu einem bestimmten Zeitpunkt kann diese Verteilung entweder sehr nahe beim Gleichgewichtszustand oder auch sehr weit von ihm entfernt sein. Solche Abweichungen vom Gleichgewichtszustand nennt man Fluktuationen. Der Zustand

eines gegebenen Systems (etwa eines Gases) wird durch einen Punkt in seinem Phasenraum repräsentiert, und im Lauf der Zeit bewegt sich dieser Punkt von einer Zelle zu einer anderen. Die allermeisten Zellen definieren Zustände nahe des Gleichgewichts — mit geringen Fluktuationen, die makroskopisch nicht feststellbar sind. Je weiter die Zellen vom Gleichgewichtszustand entfernt sind, desto weniger zahlreich sind sie. Gelegentlich gibt es größere Fluktuationen. Aber je ausgeprägter sie sind, desto seltener treten sie während der Entwicklung des Systems auf. Die Entwicklung unterliegt vollständig den Gesetzen der Mechanik, die keinen Unterschied zwischen vorwärts und rückwärts ablaufenden Vorgängen enthalten. Beide Richtungen sind gleichermaßen zulässig. Irgendwann — vielleicht nach einer Ewigkeit, die länger dauert, als das Universum bisher existiert — wird sich gemäß Poincarés Wiederkehrsatz sogar eine sehr starke Fluktuation wiederholen. Wenn wir nun einen Anfangszustand dadurch definieren, daß sich alle Gasmoleküle in einer Hälfte des Behälters befinden oder daß sich die Moleküle in dem einen Zimmer durchschnittlich schneller bewegen als die im anderen, so ist dies jeweils ein Zustand extrem starker Fluktuation. Daher wird sie sich erst nach unvorstellbar langer Zeit einmal wiederholen. Aber wir können nicht warten, bis genau dieser Zustand wiederkehrt, sondern erzeugen ihn durch äußere Einwirkung. Wenn wir das System danach sich selbst überlassen, dann wird es spontan Zuständen zustreben, die sich vom Gleichgewichtszustand durch viel geringere Fluktuationen unterscheiden, denn beim natürlichen Ablauf befindet sich eine starke Fluktuation fast sicher inmitten von sehr vielen schwächeren Fluktuationen. Das erklärt, warum H abnimmt und die Entropie steigt. Gleichzeitig trifft folgendes zu: Wenn wir die Entwicklung des Systems vom gewählten Startpunkt aus (den es ohne äußere Einwirkung erreicht haben soll) rückwärts verfolgen könnten, dann würde H bei dieser Gegenrichtung ebenfalls abnehmen! Damit ist die Symmetrie bezüglich der Zeitrichtung gewahrt.

Daher rührt die Zeitrichtung beim Zweiten Hauptsatz der Thermodynamik von zwei Einzelangaben her: Erstens weicht die Anfangsbedingung vom Gleichgewichtszustand so weit ab, daß dies *makroskopisch* feststellbar ist, und zweitens fragen wir nach der Entwicklung des Systems *nach* dem Erreichen eines bestimmten Zustands, der durch äußere Einwirkung realisiert wurde, also nicht im Zuge der spontanen Entwicklung des isolierten Systems entstand. Angenommen, wir stellten die «unnatürliche» Frage: Wie entwickelt sich die Luft von sich aus so, daß ein Zimmer kalt und das andere warm wird? Die Antwort würde zeigen, daß die Entropie dabei *abnähme*. Doch normalerweise beschäftigen wir uns mit kausalen Abfolgen von Ereignissen, so daß die «unnatürliche» Frage irrelevant ist. Daher müssen wir folgern, daß die Zeitrichtung — in die Thermodynamik durch den Zweiten Hauptsatz eingeführt — nicht unabhängig vom Prinzip von Ursache und

Wirkung ist, sondern vielmehr gerade dadurch festgelegt wird (auch darauf werden wir in diesem Buch noch einmal genauer eingehen).

Durch die Anfangsbedingungen des Systems aus vielen *mikroskopischen* Teilchen hatten wir die eben erwähnte *makroskopische* Natur der Abweichungen vom Gleichgewicht hervorgerufen. Die Art der Abweichungen ist ebenfalls entscheidend für die Bedeutung des Zweiten Hauptsatzes — ein Sachverhalt, der durch ein von Maxwell vorgeschlagenes Gedankenexperiment verdeutlicht wird. In einem Behälter befinde sich ein Gas im Gleichgewichtszustand, das durch eine Wand von einem zweiten, leeren Behälter getrennt sei. Die Wand habe eine Öffnung, die durch eine kleine Tür verschlossen werden kann. Die Tür werde von einem «äußerst aufmerksamen und fingerfertigen Wesen» betätigt, wie Maxwell es bezeichnete. Das Wesen beobachte jedes einzelne Molekül in seiner Nähe. Wenn ein schnelles Molekül auf die Öffnung zugerast kommt, öffne das Wesen kurz die Tür und lasse es in den zweiten Behälter. Bei der Annäherung langsamer Moleküle bliebe die Tür jedoch geschlossen. Nach einiger Zeit würde sich in einem der Behälter heißes und im anderen kaltes Gas befinden. Weil zum Öffnen und Schließen der Tür keine nennenswerte Energiemenge aufzuwenden wäre, würde durch Maxwells Wesen oder *Dämon* im Grunde der Zweite Hauptsatz der Thermodynamik umgangen: Die Temperaturdifferenz zwischen beiden Gasmengen könnte zur Erzeugung mechanischer Arbeit ausgenutzt werden, und wir hätten ein *perpetuum mobile zweiter Art*. Wir müssen jedoch leider fragen: Wo liegt der Fehler?

Ein Problem bei Maxwells Dämon ist, daß er ein Instrument benötigt, mit dessen Hilfe er die Moleküle ausreichend schnell und genau beobachten kann, etwa ein Blitzlicht. Und das benötigt für seinen Betrieb den Einsatz von Energie, nämlich von Strahlungsenergie. Um das System nicht zu stören, muß die Strahlungsenergie in thermischem Gleichgewicht mit den Gasmolekülen stehen und sich daher auch in ungeordneter Verteilung befinden. Das wiederum macht es unmöglich, mit Hilfe der Strahlung die schnelle Molekülbewegung zuverlässig zu beobachten.

Besonders wichtig ist folgender Punkt: Die Geschichte von Maxwells Dämon zeigt, daß die Trennung zwischen unserer makroskopischen Welt und den ihr zugrunde liegenden mikroskopischen Medien für die Gültigkeit des Zweiten Hauptsatzes entscheidend ist. Wenn diese Trennung auf kontrollierte Weise zu durchbrechen wäre, gäbe es keinen Zweiten Hauptsatz. Diese These wird durch das schon erwähnte Argument gestützt, daß sich die Anfangsbedingung für einen Zustand, der sich mit steigender Entropie weiterentwickelt, vom Gleichgewicht um einen makroskopisch feststellbaren Betrag unterscheiden muß. Eine nur mikroskopisch erkennbare Abweichung reicht dazu nicht aus.

Andere Anwendungen des Entropiebegriffs

Das Prinzip der zunehmenden Entropie wird zuweilen mit der Aussage umschrieben, die «Unordnung» des Universums nehme im Lauf der Zeit zu. Ein antiker Tempel, der nicht gepflegt wird, sondern den Umwelteinflüssen schutzlos ausgesetzt ist, wird nach dem Zweiten Hauptsatz unausweichlich verfallen und irgendwann nur noch ein Haufen Schutt sein. Eine nie befahrene oder reparierte Autobahn würde demnach letztlich auch zerfallen. Warum sind solche Vorhersagen korrekte Folgerungen aus dem Zweiten Hauptsatz?

Was immer in irgendeinem Kontext mit «Ordnung» gemeint ist: Es liegt die Vorstellung zugrunde, daß «geordnet» das Gegenteil von «zufällig» oder «ungeordnet» ist. Wenn wir den künstlerischen Wert eines Gemäldes preisen, dann nehmen wir unter anderem an, daß es nicht «zufällig» entstand. Eine Maschine, deren Funktion uns beeindruckt, wurde sicher nicht durch regelloses Zusammenwerfen der Einzelteile gebaut. Mit anderen Worten: ein stark geordnetes System ist nach Definition ein sehr *unwahrscheinliches* System. Ein Haufen Müll ist dagegen etwas sehr Wahrscheinliches. Warum? Die strenge Definition besagt, daß in einem stark geordneten System schon ein kleiner Fehler den Ordnungsgrad beträchtlich senkt. Bereits eine Kerbe in einer Skulptur beleidigt unser Auge; ein falscher Ton des Solisten stört den Konzertbesucher; ein Kratzer auf dem Lack eines neuen Autos wird beim Händler reklamiert. Unter den Myriaden von möglichen Anordnungen von Stahlstreben wird vielleicht nur eine einzige eine gewisse Ähnlichkeit mit dem Eiffelturm haben. Die allermeisten Haufen werden lediglich Schrott darstellen, wobei uns die Variationen der vielen Schrotthaufen nicht weiter interessieren. Ein Schramme oder eine Beule an einem Stück Schrott ist nicht der Rede wert. Extrem viele Zustände zählen zum «Schrott», aber kaum einer dieser Zustände ähnelt einem Turm. Dieser zählt daher zu den unwahrscheinlichen Anordnungen einer bestimmten Menge an Metall, während ein Schrotthaufen eine außerordentlich wahrscheinliche Anordnung darstellt. Daher folgern wir aus dem Prinzip von der Entropiezunahme, daß ein sich selbst überlassener Turm schließlich zu Schrott wird und daß wir den umgekehrten Vorgang nie erleben werden. Wir können aber durchaus einen Teil eines Schrotthaufens herausgreifen und zu einem Kunstwerk erklären; damit wird er automatisch zu einem geordneten Zustand, weil er nicht irgendein Haufen Abfall ist, sondern eine spezielle Anordnung aufweist. Einige moderne Kunstwerke scheinen also meine Argumentation leider zu erschüttern. Die «Unordnung» ist das Kennzeichen, das wir äußerst vielen Zuständen zuschreiben. Den Begriff «geordnet» wenden wir dagegen nur auf wenige Systeme an. Demnach ist Ordnung (niedrige Entropie) sehr unwahrscheinlich und Unordnung (hohe Entropie) recht wahrscheinlich.

Der Begriff der Entropie spielt aus ähnlichen Gründen auch in der Informationstheorie eine Rolle. Die in einer Nachricht bestimmter Länge enthaltene Menge an Information ist sehr klein, wenn die Anordnung der Informationseinheiten nahezu chaotisch ist. Wenn die Anordnung völlig ungeordnet ist, wird keine Information übermittelt. Wenn dagegen die Anordnung in hohem Maße geordnet, also *a priori* sehr unwahrscheinlich ist, so enthält sie viel Information. Somit hängt die Informationsmenge mit dem Grad an Ordnung zusammen, den die Gesamtheit der eingesetzten Informationselemente aufweist. Eine Nachricht, deren Inhalt eine *a-priori*-Wahrscheinlichkeit von 1 hat, trägt folglich keinerlei Information, und eine Nachricht, die nicht ungeordnet ist, enthält viel Information. Daher hat es sich als nützlich herausgestellt, das Negative der Entropie (die «Negentropie», die Boltzmanns H entspricht) als Maß für den Informationsgehalt anzusehen. In anderen Zusammenhängen, etwa in der Literatur oder der Philosophie, wird der Entropiebegriff eher in übertragenem Sinne verwendet, zuweilen mit wenig Verständnis des naturwissenschaftlichen Sachverhalts.

In diesem und im vorigen Kapitel haben wir die Kräfte, die auf die Bestandteile eines Systems einwirken, als gegeben betrachtet und nicht untersucht, worauf sie beruhen. Diesem Thema werden wir uns nun zuwenden.

4 Durch den Raum wirkende Kräfte

Wie auch die Griechen der Antike glaubte Descartes, daß eine Kraft von einem Körper auf den anderen nur durch direkten Kontakt übertragen werden könne. Kein Körper könne also auf einen von ihm entfernten anderen Körper irgendeine Kraft ausüben. Diese Überzeugung lag auch den Naturphilosophien von Thomas Hobbes und von Pierre Gassendi zugrunde. Letzterer war im 17. Jahrhundert in Frankreich einer der Hauptvertreter des Atomismus. Sie war ebenso die Basis der mechanistischen Philosophie, die in jener Zeit im Schwange war. Wie mögen die Verfechter dieser Auffassung wohl auf Isaac Newtons Postulat reagiert haben, es sei die universelle Gravitationskraft, die die Erde um die Sonne und den Mond um die Erde kreisen läßt. Demnach müsse die Gravitationskraft über weite Distanzen durch den leeren Raum wirken. Den Apfel fallen zu sehen, war eine Sache; denn zwischen ihm und der Erde befindet sich ja die Luft. Aber wie könnte, so fragte man, die Erde von der Sonne angezogen werden, wenn keine Materie vorhanden ist, die die Kraft überträgt?

So ist es nicht verwunderlich, daß sich Newtons Theorie der Gravitation nur sehr schwer durchzusetzen vermochte. Manche Philosophen versuchten, das Problem dadurch zu entschärfen, daß sie ein bestimmtes Medium annahmen, einen universellen *Äther*, der den gesamten Raum ausfüllte. Descartes vermutete, dieser Äther bestehe aus ständig umeinanderwirbelnden Teilchen, deren Bewegung zu einer ewigen Abfolge von Strudeln führe, die die Kräfte übertragen. Auch Newton glaubte anfangs fest an ein solches alles erfüllendes Medium. Er meinte, «daß ein Körper auf einen anderen über eine gewisse Entfernung hinweg durch den leeren Raum wirkt, ohne Vermittlung durch irgend etwas anderes..., erscheint mir dermaßen absurd, daß nach meiner Überzeugung niemand darauf hereinfallen kann, der etwas philosophisches Denkvermögen hat».[19]

Später revidierte Newton seine Auffassung und postulierte die *Wirkung über eine gewisse Entfernung*. Sie erfordert zur Kraftübertragung keine dazwischenliegende Materie, auch nicht bei großen Abständen. Vielmehr sollte, wie er nun meinte, die Kraft beispielsweise zwischen der Sonne und einem ihrer Planeten direkt und unmittelbar wirken, wobei sie sozusagen von einem Körper auf den anderen überspringt. Newton wandte dieses Prinzip auf praktisch alle Naturerscheinungen an. Er behauptete nun: «Was wir über diese Kräfte sagen, wird uns weniger widersprüchlich erscheinen, wenn wir berücksichtigen, daß die Teile der Körper zusammenhängen und daß voneinander entfernte Teilchen durch dieselben Ursachen aufeinander zu getrieben werden können, die den Zusammenhalt hervorrufen. Dabei definiere ich nicht die Art und Weise dieser Anziehung; doch allgemein kann man alle Kräfte anziehend nennen, die die Körper zueinander drängen und auch

ihren Zusammenhalt bewirken — welche Ursachen auch immer dahinter-
stehen mögen.»[20]

Die ablehnende Reaktion, die Newton mit einer so abwegigen Idee
erfuhr, wird aus einer Bemerkung des holländischen Physikers Christiaan
Huygens deutlich: «Es ist mir gleichgültig, daß er Descartes' Auffassung
nicht teilt, solange er uns keine Vermutungen auftischt wie die über die
Anziehungskraft.»[21] Leibniz sah in Newtons Standpunkt einen Rückfall
in das inzwischen verrufene scholastische Konzept *mystischer Eigenschaften*. Voltaire beschrieb in seinen *Lettres philosophiques*, welche Diskrepanz
sich in der Philosophie bis 1730 zwischen England und dem Kontinent entwickelt hatte: «Ein Franzose, der nach London kommt, wird bemerken, daß
sich hier alles, auch die Philosophie, stark geändert hat. Er kennt den Begriff *Medium*, und nun wird er mit dem *leeren Raum* konfrontiert.»[22] In
einem privaten Brief schrieb er: «Es ist die Ausdrucksweise, nicht die Sache
selbst, die den menschlichen Geist irritiert. Hätte Newton in seiner bewun-
dernswerten Theorie nicht den Begriff *Anziehung* verwendet, wären jedem
in unserer Académie die Augen geöffnet worden. Leider benutzte er in London einen Begriff, der in Paris mit einem Hauch von Lächerlichkeit behaftet
ist. Allein deswegen wird er ungünstig beurteilt, mit einer Voreiligkeit, die
seine Gegner zuweilen in keinem guten Licht erscheinen läßt.»[23]

Newton konnte seine rätselhafte Kraftübertragung durch den leeren
Raum natürlich nicht ungeprüft lassen. Er sah sich genötigt, eine «Erklärung» zu finden. Mit dem Mathematiker David Gregory diskutierte er
unter anderem die Fragen: «Was befindet sich dort, wo keine Materie ist?
Und wodurch ziehen Sonne und Planeten einander an, obwohl zwischen
ihnen keine dichte Materie vorhanden ist?» Gregory schrieb darüber:

> *Er war nicht sicher, ob er die letzte Frage so stellen sollte: Womit ist der leere Raum
> gefüllt, in dem sich kein Körper befindet? Die schlichte Wahrheit ist, daß er glaubt,
> Gott sei im wörtlichen Sinne allgegenwärtig. So wie wir Körper wahrnehmen
> können, deren Bilder in unser Gehirn gelangen, muß Gott für jeden Gegenstand
> empfänglich und zudem, eng verknüpft mit jedem Gegenstand, präsent sein. Wenn
> Gott — wie Newton annimmt — auch im Raum gegenwärtig ist, in dem sich
> kein Körper befindet, muß er in dem Raum gleichfalls präsent sein, in dem Körper
> sind. Aber da diese Vorstellung zu gewagt erscheint, fragt Newton: Welche Ursache
> schrieben die Naturphilosophen der Antike der Gravitation zu? Er glaubt, daß sie
> Gott für die Ursache hielten und nichts anderes, und daß kein Körper die Ursache
> ist, weil jeder Körper eine Schwere hat.[24]*

* * *

Nach Newtons Zeit setzte sich in der Naturphilosophie die Auffassung von
der Wirkung über Distanzen allmählich durch, wenn sie auch nicht von
jedermann geteilt wurde.

Faradays Kraftlinien

Machen wir nun einen Sprung in die Mitte des 19. Jahrhunderts. Michael Faraday, Sohn eines Schmieds und weitgehend Autodidakt, war der experimentierende Wissenschaftler *par excellence*. Ihm wurde zuweilen vorgeworfen, die Anwendung der Mathematik in der Physik abzulehnen, weil er nur geringe mathematische Kenntnisse hatte. Doch trotz dieser Schwäche entwickelte er ein überzeugendes theoretisches Gedankengebäude, das seine Experimente leitete und zu manchen seiner Entdeckungen führte. Es umfaßte jedoch nicht die Vorstellung von der Wirkung über Distanzen, von der jedoch fast alle Wissenschaftler jener Zeit fest überzeugt waren. Daher ging Faraday sehr behutsam vor und kam zu dem Schluß, daß seine Experimente zur elektrostatischen Induktion (wir sprechen heute meist von Influenz) im Rahmen dieser Vorstellung nicht zu interpretieren waren.

Ausgehend von seinen frühen Versuchen mit Magneten, entwickelte Faraday das Konzept der *Kraftlinien*, die an jedem Punkt im Raum die Richtung angeben, in der die Kraft eines Magneten auf einen anderen Magneten oder die Kraft zwischen elektrischen Ladungen wirkt. Während die Richtung der Linien dieselbe ist wie die der Kräfte, gibt ihre Dichte die Stärke der jeweiligen Kraft an. Wird der Abstand der Linien größer, so wird die Kraft entsprechend kleiner. Die Kraftlinien um einen Magneten können wir gut daran erkennen, wie sich feine Eisenfeilspäne auf einem Blatt Papier ausrichten, unter dem sich ein Magnet befindet (siehe Abbildung 18). Bei der elektrostatischen Kraft gibt es keine vergleichbare Möglichkeit der Veranschaulichung. Faraday argumentierte aber: Wenn der wechselseitige Einfluß zwischen einer elektrischen Ladung und einem elektrischen Leiter über eine Distanz hinweg wirkt, hängt er nicht vom Zustand des Raumes dazwischen ab. Weiterhin gibt es keinen Grund dafür, daß die Kraftlinien (die er sich sozusagen als Leitlinien für die Kraft vorstellte) anders als *geradlinig* sein sollten. Seine Experimente ergaben aber, daß die Linien gekrümmt sind! Im Jahre 1837 publizierte Faraday die Resultate seiner Versuche mit metallischen Platten und Kugeln. Dabei schrieb er:

> *Als Beweis gegen die anerkannte Theorie der Induktion kann ich nicht erkennen, daß etwas gegen die vorstehenden Ergebnisse vorzubringen wäre. Die Effekte sind eindeutig induktiver Natur und werden durch die Elektrizität hervorgerufen... Diese Induktion wirkt längs Kraftlinien, die zwar bei vielen Experimenten geradlinig verlaufen können, aber hier — je nach den Umständen — mehr oder weniger gekrümmt sind. Ich nenne sie Linien der induktiven Kraft, um vorläufig eine Methode zu haben, die Richtung der Induktionskraft anzugeben. Weiterhin ... ist es interessant zu beobachten, wie — nachdem gewisse Linien an der Unterkante des Metalls endeten — die zuvor seitlich von ihnen verlaufenden Linien sich ausbreiten und voneinander entfernen, wobei einige rund werden und an der oberen Halbkugel enden. Andere dagegen treffen sie, wie zuvor, bei ihrem auswärts gerichteten Verlauf... All das scheint mir zu beweisen, daß hier eine Wirkung vorliegt, die auf*

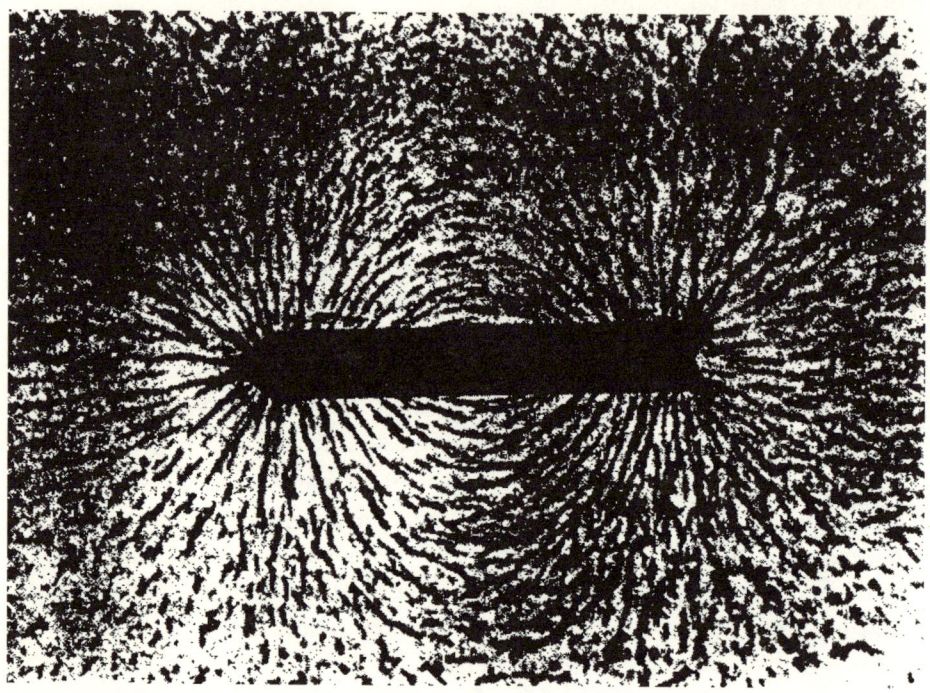

Abb. 18 Die Kraftlinien um einen Stabmagneten können mit Eisenfeilspänen sichtbar gemacht werden.

einander berührenden Teilchen beruht... Wie immer ich es betrachte — und mit großem Mißtrauen gegenüber dem Einfluß der eigenen Meinung auf mich selbst —, ich kann nicht erkennen, wie die zur Erklärung der Induktion herangezogene herkömmliche Theorie das bedeutende Prinzip der elektrischen Wirkung angemessen beschreiben kann.[25]

* * *

Faraday nahm an, daß die durch seine Kraftlinien (siehe Abbildung 19) beschriebene elektrische Kraft sich wesentlich von der Gravitationskraft unterscheidet und eher der magnetischen Kraft ähnelt. Beachten Sie, daß er bei der Erklärung auf die ältere Auffassung von Descartes zurückgriff, nach der Kräfte durch einander berührende Teilchen übertragen werden.

Innerhalb der darauffolgenden 15 Jahre änderten viele neue Experimente die Sachlage, und Faraday korrigierte seine Vorstellung vom Wesen der Kraftlinien. Der französische Physiker André Marie Ampère hatte entdeckt, daß Drähte, die elektrische Ströme führen, ebenso magnetische Kräfte erzeugen wie Magnete und daß diese Kräfte keineswegs immer geradlinig von ihrer Quelle ausgehen. Andererseits hatte Faraday festgestellt, daß ein in der Nähe eines Drahtes bewegter Magnet einen Strom im Draht hervorruft; dieser Effekt heißt *elektromagnetische Induktion*. Inzwischen hatte Faraday

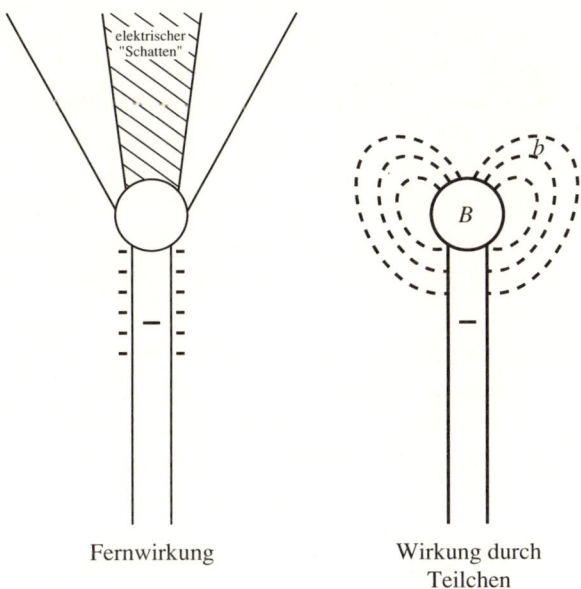

Fernwirkung   Wirkung durch
Teilchen

Abb. 19 Faradays Zeichnungen mit dem Vergleich zwischen der Wirkung über Distanzen und der Wirkung durch Teilchen.

es aufgegeben, die Effekte durch die Wirkung von Kräften zu deuten, die auf einander berührenden Teilchen beruhen. Vielmehr vertrat er nun sehr bestimmt die Meinung, die Kräfte seien auch im leeren Raum vorhanden und wirkten auch ohne einen «Äther» oder eine unwägbar leichte Flüssigkeit. «Wenn [die Kraftlinien] existieren», schrieb er, «so rühren sie nicht von der Aneinanderreihung von Körpern her wie bei der statischen elektrischen Induktion, sondern vom Zustand, den der von Materieteilchen freie Raum aufweist. Ein Magnet in einem denkbar gut realisierten Vakuum ... wirkt ebenso auf eine Kompaßnadel, als wäre er von Luft, Wasser oder Glas umgeben. Daher existieren die Kraftlinien im leeren wie auch im materieerfüllten Raum.»[26]

Sind diese Kraftlinien im Raum nun physikalische Realität, fragte er sich weiter, oder sind sie nur zweckmäßige Darstellungen von etwas anderem?

> *Im Zusammenhang mit den betrachteten Sachverhalten muß geklärt werden, ob die magnetischen Kraftlinien eine physikalische Existenz haben oder nicht. Dieser Punkt kann — vielleicht sogar zufriedenstellend — untersucht werden, ohne daß wir die weiteren Probleme gelöst haben, etwa das, wie die Linien zur magnetischen Anziehung oder Abstoßung führen, oder das, aus welchen Eigenschaften des Raumes (mit Äther oder Materie) sie bestehen.*[27]

* * *

Faraday begann nun, fest an die physikalische Existenz der Kraftlinien (oder -röhren) zu glauben, und zwar nicht nur bei der elektrischen und der magnetischen Kraft, sondern auch bei der Gravitationskraft. Bei dieser war ja aufgrund der Newtonschen Axiome noch am ehesten gesichert, daß die Kraft über eine Distanz wirkt. Alle drei Kräfte sollten daher durch den leeren Raum wirken. Faraday meinte deshalb nicht länger, daß solche Kräfte direkt von einem Körper auf einen anderen wirken, sondern daß sie in dem Einfluß des einen Körpers auf seine Umgebung bestehen, wobei die Kraft auf den zweiten Körper direkt aus dem Zustand des Raumes an seinem Ort resultiert.

So sehr Faraday auch verehrt wurde — das wissenschaftliche Establishment ließ sich nicht leicht von seinen Theorien überzeugen. Die Reaktion des Königlichen Astronomen George Biddell Airy war keineswegs untypisch: «Wenn ich über die Gravitation nachdenke, sehe ich sie als Beziehung zwischen zwei Teilchen und nicht als Beziehung zwischen einem Teilchen (das man das anziehende nennt) und dem Raum, in dem sich das andere (das angezogene) momentan befindet.»[28]

Faradays Feldbegriff

Angesichts einer solchen Abneigung seiner Kollegen in der Wissenschaft schuf der Experimentator Faraday die Vorstellung des *Feldes*. Dieser Begriff ist in praktisch jedem Gebiet der Physik heute unentbehrlich. Alle fundamentalen Kräfte der Natur werden durch Felder beschrieben. Damit das nicht wie Metaphysik ohne reale Bedeutung klingt, betrachten wir den mathematischen Aspekt dieser Entwicklung. Als Beispiel wählen wir das Coulomb-Gesetz, benannt nach dem französischen Physiker Charles Augustin de Coulomb. In seiner ursprünglichen Form besagt es, daß die Kraft zwischen zwei elektrischen Ladungen gleich dem Produkt beider Ladungsmengen ist, dividiert durch das Quadrat ihres Abstands, und daß die Kraft entlang der Linie wirkt, die die Ladungen verbindet. Nach der Einführung des Feldbegriffs sagen wir statt dessen, daß die erste Ladung überall im Raum einen Zustand hervorruft, das sogenannte *elektrische Feld*. Die Stärke dieses Feldes nimmt umgekehrt proportional zum Quadrat des Abstands ab. Wird eine zweite elektrische Ladung an irgendeinen Punkt des Raumes gebracht, so besteht die an diesem Punkt auf sie ausgeübte Kraft in der Wirkung des elektrischen Feldes in diesem Punkt. Aber das ist noch nicht alles.

Wenn wir den Feldbegriff einmal akzeptiert haben und die Vorstellung von einer Wirkung über Distanzen aufgeben, wenn wir also annehmen, daß alle Einflüsse von Punkten im Raum zu benachbarten Punkten ausgehen, dann ist es zweifellos wünschenswert, das Feld selbst nicht durch den

Abstand von der Quelle zu beschreiben. Das Feld sollte dabei anhand der Einwirkung von benachbarten Punkten mathematisch charakterisiert werden. Hierfür sind Differentialgleichungen bestens geeignet. Allerdings benötigen wir hier *partielle Ableitungen* und *partielle Differentialgleichungen*.

In Kapitel 2 hatten wir die Ableitung einer Funktion nach einer einzigen unabhängigen Variablen definiert. Wie sind nun die möglichen Ableitungen zu bestimmen, wenn die abhängige Variable z eine Funktion der zwei unabhängigen Variablen x und y ist? Wir schreiben die Funktion in der Form $z = f(x, y)$. Dann können wir y vorläufig festhalten und $f(x, y)$ als Funktion allein von x ansehen. Nun bilden wir eine sogenannte *partielle Ableitung*, und zwar die Ableitung allein nach der Variablen x, und bezeichnen sie mit $f_x(x, y)$. Diesen Schritt können wir für beliebige y-Werte vollziehen. Daher ist die partielle Ableitung f_x von f nach x eine Funktion von x und y. Ebenso können wir die Variable x festhalten und die dabei resultierende Funktion nach y ableiten. Dies liefert die partielle Ableitung nach y, nämlich $f_y(x, y)$. Die Menge beider partieller Ableitungen heißt auch *Gradient* von f. Einzelheiten finden Sie im Exkurs über partielle Ableitungen und Differentialgleichungen.

Feldgleichungen

Eine partielle Differentialgleichung verknüpft die Werte der unbekannten Größe, hier des Feldes, an (räumlich und/oder zeitlich) infinitesimal nahe benachbarten Punkten. Wir betrachten nun den Quotienten aus der Differenz der Werte des Feldes an zwei benachbarten Punkten und deren Abstand, wobei sich die Punkte einander nähern, d.h. ihr Abstand gegen null geht. Auf diese Weise ermitteln wir die Ableitung oder den Gradienten der Funktion. Das Feld durch *Feldgleichungen* (also durch Differentialgleichungen) zu beschreiben ist daher gleichbedeutend mit der Aussage, daß die Ursache für das Feld an einem bestimmen Punkt im Grunde nicht der — weit entfernte — Körper (mit seiner Gravitationskraft) oder elektrische Ladungsträger oder Magnet ist, sondern das Feld selbst in der unmittelbaren Nachbarschaft, und zwar zum gegenwärtigen Zeitpunkt und im vorangegangenen Augenblick. Wenn wir die Natur auf diese Weise betrachten, sind alle Gesetze, die die Wirkungen von Körpern, von elektrischen Ladungen oder Strömen oder von Magneten beschreiben, durch Differentialgleichungen für die entsprechenden Felder zu formulieren.

Schon die Mathematiker Pierre-Simon de Laplace und Siméon-Denis Poisson formulierten und untersuchten Differentialgleichungen, die sich auf das elektrostatische Feld anwenden lassen. Rund dreißig Jahre nach Faraday

Exkurs: Partielle Ableitungen und partielle Differentialgleichungen

Das in diesem Kapitel für Funktionen zweier Variabler vorgestellte Konzept ist natürlich auch auf Funktionen mit beliebig vielen unabhängigen Variablen anwendbar und kann zudem auf die zweite oder noch höhere Ableitungen erweitert werden. Das brauchen wir hier nicht im Detail durchzuführen. Betrachten wir eine partielle Ableitung am Beispiel der Temperatur T als Funktion der Höhe h über dem Meeresspiegel und der Zeit t. Somit gilt $T = f(h, t)$. Ihre partielle Ableitung $f_h(h, t)$ nach der Höhe h gibt damit an, wie sich die Temperatur in der Höhe h zur Zeit t mit der Höhe h ändert. Anhand der partiellen Ableitung nach der Zeit t, also $f_t(h, t)$, können wir die Änderungsrate der Temperatur zur Zeit t in der Höhe h ermitteln.

Wir können beispielsweise die Temperatur in einem bestimmten Bereich des Raumes angeben, in dem sich ein Punkt P mit den drei Koordinaten x, y, z befindet. Dabei seien x und y die Koordinaten in Ost-West- bzw. Nord-Süd-Richtung, und z gebe die Höhe über dem Meeresspiegel an. Damit ist $T = f(x, y, z)$, und f_z ist die Änderung der Temperatur mit der Höhe. Entsprechend sind f_x bzw. f_y die Änderungen der Temperatur in der Ost-West- bzw. der Nord-Süd-Richtung. Nehmen wir an, wir kennen an dem Punkt P(x, y, h), der demnach in der Höhe $z = h$ liegt, die Temperatur T und deren partielle Ableitung nach z. Dann können wir für jeden nicht zu großen Wert von a (d.h. nahe beim Punkt P) die Temperatur in der Höhe $h + a$ mit recht guter Näherung berechnen, und zwar gemäß $T \approx f(x, y, h) + a f_z(x, y, h)$. Hier bedeutet das Zeichen $\approx$ «ungefähr gleich». Die Näherung ist um so genauer, je kleiner a ist. Entsprechende Formeln können wir auch für die waagerechte Nachbarschaft des Punktes P aufstellen. Wir fassen zusammen: Die Kenntnis der Temperatur und ihres Gradienten an einem bestimmten Punkt ermöglicht es uns, die Temperaturen auch in der Nähe dieses Punktes zu berechnen.

Eine Funktion mehrerer unabhängiger Variabler kann eine Differentialgleichung erfüllen, die partielle Ableitungen nach diesen Variablen enthält; dann liegt eine *partielle Differentialgleichung* vor (im Gegensatz zur *gewöhnlichen* Differentialgleichung mit nur einer unabhängigen Variablen). Auch eine solche Gleichung hat unendlich viele Lösungen. Eindeutige Lösungen sind nur mit Hilfe von zusätzlichen Randbedingungen zu erhalten. Wenn eine Variable die Zeit ist, kann man auch Anfangs- und Randbedingungen kombinieren.

vereinigte James Clerk Maxwell die unvereinbar scheinenden Beschreibungen des elektrostatischen und des magnetischen Feldes; zugleich löste er für das nun kombinierte *elektromagnetische Feld* dieselbe Aufgabe wie zuvor Laplace und Poisson für das elektrostatische Feld.

Die Maxwellschen Gleichungen sind ein Satz von Differentialgleichungen, die alle möglichen elektromagnetischen Felder vollständig beschreiben, seien sie statisch oder zeitlich veränderlich. Jedoch haben solche Gleichungen — wie schon erwähnt — sehr viele Lösungen. Daher muß die zutreffende Lösung durch die Randbedingungen ausgewählt werden, die von den jeweiligen Gegebenheiten abhängen. Für das elektrische Feld einer gegebenen Menge von Punktladungen wird stets dieselbe Differentialgleichung gelten. Wenn die Punktladungen aber auf der Oberfläche eines Würfels oder einer Kugel in einer bestimmten Anordnung vorliegen, sind die beiden zugehörigen Randbedingungen unterschiedlich, und die jeweilige eindeutige Lösung der Feldgleichungen beschreibt das elektrische Feld der betreffenden Anordnung.

Mit den Maxwellschen Gleichungen und deren mannigfaltigen Konsequenzen erhielt der Begriff des elektromagnetischen Feldes sozusagen eine eigenständige Bedeutung. Schon vor Maxwells Zeit hatten sich der Begriff der Energie und das Prinzip ihrer Erhaltung allgemein durchgesetzt. Daher lag die Frage auf der Hand: «Wenn stromdurchflossene Drähte eine Kraft aufeinander ausüben, was geschieht dann mit der mechanischen Energie, die zugeführt wird, wenn man einen Draht bewegt?» Die gesamte Energie bleibt selbstverständlich erhalten. Jedoch müssen wir erkennen, daß eine bestimmte Energiemenge im Feld selbst gespeichert ist. Daher ist auch im Vakuum Energie enthalten, wenn sich in ihm elektrische und/oder magnetische Felder befinden. Die von einem Feld ausgeübten Kräfte sind damit nicht als primär aufzufassen, sondern als Manifestationen einer Art *Spannung* im Vakuum, wie man auch die von einem Festkörper übertragenen Kräfte durch die Spannungen beschreiben kann, die in ihm herrschen. Außerdem trägt das Feld sogar einen *Impuls* mit sich. Wie jeder bewegte materielle Körper sowohl Energie als auch Impuls besitzt, so auch das elektromagnetische Feld; bei jeder Wechselwirkung zwischen ihm und einem physikalischen Objekt bleiben die gesamte Energie und der gesamte Impuls erhalten. Darauf beruht der *Strahlungsdruck*, den elektromagnetische Wellen auf Körper ausüben, auf die sie auftreffen.

Der Unterschied zwischen der Theorie der Wirkung über Distanzen und der Feldtheorie wird sehr deutlich, wenn Sie sich ein einzelnes, elektrisch geladenes Teilchen im leeren Raum vorstellen. Glauben Sie an die Wirkung über Distanzen, dann befindet sich das Teilchen dort, und nichts deutet auf seine elektrische Ladung hin. Es übt keine Kraft aus. Beschreiben Sie die Situation jedoch mit Hilfe der Feldtheorie, so sehen Sie das geladene Teilchen von einem Feld umgeben, das mit zunehmender Entfernung immer schwächer wird und sich dennoch bis ins Unendliche erstreckt. Weiterhin enthält dieses Feld Energie — wieviel, das können wir aus den Feldgleichungen errechnen. Das ist die sogenannte *Selbstenergie* eines geladenen Teilchens. Ihr exakter Betrag hängt von dem Modell ab, mit dem das betreffende Teilchen beschrieben wird, sowie vom Teilchenradius und davon, wie die Ladung in ihm oder auf seiner Oberfläche verteilt ist und so weiter. Bei einem punktförmig gedachten Teilchen ist die Selbstenergie unendlich, denn bei ihm wächst die Feldstärke und damit die Energiedichte des Feldes bei beliebiger Annäherung an das Teilchen über alle Grenzen. Jedes elektrisch geladene Teilchen trägt sozusagen bei allen seinen Bewegungen eine unendlich ausgedehnte Wolke eines Feldes mit sich.

Licht und der Äther

Die Vorstellung vom Licht als pulsierendem, schwingendem elektromagnetischem Feld, an dem sowohl das elektrische als auch das magnetische Feld beteiligt sind, erweiterte den Anwendungsbereich der Maxwellschen Theorie beträchtlich. Tatsächlich können wir das Licht als Feld ansehen, das sich von seiner Quelle völlig gelöst hat und sich über unendliche Distanzen ausbreiten kann, ohne unbedingt an Stärke zu verlieren. Gemäß der Maxwellschen Gleichungen bewegt es sich im leeren Raum mit endlicher, konstanter Geschwindigkeit und trägt sowohl Energie als auch Impuls. So ist es einleuchtend, daß ein Lichtstrahl, der auf einen Spiegel trifft, auf diesen einen Druck ausübt. Diesen Druck können wir normalerweise selbst nahe bei einer starken Lichtquelle nicht bemerken, weil er extrem gering ist. Aber er spielt eine Rolle bei Überlegungen zum Raumschiffantrieb durch Ausnutzen des Photonenwindes.

Wenn wir Licht als Schwingung eines Feldes verstehen, können wir auch fragen, *was* denn eigentlich schwingt. Noch allgemeiner ausgedrückt: Wenn die vom elektromagnetischen Feld übertragenen Kräfte das Resultat einer «Spannung» sind, was ist es dann, das unter einer Spannung steht? Hier kommen wir auf die Vorstellung des *Äthers* zurück. Er ist das *Medium*, das durch das Feld unter Spannung gesetzt wird, und er ist das Medium, das schwingt und dabei eine Lichtwelle hervorruft. Es wurden ausgeklügelte Modelle des Äthers erarbeitet, um die beobachteten Effekte zu erklären. Teilweise nahm man an, er ähnele einem elastischen Festkörper, und manchmal wurde er mit einer inkompressiblen Flüssigkeit verglichen. Maxwell selbst entwickelte ein Modell mit Wirbeln aus Teilchen, die wie dazwischenliegende Umlenkrollen wirken, so daß alle Wirbel denselben Drehsinn haben. Die meisten Physiker jener Zeit versuchten, brauchbare Modelle des Äthers aufzustellen, die die Charakteristika des elektromagnetischen Feldes gemäß den Maxwellschen Gleichungen deuteten. Auch Mathematiker waren an solchen Arbeiten beteiligt, darunter Gauß und Riemann, die mit ihren Ansätzen jedoch keinen Erfolg hatten.

Die Modelle, die sich die Physiker für den Äther vorstellten, waren meist Analoga zu einem Medium, in dem sich Schallwellen ausbreiten. Danach ist die Schallgeschwindigkeit in einem bestimmen Medium konstant, und das sollte auch für die Lichtgeschwindigkeit gelten. Bei der Anwendung dieses Modells stellt sich sofort die Frage, wie groß die Geschwindigkeit relativ zu diesem Medium ist. Für die Beantwortung gibt es ein direktes, aber sehr schwieriges experimentelles Verfahren. Wenn die Geschwindigkeit des Lichtes relativ zum Äther konstant ist, dann müssen Messungen in verschiedenen Richtungen jeweils unterschiedliche Lichtgeschwindigkeiten ergeben. In Vorwärtsrichtung (relativ zu unserer Bewegung durch den Äther) würden wir als Lichtgeschwindigkeit die Differenz zwischen unserer eigenen Geschwindigkeit und der des Lichtes ermitteln, und in der Gegenrichtung ergäbe sich die Summe beider Geschwindigkeiten. Im Prinzip müßte die Differenz beider Versuchsergebnisse meßbar sein. Jedoch ist die Messung äußerst schwierig, denn unsere Geschwindigkeit gegenüber dem Äther ist extrem klein gegenüber der Lichtgeschwindigkeit, die $3 \cdot 10^{10}$ cm/s bzw. 300 000 km/s beträgt. Die amerikanischen Physiker Albert Abraham Michelson und Edward William Morley führten im Jahre 1887 erstmals das entsprechende Experiment durch, das noch häufig wiederholt wurde. Sie konnten den vermuteten Sachverhalt bei keinem Versuch bestätigen. Das bedeutet: Wird die Lichtgeschwindigkeit auf der Erde gemessen, so ergibt sich stets derselbe Wert, unabhängig von der Richtung. Trotz mehrerer Ansätze, die alten Ideen zu halten, war das in den Augen vieler Physiker der Todesstoß für die Vorstellung vom Äther. Das Resultat von Michelson und Morley bereitete den Weg für Einsteins Relativitätstheorie, die als einzige die Konstanz der Lichtgeschwindigkeit erklären konnte (siehe Kapitel 6).

Die Spezielle und die Allgemeine Relativitätstheorie

Seitdem unterliegen alle Feldtheorien, wollen sie den experimentellen Ergebnissen nicht widersprechen, einer strengen Beschränkung: Sie müssen der *Allgemeinen Relativitätstheorie* entsprechen. Die Felder müssen demnach beim Übergang zwischen zwei Beobachtern, die sich relativ zueinander bewegen, die korrekten «Transformationseigenschaften» aufweisen. Ferner müssen die Feldgleichungen eine solche Form haben, daß sie für beide Beobachter gleich erscheinen. (In Kapitel 6 werden wir diese Transformationseigenschaften näher behandeln.) Wie sich herausstellte, haben die

Maxwellschen Gleichungen — nach geeigneter Umformung — genau die geforderte Form. Das ist nicht zufällig so, denn Einstein kam auf seine Theorie ja durch die Ergebnisse von Experimenten und Gedankenexperimenten mit Lichtwellen, die durch die Maxwellschen Gleichungen beschrieben werden. Wie steht es in diesem Zusammenhang aber mit Newtons Gravitationstheorie? Die augenblickliche Einwirkung eines Himmelskörpers auf einen anderen durch eine «Wirkung über Distanzen», wie bei dieser Theorie angenommen, ist mit der Relativitätstheorie unvereinbar. Eine der wichtigsten Aussagen der Relativitätstheorie ist die, daß sich keine physikalische Wirkung oder kein Signal mit *Überlichtgeschwindigkeit* ausbreiten kann (siehe auch hierzu Kapitel 6). Daraus ergab sich die Notwendigkeit, die Gravitationstheorie neu zu formulieren.

Dieser Gedankengang führte im Zusammenhang mit anderen tiefschürfenden Ideen Einsteins schließlich zur Aufstellung seiner *Allgemeinen Relativitätstheorie*. Sie ersetzt Newtons Gravitationstheorie. Bei kleinen Massen und nicht zu hohen Geschwindigkeiten entsprechen sich die beiden Theorien. Die Neuformulierung der Gravitationstheorie als einer Feldtheorie zeigt eine Form, die von derjenigen der Maxwellschen Gleichungen für das elektromagnetische Feld etwas abweicht. Wegen des universellen Charakters der Gravitationsanziehung, deren Auswirkung von den speziellen Eigenschaften der beteiligten Körper weitgehend unabhängig ist, goß Einstein seine Theorie in Form einer *Geometrie*. Wir können auch sagen: Anstatt die Beschaffenheit eines Gravitationsfeldes in Raum und Zeit zu beschreiben, charakterisiert die Theorie die Eigenschaften des Raumes selbst. Körper mit Gravitationswirkung rufen dabei den Effekt hervor, daß die Geometrie des Raumes um sie herum beeinflußt wird. Demgemäß wird ein Lichtstrahl in der Nähe der Sonne «abgelenkt», weil der Raum hier so verzerrt wird, daß gerade Linien nicht mehr die Eigenschaften haben, die wir in der euklidischen Geometrie mit ihnen assoziieren. Große Massen, besonders wenn sie in relativ kleinen Körpern konzentriert sind — etwa in einer bestimmten Art von Himmelskörpern —, rufen also eine starke *Krümmung des Raumes* hervor. Stellen Sie sich zum Vergleich folgendes vor: Auf einer weichen Matratze rollt eine angestoßene Murmel geradeaus. Wenn Sie aber auf der Matratze stehen und dadurch eine Vertiefung erzeugen, wird die ebenso gestartete Murmel nahe der Krümmung nicht geradeaus rollen. Die Geometrie des Raumes unterscheidet sich dann sehr von der euklidischen Geometrie, die uns vertraut ist und die wir in der Schule gelernt haben. Wie schon in Kapitel 1 besprochen, haben Dreiecke aus «geraden Linien» hier nicht die Innenwinkelsumme 180°. Erinnern wir uns daran, daß beispielsweise die Winkelsumme in einem Dreieck auf der Erdoberfläche stets größer als 180° ist und von dessen Größe abhängt.

Wenn wir den beschriebenen Effekt auf die Eigenschaften des freien Raumes benennen wollen, können wir entweder von einem Feld oder von einer Geometrie sprechen. Keine Wahlmöglichkeit haben wir dagegen bei der Formulierung der Voraussagen, die von denen nach der Newtonschen Theorie abweichen und der Allgemeinen Relativitätstheorie entsprechen. Diese Voraussagen wurden von den Astronomen bestätigt. Eine ganze Anzahl von Übereinstimmungen zwischen der Theorie und den Beobachtungen bewiesen ihre Gültigkeit. Ich möchte hier weniger einzelne erfolgreiche Tests anführen als vielmehr eine bestimmte prinzipielle Voraussage. Die Maxwellschen Gleichungen bezogen sich auf die Existenz nicht nur statischer oder langsam veränderlicher elektrischer und magnetischer Felder, sondern auch elektromagnetischer *Wellen*. Einige dieser Wellen wurden als Licht interpretiert, und andere wurden später beispielsweise als Radiowellen, Mikrowellen oder Infrarot-, Röntgen- bzw. Gamma-Strahlung erkannt. Analog dazu sagt die Allgemeine Relativitätstheorie die Existenz von *Gravitationswellen* voraus. Die Astronomen haben indirekte Beweise für solche Wellen gefunden, die jedoch sehr schwer direkt nachzuweisen sind. Zahlreiche Versuche dazu wurden schon unternommen und werden auch heute noch durchgeführt. Großes Aufsehen erregte im Jahre 1960 Joseph Weber, Physiker an der Universität von Maryland, als er bekanntgab, er habe unmittelbare experimentelle Beweise für die Existenz der Gravitationswellen gefunden. Die allermeisten Physiker jedoch fanden die Daten nicht überzeugend genug, so daß die Suche bis heute als erfolglos anzusehen ist.

Die Gleichungen der Allgemeinen Relativitätstheorie sind schwierig zu lösen. Verschiedene Lösungen können aber trotzdem angegeben werden. Beispielsweise kann die Masse eines Körpers in einem extrem kleinen Volumen konzentriert sein, etwa wenn ein schwerer Stern seine nukleare Energie erschöpft hat und sich immer stärker kontrahiert. Dabei wird die Stärke des Gravitationsfeldes irgendwann so groß, daß nichts mehr — nicht einmal Licht — aus ihm entweichen kann. John Wheeler nannte das ein *Schwarzes Loch*, und diese Bezeichnung hat sich durchgesetzt. Diese faszinierenden Objekte können immer noch nicht eindeutig identifiziert werden. Die Astronomen nehmen an, daß sich im Universum viele Schwarze Löcher befinden. Man fand indirekte Hinweise auf ihre Existenz, so bei den quasi-stellaren Radioquellen, den *Quasaren*, und möglicherweise im Zentrum vieler Galaxien.

Faraday hatte gehofft, die Theorie der Gravitation würde sich als eine Feldtheorie herausstellen; dies bewahrheitete sich. Während Faraday von einer einzigen Theorie nur träumen konnte, die das elektromagnetische Feld und das Gravitationsfeld umfassen würde, verbrachte Einstein in seinen späteren Jahren viel Zeit mit der Suche nach einer vereinheitlichten Feldtheorie. Jedoch blieb ihm der Erfolg versagt.

Die Einführung von Quanten

In der Zwischenzeit hatte sich hinsichtlich der Theorie des Lichtes noch eine andere Entwicklung vollzogen. Ein «Schwarzer Körper» ist dadurch definiert, daß er die gesamte auftreffende Strahlung absorbiert und keinerlei Strahlung reflektiert. Um die Jahrhundertwende versuchte der deutsche Physiker Max Planck, die Frequenzverteilung der von einem Schwarzen Körper emittierten Strahlung zu deuten. Dazu nahm er (zunächst ohne Erklärung oder Beweis) an, daß das emittierte Licht aus gewissen «diskreten» Energieportionen besteht. Ihre Größe sollte proportional zur Frequenz des Lichtes sein. (Die Proportionalitätskonstante heißt heute *Plancksches Wirkungsquantum*.) Eine allgemeinere Theorie der Lichtquanten oder *Photonen* führte Einstein im Jahre 1905 ein. Mit ihrer Hilfe konnte er unter anderem den photoelektrischen Effekt erklären. Bei diesem emittiert ein Metall Elektronen, wenn es mit Licht einer bestimmten Mindestfrequenz bestrahlt wird. Für diese Arbeit — nicht für die Relativitätstheorie — erhielt Einstein 1921 den Nobelpreis. Seit dieser Zeit konnte man das Licht nicht mehr, wie noch seit Huygens, als reine Wellenerscheinung deuten. Vielmehr waren ihm nun auch Eigenschaften zuzuschreiben, die denen von *Teilchen* ähneln. Nun mußten die Physiker einen Weg finden, die Vorstellungen über das Feld der völlig veränderten Sachlage anzupassen.

In den folgenden zwanzig Jahren kamen zahlreiche umwälzende Ideen auf. Niels Bohr postulierte ein neues Atommodell. Es sah Elektronen vor, die in stationären Bahnen um den Kern kreisen, ohne dabei Strahlung zu emittieren, wie man nach der klassischen Theorie eigentlich erwartete. Louis de Broglie entwickelte die Vorstellung vom sogenannten *Welle-Teilchen-Dualismus*: So wie das Licht (zuvor als reine Welle angesehen) sowohl Wellen- als auch Teilcheneigenschaften hat, sollten unter anderem den Elektronen (bislang nur als Teilchen aufgefaßt) ebenfalls Wellen- und Teilcheneigenschaften zuzuschreiben sein. Nach heftigen Tumulten und Verwirrungen unter den Wissenschaftlern entwickelten Werner Heisenberg, Erwin Schrödinger und Paul Dirac schließlich Mitte der 20er Jahre die «Quantenmechanik», auf die wir in Kapitel 7 noch ausführlich zurückkommen werden. Danach mußte die gesamte Struktur der Elektrodynamik und der Feldtheorie offensichtlich neu durchdacht werden. Bald nach dem Aufkommen der Quantenmechanik entstand auch die Konzeption der *Quantenelektrodynamik*.

Die Methode, das elektromagnetische Feld mit Hilfe der neuen mathematischen Methoden zu charakterisieren, war dieselbe, wie sie bei der Mechanik angewandt wurde. Zunächst wird das System mit Hilfe einer *Wellenfunktion* beschrieben. Deren Betragsquadrat gibt die Wahrscheinlichkeit an, das System oder die Teilchen in einem bestimmten Zustand oder in einem bestimmten Volumenelement anzutreffen. Außerdem muß die von Heisenberg aufgestellte *Unschärferelation* (auch *Unbestimmtheitsprinzip* genannt) berücksichtigt werden. Sie besagt, daß solche Größen wie Ort und Impuls eines Teilchens niemals gleichzeitig mit beliebiger Genauigkeit bestimmt werden können. Vielmehr ist das Produkt aus den Fehlern beider Größen stets größer als das Plancksche Wirkungsquantum. Im Zusammenhang mit der Unschärferelation sind alle «dynamischen Variablen», wie beispielsweise Ort und Impuls, durch *Operatoren* zu ersetzen. Jeder Operator repräsentiert eine bestimmte physikalische Größe. Bei seiner Anwendung wird die Wellenfunktion nicht mit einer Konstanten multipliziert, sondern es entsteht eine neue Wellenfunktion. Im Gegensatz zur gewöhnlichen Multiplikation von Zahlen, bei der beispielsweise $5 \cdot 3 = 3 \cdot 5$ ist, hängt die Wirkung der Operatoren von der Reihenfolge ihrer Anwendung ab. Man sagt dann, sie sind nicht *kommutativ*. Betrachten wir als Beispiel den Rotationsoperator. Wird ein Körper nacheinander der Rotation um zwei verschiedene Achsen unterzogen, so ist das Ergebnis nicht dasselbe, wenn beide Rotationen in umgekehrter Reihenfolge durchgeführt werden (siehe Abbildung 20). Nehmen wir an, die Erde werde zuerst um 90° um ihre Nord-Süd-Achse nach Westen gedreht, so daß der Ort **B** am Äquator (Quito / Ecuador) nach **B**′ gelangt. Dann wird sie — ebenfalls um 90° — im Drehsinn einer Rechtsschraube um eine Achse gedreht, die beim Ort **B**′ durch den Äquator verläuft. Danach befindet sich der Nordpol (**A**) dort, wo anfangs Quito lag (**A**′), und dieses liegt jetzt mitten im Pazifik (**B**′). Werden beide Drehungen in umgekehrter Reihenfolge ausgeführt, so landet Quito dort, wo anfangs der Nordpol lag.

Das Überführen der klassischen Gleichungen der Mechanik in die Quantenmechanik bedeutet, die numerischen Funktionen (die die Orte und Impulse angeben) durch Operatoren zu ersetzen, die vorgeschriebene «kommutative Eigenschaften» aufweisen. Also muß die Differenz der Resultate bei der Anwendung der Operatoren in anderer Reihenfolge durch das Plancksche Wirkungsquantum auszudrücken sein. All die bemerkenswerten Ergebnisse der Quantenmechanik folgen aus dieser einfachen Vorschrift.

Für die Gleichungen des elektromagnetischen Feldes ist eine Prozedur auszuführen, die ganz analog zu derjenigen in der Mechanik ist. Demnach müssen die Funktionen, die das elektromagnetische Feld an jedem Punkt des Raumes und zu jedem Zeitpunkt bestimmen, durch Operatoren ersetzt werden. Um die Emission und die Absorption von Photonen im Rahmen dieser Theorie anschaulich zu machen, führen wir den Erzeugungs- und den Vernichtungsoperator ein. Wenn ein Erzeugungsoperator auf einen Zustand von n Photonen wirkt, so setzt er ihn in einen Zustand von $n + 1$ Photonen um; und wenn ein Vernichtungsoperator auf denselben Anfangszustand wirkt, produziert er einen Zustand mit $n - 1$ Photonen. So kombiniert die Theorie auf natürliche Weise die Phänomene der Schwingungen des Feldes mit dessen Teilcheneigenschaften. Mit Hilfe dieses Operatorenformalismus

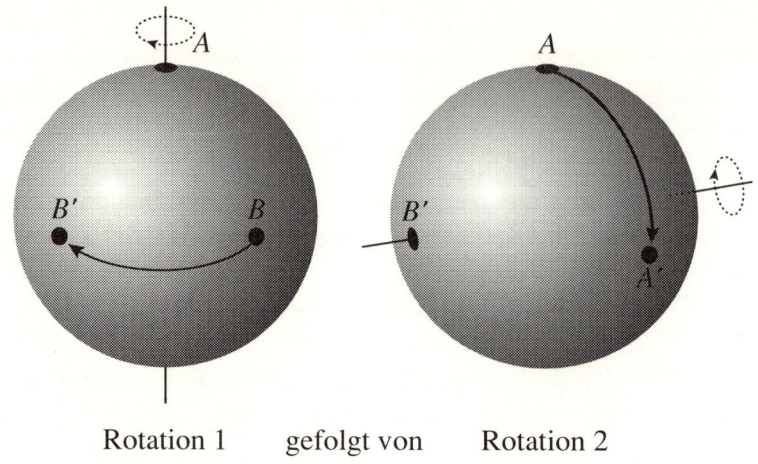

Rotation 1   gefolgt von   Rotation 2

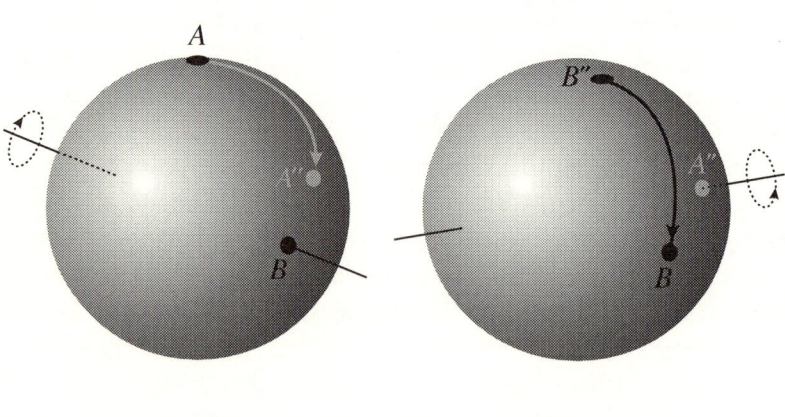

Rotation 2   gefolgt von   Rotation 1

Abb. 20 Zwei Rotationen, die in unterschiedlicher Reihenfolge nacheinander ausgeführt werden, haben verschiedene Wirkungen.

läßt sich nicht nur das elektromagnetische Feld beschreiben, sondern auch
die elektrisch geladenen Teilchen selbst, die die Quellen der Felder sind.
So gibt es neben dem elektromagnetischen Feld ein «Materiefeld», und die
Theorie umfaßt Erzeugungs- und Vernichtungsoperatoren für Elektronen wie
auch für Photonen.

Die schon erwähnte Heisenbergsche Unschärferelation hat hier noch
einen anderen Aspekt. Ein physikalisches System, das sich nicht in einem
stationären Zustand befindet (dessen Zustand sich also zeitlich ändert), kann
keine wohldefinierte Energie aufweisen. Wenn wir fordern, daß sein Ener-

gieinhalt in einem bestimmten Bereich liegt, dann muß der Zustand dieses Systems für eine gewisse Zeitspanne im wesentlichen gleich bleiben. Das Produkt aus dieser Zeitdauer und dem erlaubten Energieintervall muß mindestens so groß wie das Plancksche Wirkungsquantum sein. Daher kann für extrem kurze Zeitintervalle die Energieerhaltung verletzt werden, und zwar um so stärker, je kürzer das betrachtete Zeitintervall ist.

Kombination der Quantentheorie mit der Relativitätstheorie

An diesem Punkt mußte nun die Relativitätstheorie auf das Feld angewandt werden. Der britische Physiker P. Dirac leistete einen entscheidenden Beitrag und stellte eine neue Gleichung auf, die die Elektronen im Einklang mit Einsteins Relativitätstheorie beschrieb. Sie umfaßte erstmals auch eine Eigenschaft der Elektronen, die man seinerzeit zwar schon entdeckt hatte, aber noch für einigermaßen geheimnisvoll hielt: ihren *Spin*. Die Dirac-Gleichung, von den Physikern wegen ihrer Aussagekraft und ihrer Schönheit bewundert, ließ außerdem auf die Existenz eines neuen Teilchens schließen, das auch bald darauf (1932) von dem amerikanischen Physiker Carl D. Anderson entdeckt wurde. Wir nennen es heute *Positron*. Es hat die gleiche Masse wie das Elektron und trägt eine ebenso große Ladungsmenge, die aber das entgegengesetzte Vorzeichen hat. Das Positron war der erste Vertreter einer neuen Klasse von Teilchen, die theoretisch vorausgesagt und danach gefunden wurden: Jedes Teilchen in der Natur hat ein «Antiteilchen» mit derselben Masse und bestimmten Eigenschaften, die den gleichen Betrag, aber entgegengesetztes Vorzeichen wie die des Teilchens haben. Manche Teilchen sind ihr eigenes Antiteilchen.

Nun kombinieren wir die erwähnten Vorstellungen miteinander. Dann können wir uns den Prozeß, durch den Teilchen miteinander wechselwirken, folgendermaßen vorstellen: Zunächst wird die elektromagnetische Kraft, die ein Elektron auf ein anderes ausübt, in dem neuen Formalismus dadurch beschrieben, daß ein Elektron Photonen emittiert, die vom anderen Elektron absorbiert werden (wie ein Junge einen anderen anstoßen kann, indem er einen Ball auf ihn wirft). Es ist möglich, daß die Photonen nicht «real», sondern «virtuell» sind, also nicht alle Eigenschaften der wirklichen Photonen besitzen. Auf jeden Fall kann man den Prozeß auf diese Weise darstellen. Nun wechselwirken die Photonen mit dem «Elektronenfeld» und können ein Elektron-Positron-Paar erzeugen. Die elektrische Ladung bleibt dabei erhalten. Dieser Vorgang der Paarerzeugung kann eine Verletzung des Prinzips der Energieerhaltung erfordern; denn jedes dieser Teilchen hat die Masse m und aufgrund der Relativitätstheorie mindestens die Energie mc^2 (wobei c die Lichtgeschwindigkeit ist). Das Photon benötigt daher mindestens das

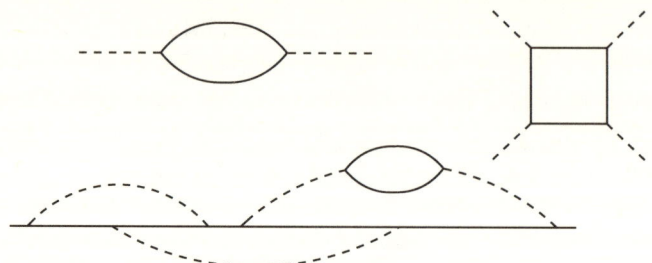

Abb. 21 Einige Feynman-Diagramme. Die gestrichelten Linien stellen die Ausbreitung von Photonen dar, und die durchgezogenen Linien repräsentieren Elektronen und Positronen.

Doppelte dieser Energiemenge, um solch ein Paar zu erzeugen. Es kann aber auch zuwenig Energie für diesen Vorgang mitbringen. Doch die Verletzung des Prinzips der Energieerhaltung ist für eine kurze Zeitspanne möglich, nach deren Ablauf die Teilchen des Paares sich wieder annähern und einander vernichten müssen. Dabei geben sie ihre Energie in Form eines anderen Photons ab. Während der kurzen Existenzdauer des «virtuellen» Teilchenpaares kann jedes Teilchen wiederum ein Photon emittieren, das für eine winzige Zeitspanne seinerseits ein «virtuelles» Teilchenpaar erzeugen kann und so weiter. Abbildung 21 zeigt einige sogenannte Feynman-Diagramme solcher Paar-Erzeugungen mit der Emission und Absorption von Photonen. Der beschriebene Prozeß ist im Prinzip endlos, aber jeder dieser virtuellen Vorgänge hat eine ziemlich geringe Wahrscheinlichkeit, so daß wir nicht alle berücksichtigen müssen.

Quantenelektrodynamik

Aufgrund der mathematischen Schwierigkeiten ist die auf diese Weise konstruierte Feldtheorie der Quantenelektrodynamik nicht leicht zu formulieren. Die unendliche Abfolge der eben beschriebenen Prozesse würde zu unbrauchbaren Resultaten führen, wenn man versuchte, experimentell verifizierbare Vorhersagen zu berechnen, denn viele der errechneten Zahlen würden unendlich groß. Die amerikanischen Physiker Richard Feynman und Julian Schwinger sowie der japanische Physiker Sin-Itiro Tomonaga formulierten die Theorie neu und konnten damit eindeutige und endliche Werte berechnen, die experimentell überprüft wurden. Die Übereinstimmung zwischen den theoretischen und den gemessenen Größen war erstaunlich gut. Die Daten wichen teilweise erst in der zehnten Dezimalstelle voneinander ab; die Genauigkeit war damit besser als 1 zu 10 Milliarden.

Damit wurde die Quantenelektrodynamik zu der Feldtheorie, die die klassische Maxwellsche Theorie ersetzte. Die Maxwellschen Gleichungen sind nach wie vor gültig, werden aber hier durch Operatoren erfüllt, die das elektromagnetische Feld repräsentieren, und nicht mehr durch Zahlenwerte. Die Vorstellung vom «leeren Raum», die man sich jetzt macht, ist äußerst kompliziert. Erinnern wir uns an das Modell der endlosen Abfolge von Erzeugung und Vernichtung elektrisch geladener Teilchenpaare. Man spricht hier auch von der *Polarisierung des Vakuums*. Danach ist jedes geladene Teilchen von einer «Wolke» aus Photonen umgeben, von denen jedes seinerseits eine Wolke geladener Paare erzeugt, die in der Tat die Gesamtladung so ändern, wie es aus der Ferne wahrzunehmen ist. Wir müssen daher unterscheiden zwischen der «bloßen» Ladung eines Teilchens und der «renormierten» Ladung des «umhüllten» Teilchens, dessen Hülle aus den virtuellen Paaren besteht.

Andere Quantenfelder

Diese komplizierte Vorstellung wird dadurch weiter erschwert, daß im mikroskopischen Maßstab zwei Arten von Kräften existieren, die zur Zeit Maxwells überhaupt nicht und zur Zeit Einsteins nur ungefähr bekannt waren: Die *starke Kraft* sorgt für den Zusammenhalt des Atomkerns, und die *schwache Kraft* führt zu Effekten wie dem radioaktiven Zerfall von Kernen. Auch diese Kräfte können mit Hilfe von Feldtheorien beschrieben werden. Dies gelang jedoch erst 25 Jahre nach der Formulierung der Quantenelektrodynamik. Die von den amerikanischen Physikern Steven Weinberg und Sheldon Glashow sowie dem pakistanischen Physiker Abdus Salam entwickelte elektro-schwache Theorie kombiniert die elektromagnetische Kraft und die schwache Kraft in einer einzigen Theorie. Diese sogenannte *Quantenchromodynamik* erklärt die starke Kraft durch ein anderes Quantenfeld. Versuche, alle diese drei Kräfte in einer Feldtheorie zu beschreiben, nennt man *Große Vereinheitlichte Theorien*, englisch *Great Unified Theories*, GUT. Jedoch war bislang noch keiner dieser ehrgeizigen Ansätze in allen Aspekten erfolgreich.

Elektrodynamik, Chromodynamik und elektro-schwache Theorie sind sogenannte *Eichfeldtheorien*. Die Idee der Eichfelder geht ebenfalls auf die Maxwellschen Gleichungen zurück. Diese können wir in einer viel einfacheren Form schreiben, indem wir *skalare* und *vektorielle Potentiale* einführen — zwei Funktionen, durch die die elektromagnetischen Felder ausgedrückt werden können. Die Potentiale können nun durch bestimmte «Eichtransformationen» variiert werden, ohne daß sich die elektromagnetischen Felder selbst ändern (so wie wir etwa die Einheit, in der wir die Länge eines Tisches messen, von Metern in Zentimeter ändern können, ohne daß die Länge beeinflußt würde). Weil solche Eichtransformationen der Potentiale die elektrischen und magnetischen Felder nicht ändern, haben sie — zumindest vom klassischen Standpunkt aus — keine physikalische Bedeutung. Werden die experimentell meßbaren Größen in Potentialen ausgedrückt, so sollten sie stets *eichinvariant* sein, sich also nicht ändern, wenn die Potentiale einer Eichtransformation unterzogen werden.

In der Quantenmechanik muß die Eichtransformation mit einer Änderung der Wellenfunktion kombiniert werden, d.h. mit einer *komplexen Zahl* (siehe Kapitel 1). Diese können wir uns als einen Punkt in einer Ebene vorstellen (siehe Kapitel 2), wobei der Realteil auf der x-Achse und der Imaginärteil auf der y-Achse aufgetragen ist. Alle beobachtbaren Auswirkungen der Theorie hängen allein vom Abstand dieses Punktes vom Mittelpunkt ab. Demnach sollte eine Drehung des Punktes um den Koordinatenursprung als Mittelpunkt keine physikalisch meßbare Auswirkung haben. Zusammen mit der Bedingung der Eichinvarianz der elektromagnetischen Potentiale ist diese Forderung die quantenmechanische Einschränkung der Eichinvarianz, der alle beobachtbaren Größen unterliegen.

Eichfelder und String-Theorien

Der chinesisch-amerikanische Physiker Chen Ning Yang erhielt den Nobelpreis für Arbeiten, die wir in Kapitel 10 noch besprechen werden. In dem hier zu behandelnden Kontext entwickelte er gemeinsam mit seinem Schüler Robert Mills eine äußerst nützliche Vorstellung: Er stellte die Forderung nach Eichinvarianz im Rahmen der Quantenmechanik in einen größeren Zusammenhang und erweiterte sie zu einer Bedingung, die man *lokale Eichinvarianz* nennt. Danach kann man die Rotation der Wellenfunktion an einem bestimmten Punkt in Raum und Zeit als verschieden von der Rotation an irgendeinem anderen Punkt in Raum und Zeit ansehen. Yang und Mills zeigten: Wenn die quantenmechanische Teilchentheorie dieser allgemeinen Forderung unterworfen wird, so folgt direkt die theoretische Existenz der elektrischen Ladung und eines elektromagnetischen Feldes gemäß den Maxwellschen Gleichungen. Die Existenz von Elektrizität und Magnetismus überhaupt und die Tatsache, daß diese Felder die Maxwellschen Gleichungen erfüllen, folgen daher aus dem Postulat ihrer lokalen Eichinvarianz.

In einem etwas weiteren Zusammenhang, in dem die erlaubten Eichtransformationen auf umfangreicheren Gruppen beruhen als Rotationen in einer Ebene, führt diese Konzeption zu den sogenannten *nicht-abelschen Eichfeldtheorien*. Zwei Rotationen in einer Ebene sind stets kommutativ, so daß es gleichgültig ist, in welcher Reihenfolge sie ausgeführt werden. Wie wir schon gesehen haben, spielt die Reihenfolge in drei Dimensionen aber sehr wohl eine Rolle, so daß Rotationen in drei Dimensionen eine «nicht-abelsche» Gruppe darstellen. Zum Begriff der Gruppe und anderen Einzelheiten siehe Kapitel 10. Alle neuen Feldtheorien sind von dieser Art. Sie beruhen auf Postulaten der Invarianz gegenüber bestimmten lokalen Eichtransformationen.

Die einzige Kraft, die noch nicht mit allen anderen Kräften zu einer vereinigten Feldtheorie verknüpft werden konnte, ist die am längsten bekannte, nämlich die Gravitationskraft. Noch niemandem ist es gelungen, eine Theorie aufzustellen, die die Gravitation mit der Quantentheorie kombiniert. Zur Zeit werden aber phantasievolle Versuche in dieser Richtung unternommen, die bereits zahlreiche Gleichungssysteme, aber bisher noch keine experimentell überprüfbaren Voraussagen ergaben. Ich beziehe mich hier auf die *String-Theorie*, die in vielen Zeitschriften schon Beachtung fand. Sie behandelt die Teilchen nicht, wie frühere Theorien, als Punkte, sondern als Linien (wie Saiten, engl. *string*). Abgesehen davon ist vor allem interessant, daß diese Theorie — wie auch die meisten ihr vergleichbaren — in mehreren Dimensionen formuliert ist.

Die physikalische Realität existiert natürlich in den vier Dimensionen, die durch den dreidimensionalen Raum und die Zeit gegeben sind. In den 20er Jahren unternahmen der polnische Mathematiker Theodor Kaluza und der schwedische Physiker Oskar Klein einen einfallsreichen, aber weitgehend unbeachtet gebliebenen Versuch, die Theorie des elektromagnetischen Feldes mit derjenigen der Gravitation zu vereinigen. Sie formulierten ihre Theorie in fünf Dimensionen, einer für die Zeit und vier für den Raum. Die neueren Theorien wurden durch die Kaluza-Klein-Theorie angeregt, sind aber meist in viel mehr Dimensionen ausgedrückt. Eine anscheinend befriedigende Kombination der Gravitationstheorie mit allen anderen Feldtheorien und der Quantentheorie wurde erreicht, indem 10 oder gar 26 Raum-Zeit-Dimensionen angesetzt wurden. Die Anzahl der Dimensionen wird auf die vier physikalisch relevanten (drei des Raumes und eine der Zeit) reduziert, indem man postuliert, daß sich die zusätzlichen Dimension sozusagen in sehr kleinen Kreisen in sich selbst einrollen.

Wir können den Sachverhalt auch so ausdrücken: Nach diesen Theorien ist unsere Welt mit einem sehr engen Wurmloch vergleichbar, und wir haben selbstverständlich keine Kenntnis über den vielleicht riesigen Apfel, in dem sich das Wurmloch befindet. Unser physikalischer Raum wird von den drei Dimension gebildet, die sich über die Tunnelwand (längs des Wurmloches) erstrecken. Weiterhin sind wir uns dessen nicht bewußt, daß jeder Punkt in diesem Raum in Wirklichkeit einen kleinen Kreis in höheren Dimensionen darstellt. Es ist so, als würden wir den Ort einer Spinne auf einer Tunnelwand allein durch ihre Entfernung vom Tunneleingang angeben, aber nichts darüber aussagen, wie hoch sie sitzt.

Unnötig zu sagen, daß keineswegs alle Physiker von der Folgerichtigkeit dieser Vorstellungen überzeugt sind. Weil die String-Theorien mathematisch sehr schwierig sind und auf absehbare Zeit kaum experimentell überprüfbar sein werden, kann es noch lange dauern, bis sie entweder völlig akzeptiert oder ausdrücklich widerlegt werden. In der Zwischenzeit befassen sich mehrere theoretische Physiker und deren beste Schüler mit diesem speziellen Gebiet. Manche glauben, daß eine solche Theorie, sollte sie experimentell bestätigt werden, *die Theorie von Allem* werden könnte. Ist aber keine dieser Theorien zu bestätigen, dann kann das in ihr enthaltene geheimnisvolle Wissen rein mathematische Bedeutung haben und im Rahmen der Physik so wertlos sein wie heute die Alchemie für die Chemiker. Manchmal jedoch werden mathematische Verfahren, die in Verbindung mit einer erfolglosen Theorie entwickelt wurden, später in einem anderen Zusammenhang nützlich.

Die Feldtheorie hat, wie wir gesehen haben, seit den Tagen Faradays manche Variationen erfahren. In den letzten anderthalb Jahrhunderten haben sich unsere Vorstellungen über die Kräfte gewandelt, und auch unsere Auffassungen über das Wesen von Raum und Zeit haben sich grundlegend geändert. Das Vakuum, eigentlich als völlig *leeres* Nichts definiert, betrachten wir nun als angefüllt von Energie und von virtuellen Teilchen der verschiedensten Arten. Vielleicht stehen wir kurz davor, die Theorie von Allem aufzustellen. Doch Ausdrücke ähnlichen Hochmuts früherer Wissenschaftler wurden von nachfolgenden Generationen stets milde belächelt oder gar verhöhnt. Wir dürfen kaum erwarten, daß unsere gegenwärtige Arroganz auf zukünftige Wissenschaftler weniger grotesk wirken wird.

Kommen wir nun auf die älteste Feldtheorie zurück, die des Elektromagnetismus, die in den Maxwellschen Gleichungen formuliert ist. Von den unendlich vielen Lösungen dieser Gleichungen sind diejenigen wohl die wichtigsten, die die Lichtwellen beschreiben. Außer diesen kennen wir eine ganze Reihe andersartiger Wellen, etwa den Schall oder die Wasserwellen. Was haben alle diese Wellen gemeinsam, und worin unterscheiden sie sich? Solchen Fragen werden wir im folgenden Kapitel nachgehen.

5 Wellen: stehende, fortschreitende und solitäre

Wellen unterschiedlicher Arten begegnen uns allenthalben, und in der Physik spielten sie während der letzten anderthalb Jahrhunderte eine dominierende Rolle. Als Beispiele seien Schall- und Lichtwellen erwähnt, ferner Rundfunk-, Ferseh- und Mikrowellen sowie Wasser- und seismische Wellen. Wellen gibt es auch bei der Gravitation, und wieder andere Wellen transportieren Nervenimpulse; schließlich seien die «Teilchenwellen» in der Quantenmechanik nicht vergessen. Die meisten der hier aufgeführten Wellenarten haben einige wichtige Eigenschaften gemeinsam, während manche Wellentypen sich vor allem durch das Fehlen bestimmter Merkmale auszeichnen. In diesem Kapitel wollen wir die Vorstellungen untersuchen, die der Beschreibung der verschiedenen Wellenarten zugrunde liegen. Manche Charakteristika von Wellen kennen wir aus dem Alltag, während andere uns nicht so vertraut und zuweilen faszinierend oder gar verblüffend sind. Die Möglichkeiten der Mathematik bei der Vereinheitlichung zeigen sich darin, daß dieselben oder zumindest ähnliche Gleichungen das Verhalten ganz unterschiedlicher physikalischer Systeme beschreiben, die analoge Phänomene hervorrufen.

Die schwingende Saite

Beginnen wir mit den Schwingungen einer Saite, die aus Darm, Metall oder einem anderen elastischen Material besteht. Sie sei an beiden Enden fest eingespannt, wie bei einer Geige oder einem Klavier. Die Schwingungen, die sie ausführt, heißen *stehende Wellen*. Die Saite überträgt ihre Schwingungen an die umgebende Luft, und wir hören einen Ton oder einen schönen Klang, manchmal aber nur ein häßliches Geräusch. Der griechische Philosoph und Mathematiker Pythagoras von Samos entdeckte vor rund 2 500 Jahren als erster, daß zwischen den Längen und den Tonhöhen von Harfensaiten eine feste Beziehung besteht. Der erste, der die Saitenschwingungen auf der Basis der Newtonschen Mechanik untersuchte, war 1715 der englische Mathematiker Brook Taylor. Etwa vierzig Jahre danach führte der holländisch-schweizerische Mathematiker und Physiker Daniel Bernoulli noch eingehendere Studien auf diesem Gebiet durch. Schließlich leistete der englische Physiker John W. Strutt, besser bekannt als Lord Rayleigh, entscheidende Beiträge zur Theorie des Schalls und der Schwingungen, die die Schallwellen auslösen. Lord Rayleigh war einer der wenigen Adligen, die sich den Wissenschaften verschrieben. Er wurde als Professor in Cavendish

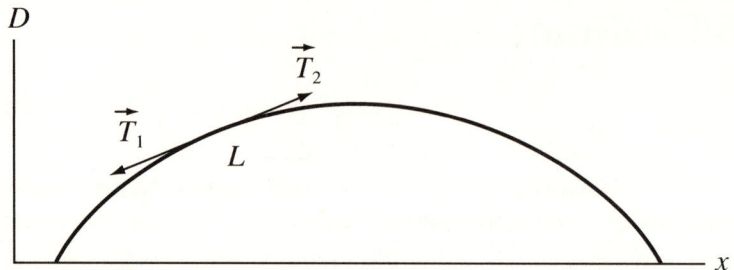

Abb. 22 Die Zugkräfte an einem kurzen Stück einer schwingenden Saite.

der Nachfolger des elf Jahre älteren, früh verstorbenen J. C. Maxwell. Sehen wir uns die Grundgedanken von Rayleighs Theorie einmal näher an.

Um die Gleichungen zu verstehen, die die Schwingungen einer Saite beschreiben, wenden wir die Newtonsche Bewegungsgleichung auf jedes kurze Stück der Saite an, das die Länge L hat. Die Abbildung 22 zeigt ein solches Stück einer Saite, auf das die Zugkraft T wirkt (engl. *tension*, daher die Bezeichnung T). Auf ein kurzes Stück der Länge L wirken die Zugkräfte $\vec{T}_1$ an einem und $\vec{T}_2$ am anderen Ende. Weil aber im betrachteten Augenblick die Saite nicht geradlinig verläuft, weisen die beiden Kräfte nicht genau in entgegengesetzte Richtungen, so daß sie einander nicht exakt aufheben. Daher resultiert eine kleine Zugkraft in Richtung auf die Horizontale, die der Gleichgewichtslage der Saite entspricht, also der Position, in der sich auch die ruhende Saite befindet. Wir nehmen an, die Auslenkung D der Saite aus der Horizontalen sei klein; dann ist die resultierende Zugkraft in der Abbildung senkrecht nach unten gerichtet.

Beachten Sie, daß die beiden Zugkräfte $\vec{T}_1$ und $\vec{T}_2$ tangential zur Saitenkrümmung verlaufen. Diese werde zur Zeit t beschrieben durch die uns noch nicht bekannte Funktion $D = f(t, x)$. Daher weisen die beiden Kräfte in die Richtungen der Tangenten an die Saite in den Punkten x_1 und x_2. Die Tangentenrichtungen sind gleich den Werten der partiellen Ableitung f_x nach x an den betreffenden Punkten (zur partiellen Ableitung siehe Kapitel 4). Die auf das kurze Saitenstück der Länge L wirkende resultierende Kraft ist die Differenz der tangentialen Zugkräfte $\vec{T}_1$ und $\vec{T}_2$ und daher gleich dem Produkt aus der Zugkraft T, der Länge L und der partiellen Ableitung von f_x nach x (diese bezeichnen wir mit f_{xx}). Weil diese resultierende Kraft abwärts gerichtet ist, ist ihr Betrag negativ, also gleich $-L\,T\,f_{xx}$. Wir nehmen weiterhin an, die Saite sei leicht dehnbar und habe eine vernachlässigbare Masse. Dann ist die eben berechnete Kraft die einzige, die auf das betrachtete kurze Saitenstück wirkt. Wenn die Saite die Masse M pro

Längeneinheit hat, ist die Masse des Stückes der Länge L gegeben durch LM. Die Newtonsche Bewegungsgleichung besagt, daß die Kraft $\vec{F}$ gleich dem Produkt aus der Masse m und der Beschleunigung $\vec{a}$ ist: $\vec{F} = m\,\vec{a}$. Diese Beziehung wenden wir nun auf das kurze, nahezu waagerecht verlaufende Saitenstück der Länge L an, das sich momentan im Abstand D von der x-Achse befindet. Wir erhalten damit $LMD_{tt} = L\,TD_{xx}$. (Erinnern Sie sich daran, daß die Beschleunigung die zweite Ableitung D_{tt} der Auslenkung D nach der Zeit t ist.) Wir können in dieser Gleichung die Länge L des Saitenstückes herauskürzen; ferner dividieren wir durch M und setzen zur Abkürzung $c^2 = T/M$. Damit folgt die Differentialgleichung

$$D_{tt} = c^2 D_{xx}.$$

Sie heißt auch *Wellengleichung*. Die Kurve $D = f(t, x)$ beschreibt die Form der schwingenden Saite als Funktion der Zeit t und des Abstands x von einem (eingespannten) Ende. Wenn die Saite nicht zu weit aus der Horizontalen ausgelenkt wird, dann muß $D = f(t, x)$ eine Lösung dieser Wellengleichung sein. Normalerweise hat die Saite überall die gleiche Dicke und besteht aus einem homogenen Material. In diesem Fall ist c eine Konstante, die mit der Zugkraft T und der Masse M pro Längeneinheit zusammenhängt über $c = \sqrt{T/M}$.

Ist das betrachtete physikalische System nicht eindimensional wie eine Saite, sondern zweidimensional wie das Fell (die Membran) einer Trommel oder einer Pauke, so ist die Auslenkung eine Funktion der beiden Variablen x und y sowie der Zeit t. Dann muß die partielle Ableitung D_{xx} durch die Summe der partiellen Ableitungen D_{xx} und D_{yy} ersetzt werden. Bei einem dreidimensionalen System — beispielsweise bei Schallwellen in Luft oder Wasser oder bei elektromagnetischen Wellen wie Licht oder Radiowellen — ist statt D_{xx} die Summe $D_{xx} + D_{yy} + D_{zz}$ anzusetzen, da die Auslenkung außer von der Zeit t auch von den drei Koordinaten x, y und z abhängt. Bleiben wir zunächst noch bei der eindimensionalen Saite.

Die Überlegungen beim Herleiten der Wellengleichung der schwingenden Saite illustrieren ein charakteristisches Merkmal der Methodik in der theoretischen Physik: Wir haben nicht versucht, die physikalische Situation unter Berücksichtigung aller Details ganz genau zu beschreiben. Statt dessen setzten wir einige vereinfachende Annahmen an, um das Wesentliche der Bewegung zu erfassen. Wir hatten angenommen, daß die Saite nur wenig aus der Gleichgewichtslage ausgelenkt wird und daß ihre Steifigkeit sowie die auf sie wirkende Gravitationskraft vernachlässigbar sind. Ohne diese Annahmen beschriebe die Gleichung zwar die Realität exakter, wäre jedoch wesentlich komplizierter und nur schwer lösbar. Die Physiker bevorzugen stets einfache Beschreibungen der Phänomene und vermeiden vollständigere Ansätze, selbst wenn sie später Korrekturen anbringen müssen, um bestimmte Einflüsse zu berücksichtigen. Der Vergleich der theoretischen Werte mit experimentellen Daten ist oft erst nach solchen Modifikationen der Gleichungen möglich. Dieser Schritt der Vereinfachung und Abstraktion ist ein gutes Beispiel dafür, wie das Vorstellungsvermögen des Wissenschaftlers ins Spiel kommt. Er ist ebenso einer der Gründe dafür, daß die mathematische Beschreibung natürlicher Vorgänge nicht einfach darin besteht, «aufzuschreiben, was geschieht».

Kehren wir zurück zu unserer an beiden Enden fest eingespannten Saite mit der Gesamtlänge l. Die Kurve $D = f(t, x)$, die ihre Auslenkung aus der Horizontalen angibt, muß die Wellengleichung erfüllen, eine partielle Differentialgleichung zweiter Ordnung. Zum Lösen müssen wir die Rand- oder die Anfangsbedingungen (oder beide) berücksichtigen. Wir entnehmen sie der Tatsache, daß die Saite an den Enden befestigt ist. Daher muß bei $x = 0$ und bei $x = l$ die Auslenkung zu jedem Zeitpunkt null sein, und die Randbedingungen lauten $f(t, 0) = f(t, l) = 0$.

Bevor wir die mathematische Lösung dieses Problems besprechen, befassen wir uns mit zwei Funktionen, die auch in vielen anderen Bereichen der Physik eine Rolle spielen.

Die Funktionen Sinus und Cosinus und ihre Ableitungen

Abbildung 23 zeigt einen Kreis mit dem Radius 1 um den Koordinatenursprung. Wir betrachten die x- und die y-Koordinate des Punktes $P(x, y)$ als Funktion des Winkels a, den wir nicht in Grad messen, sondern im Bogenmaß, also in der Einheit rad (Radiant). Das bedeutet, a wird angegeben durch den Abstand des Punktes P vom Punkt Q entlang des Kreisumfangs. Der Umfang des Kreises entspricht 2π (da sein Radius 1 ist). 360° entsprechen 2π rad, so daß ein Winkel von 90° als $(\pi/2)$ rad angegeben werden kann und so weiter. Die Abhängigkeit der Größe x von a ist definiert durch eine Funktion, die Cosinus (Formelzeichen cos) genannt wird. Wir schreiben also: $x = \cos a$. Analog dazu gibt die Funktion Sinus (notiert als sin) die Abhängigkeit der Größe y von a an: $y = \sin a$. Wie aus der Abbildung hervorgeht, nimmt bei steigendem Winkel a die Größe y zu und die Größe x ab; beide haben den Maximalwert 1. Bei $a = (\pi/2)$ rad, also bei $a = 90°$, ist $\sin a = 1$ und $\cos a = 0$. Beim Winkel $a = 0°$ ist $\sin a = 0$ und $\cos a = 1$. Wenn a über $(\pi/2)$ rad bzw. 90° hinaus ansteigt, nimmt $\cos a$ auf -1 ab, und $\sin a$ sinkt auf 0. Diese Gegebenheiten sind in Abbildung 24 dargestellt. Wie Abbildung 23 verdeutlicht, wiederholt sich der Vorgang nach jedem ganzen Umlauf um den Kreis, so daß die Funktionen sin und cos die Periode 2π haben.

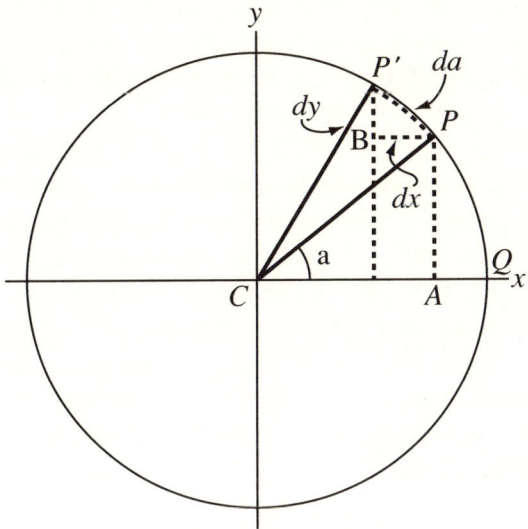

Abb. 23 Die Definition der Funktionen Sinus und Cosinus mit ihren Ableitungen; Erläuterung im Text.

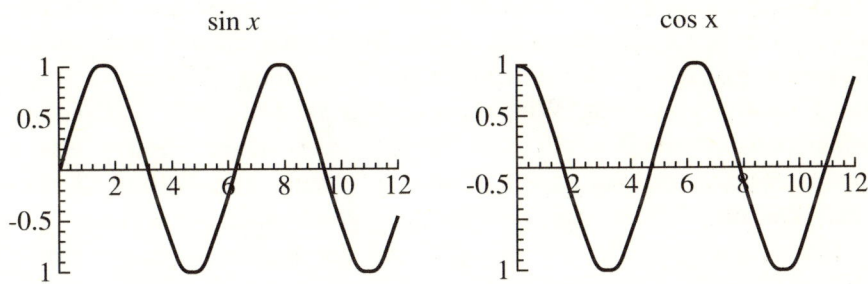

Abb. 24 Die Graphen der Funktionen Sinus und Cosinus.

Der Abbildung 23 können wir noch mehr entnehmen. Die Größe da ist die infinitesimale Zunahme des Winkels a, und dx bzw. dy sind die zugehörigen kleinen Differenzen der Koordinaten x und y, wenn wir vom Punkt P zum Punkt P' übergehen. Aus den Grundregeln der Geometrie folgt, daß bei der infinitesimalen Winkelzunahme um da die gerade Linie von P zu P' die Tangente an den Kreis bildet. Daher steht PP' senkrecht auf dem Radius CP, so daß die Dreiecke CAP und PBP' einander ähnlich sind. Deswegen sind die Verhältnisse entsprechender Dreieckseiten gleich. Bei kleinem da gilt außerdem da = PP'. Somit können wir, weil dx negativ ist, für das Verhältnis der Dreieckseiten schreiben: $dx/da = -y/1$ sowie $dy/da = x/1$. In Verbindung mit den Betrachtungen in Kapitel 2 wissen wir nun, daß für kleines da die Verhältnisse dx/da und dy/da die Ableitungen der Funktionen $x = \cos a$ und $y = \sin a$ sind. Also sind die Ableitungen nach a gegeben durch $(\cos a)_a = -\sin a$ und $(\sin a)_a = -\cos a$. Einsetzen der einen Beziehung in die andere ergibt die zweiten Ableitungen $(\cos a)_{aa} = -\cos a$ und $(\sin a)_{aa} = -\sin a$. Anders ausgedrückt: Beide Funktionen sind Lösungen der Gleichung $f'' = -f$, die eine Differentialgleichung zweiter Ordnung ist. Für eine einfache Erweiterung dieses Resultats nutzen wir folgende Tatsache aus: Wenn die unabhängige Variable a mit der Konstanten k multipliziert wird, so ist $f'(ka) = [f(ka_2) - f(ka_1)] / (ka_2 - ka_1) = (1/k) [f(ka_2) - f(ka_1)] / (a_2 - a_1) = (1/k) f_a(ka)$ und daher auch $f_a(ka) = k f'(ka)$. Schließlich folgt $[\cos(ka)]_a = -k \sin(ka)$ und $[\sin(ka)]_a = k \cos(ka)$. Demnach sind die Funktionen $f = \cos(ka)$ und $f = \sin(ka)$ Lösungen der Differentialgleichung $f_{aa} = -k^2 f$, wenn a die unabhängige Variable ist.

Lösen der Wellengleichung für die schwingende Saite

Für unsere Wellengleichung $D_{tt} = c^2 D_{xx}$ gilt für jeden Zeitpunkt t die Randbedingung $D(t, 0) = D(t, l) = 0$, weil die Saite mit der Länge l an beiden Enden eingespannt ist. Diese Bedingung ist mit einer Funktion leicht zu erfüllen, die gleich dem Produkt aus einer Funktion von t und einer Funktion von x ist. Wir schreiben sie als $D(t, x) = F(t) f(x)$ und wählen dabei f so, daß gilt $f(0) = f(l) = 0$. Dabei muß f eine Lösung der Differentialgleichung $f'' = -k^2 f$ sein, und F muß die Differentialgleichung $F_{tt} = -(kc)^2 F$ erfüllen. Wir kennen schon eine Lösung der Differentialgleichung $f'' = -k^2 f$ mit der Randbedingung $f(0) = 0$, und zwar die Funktion $f(x) = \sin(kx)$. Um nun die andere Randbedingung $f(l) = 0$ zu erfüllen, müssen wir nur k so wählen, daß gilt $\sin(kl) = 0$. Wie wissen, daß $\sin \pi = 0$ ist, diese Funktion die Periode 2π hat und daß ihre Nullstellen im Abstand π aufeinanderfolgen. Daher ist $\sin \pi = \sin(2\pi) = \sin(3\pi) = \ldots = 0$. Wenn wir k nun die Werte $\pi/l, 2\pi/l, 3\pi/l, \ldots$ annehmen lassen, sind beide Randbedingungen erfüllt, und unsere Aufgabe ist gelöst. Die Funktion F, die die Gleichung $F_{tt} = -(kc)^2 F$ erfüllen muß, können wir so wählen, daß gilt $F(t) = \sin(kct)$ oder $F(t) = \cos(kct)$. Wir können auch irgendeine Kombination dieser beiden Funktionen ansetzen, die die Anfangsbedingung erfüllt. Fordern wir beispielsweise, daß sich die Saite zu Beginn (bei $t = 0$) in ihrer gestreckten Gleichgewichtslage ($D = 0$ für alle x) befindet, dann setzen wir $F(t) = \sin(kct)$.

Unsere wichtigste Schlußfolgerung ist jetzt: Die Lösung der Wellengleichung mit gegebenen Anfangs- und Randbedingungen lautet $D(t, x) = \sin(k\,c\,t) \sin(k\,x)$. Dabei muß k so gewählt werden, daß es einen der Werte π/l, $2\pi/l$, $3\pi/l, \ldots$ annimmt. Weil $\sin(k\,c\,t)$ eine Funktion der Zeit t mit der Periode $2\pi/kc$ ist, ist diese Lösung eine periodische Funktion der Zeit t, und ihre Frequenz hängt vom gewählten Wert von k ab. Die Frequenz ist definiert als die Anzahl der Umläufe bzw. Schwingungen pro Zeiteinheit und ist damit gleich dem Reziprokwert der Schwingungsperiode. Wenn k den hier kleinstmöglichen Wert π/l annimmt, hat die Frequenz den Minimalwert $c/2l$.

Unser Ergebnis hat eine wichtige Eigenschaft. Wir wissen, daß zum Lösen der Differentialgleichung zweiter Ordnung $f'' = -k^2 f$ zwei Randbedingungen gegeben sein müssen. In Kapitel 2 hatten wir diese als $f(0)$ und als $f'(0)$ angenommen. Im vorliegenden Fall haben wir jedoch die «homogenen» Randbedingungen $f(0) = f(l) = 0$ angesetzt, und es ergab sich: Außer wenn k^2 ganz bestimmte Werte hat, die man das *Spektrum* nennt, lautet die einzige Lösung $f(x) = 0$ (die sogenannte Triviallösung). Dies ist ein Beispiel eines viel allgemeineren mathematischen Sachverhalts: Gewisse Differentialgleichungen mit «homogenen» Randbedingungen haben nur dann «nicht-triviale» Lösungen (also Lösungen, die nicht überall null sind), wenn bestimmte Werte ihrer Parameter vorliegen. Solche Differentialgleichungen findet man auch in zahlreichen anderen Bereichen der Physik, etwa bei der Ausbreitung von Mikrowellen in einem Wellenleiter oder bei Hohlleitern, vor allem aber in der Quantenmechanik, auf die wir noch zurückkommen werden.

Wir begannen mit der Annahme, daß die betrachtete Materie (die schwingende Saite) ein Kontinuum darstellt und daß die Zeit gleichmäßig fortschreitet, und stellten die entsprechende Differentialgleichung für die Bewegung auf. Der Tatsache, daß dennoch *diskrete* (d.h. nur ganz bestimmte) Werte für die möglichen Bewegungen resultieren, können wir eine philosophische Bedeutung zuschreiben. Das Auftreten eines *Spektrums* erlaubter Werte hat eine tiefgreifende Auswirkung auf viele physikalische Prozesse. Ein Beispiel dafür ist — wie gesagt — die schwingenden Saite, die wir nun weiter betrachten wollen.

Die beiden einfachsten Schwingungen einer an beiden Enden eingespannten Saite sind in Abbildung 25 dargestellt. Bei der sogenannten Grundschwingung paßt genau eine halbe Welle in die Saitenlänge l, und die Wellenlänge beträgt $2l$. Bei der Schwingung mit der nächst höheren Frequenz, der ersten Oberschwingung, ist die Wellenlänge gleich der Saitenlänge l. Wir bezeichnen die Wellenlänge, wie üblich, mit λ; sie hängt mit der schon besprochenen Größe k zusammen über $\lambda = 2\pi/k$. Daher kann bei den möglichen Schwingungen der Saite die Wellenlänge jeweils einen der Werte

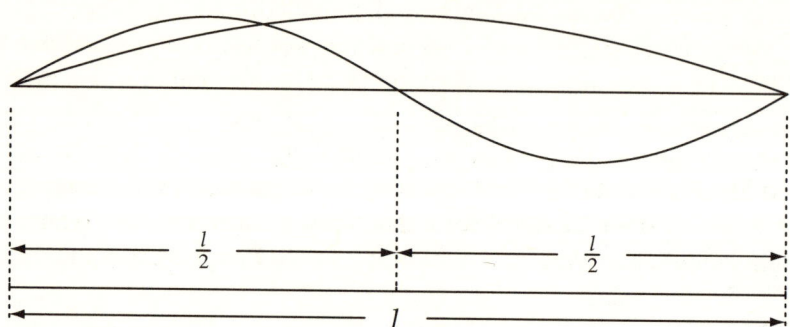

Abb. 25 Momentaufnahmen der Grundschwingung einer an beiden Enden eingespannten Saite
und ihrer ersten Oberschwingung.

$2l, l, \frac{2}{3}l, \frac{1}{2}l, \frac{2}{5}l, \ldots$ annehmen. Entsprechend hängt die Schwingungsfrequenz ν mit k zusammen über $\nu = kc/2\pi$; daher ist $\nu = c/\lambda$, und die
möglichen Frequenzen sind $c/2l, c/l, 3c/2l, 2c/l, \ldots$

Töne und Klänge

Die Schwingung einer Saite wird direkt auf die umgebende Luft übertragen
und ruft dort eine Schwingung bzw. eine Welle mit derselben Frequenz hervor. Das hören wir als einen *Ton* mit einer bestimmten *Tonhöhe*. Betrachten
wir eine Saite der Länge l und der Masse M pro Längeneinheit; sie sei der
Zugkraft T ausgesetzt. Ihre Grundschwingung erzeugt ihren tiefstmöglichen
Ton mit der Frequenz $c/2l$, wobei $c = \sqrt{T/M}$ ist. Je straffer demnach die
Saite gespannt ist (je höher die Zugkraft ist), desto höher ist der Grundton.
Und je größer die Masse der Saite pro Längeneinheit ist, desto tiefer ist
ihr Grundton. Ein und dieselbe beidseitig eingespannte Saite kann, wie aus
Abbildung 25 hervorgeht, außer dem Grundton u.a. einen Ton mit doppel-
ter Frequenz erzeugen. Dieser erste Oberton liegt um eine *Oktave* höher,
das heißt, sein Frequenzverhältnis zum Grundton beträgt 2:1. Die nächsten
Töne sind die Quinte mit dem Frequenzverhältnis 3:2 zum ersten Oberton
und die Quarte mit dem Verhältnis 4:3 zum vorangehenden Ton und so
weiter. Diese Frequenzverhältnisse, auf denen die harmonischen Töne beruhen, untersuchte im 17. Jahrhundert der Paulanermönch Marin Mersenne,
ein Freund von Descartes und Fermat; er korrespondierte mit vielen Mathematikern seiner Zeit. Die Lösung der Wellengleichung — in Verbindung
mit homogenen Randbedingungen — erklärt also vollständig das Entstehen
eines Tones und seiner harmonischen Obertöne durch die Schwingungen
einer beidseitig eingespannten Saite.

Wir erkennen nun die Leistungsfähigkeit mathematischer Konzepte: Die weitergeführte Abstraktion der Tatsache, daß eine Saite nur mit bestimmten, für sie charakteristischen Frequenzen schwingt, kehrt in den String-Theorien wieder, die in der derzeit diskutierten Quantenfeldheorie eine Rolle spielen. Hier sieht man die fundamentalen Teilchen in der Natur als dünne «Saiten» (engl. *strings*) in einem höherdimensionalen Raum an (siehe Kapitel 4). Nach den Regeln der Quantentheorie hängt das Spektrum dieser Schwingungen mit den Massen der Elementarteilchen zusammen. An diesem Punkt jedoch gibt es keinen experimentellen Beweis, der diese phantasievollen Vorstellungen untermauern könnte. Kehren wir daher zurück zu dem alltäglicheren, gleichwohl wichtigen Gebiet der harmonischen Töne.

Eine Saite eines Musikinstruments erzeugt nicht nur einen einzelnen, reinen Ton, sondern gleichzeitig auch einige Obertöne. Deren Frequenzen haben wir eben ermittelt. Weiterhin kann die Saite — innerhalb gewisser Grenzen — die verschiedenen Töne in beliebiger Stärke hervorbringen. Das liegt daran, daß die Wellengleichung sowohl *homogen* als auch *linear* ist. Hier bedeutet «homogen»: Wenn $D(t, x)$ eine Lösung ist, dann ist es auch $aD(t, x)$, wobei die Zahl a eine willkürlich wählbare Konstante ist. Das folgt aus der Definition der Ableitung, denn es ist $(aD)_{xx} = aD_{xx}$. Entsprechendes gilt für die zeitlichen Ableitungen. Und «linear» ist eine Gleichung, wenn sie die abhänge Variable (hier D) höchstens in der ersten Potenz enthält. So ist $4 + 7D$ eine lineare Funktion von D, während das für $6 + 9D + D^2$ nicht zutrifft. Aus der Homogenität und der Linearität ergibt sich: Wenn jede der Wellen $f(t, x)$ und $g(t, x)$ für sich die Differentialgleichung erfüllt, so ist das auch bei ihrer Summe $f + g$ der Fall. Man spricht dabei von einer *Überlagerung* oder Superposition der beiden Wellen. Wir können auch sagen, die Wellen gehorchen dem Überlagerungsprinzip oder *Unabhängigkeitsprinzip*. Weil auch die Randbedingungen homogen und linear sind, kann die Saite den Grundton und alle seine Obertöne gleichzeitig erzeugen. Deren Stärken hängen natürlich von der Anfangsbedingung ab, also davon, wie die Saite gezupft oder angeschlagen wird.

Wie die meisten mathematischen Ideen kann auch das Unabhängigkeitsprinzip verallgemeinert werden, das bei der Lösung linearer Gleichungen anwendbar ist. Schauen wir uns die Überlagerung einer *unbeschränkten Anzahl* von verschiedenen Lösungen der Wellengleichung an, die unterschiedliche Werte von k und willkürliche Stärken haben. Dabei sei die Funktion $F(t)$ als $\cos(kct)$ gewählt, und die Auslenkung ist

$$D(t, x) = a \cos\left(\frac{c\pi t}{l}\right) \sin\left(\frac{\pi x}{l}\right) + b \cos\left(\frac{2c\pi t}{l}\right) \sin\left(\frac{2\pi x}{l}\right) + \cdots.$$

Zu Beginn, bei $t = 0$, ist wegen $\cos 0 = 1$ die Auslenkung gegeben durch

$$D(0, x) = a \sin \left(\frac{\pi x}{l} \right) + b \sin \left(\frac{2 \pi x}{l} \right) + \cdots.$$

Jean Baptiste Fourier hatte trotz seines intensiven Engagements in der Französischen Revolution noch Zeit und Kraft für bahnbrechende mathematische Arbeiten. Er stellte fest, daß mit einer solchen Summe, heute *Fourier-Reihe* genannt, durch geeignete Wahl der Koeffizienten $a, b, \ldots$ jede beliebige Funktion gebildet werden kann. Außerdem sind bei gegebener Funktion $D(0, x)$ die Koeffizienten $a, b, \ldots$ (die sogenannten *Amplituden*) der verschiedenen Sinuswellen leicht zu berechnen. Daher wird die Stärke, mit der ein Oberton angeregt wird, vollständig durch die anfängliche Auslenkung der Saite bestimmt, also dadurch, aus welcher Position sie beim Zupfen losgelassen wird. Wird sie dagegen angeschlagen, so befindet sie sich zu Beginn in der Gleichgewichtslage $D(0, x) = 0$, und gegeben ist die Anfangsgeschwindigkeit jedes Punktes auf ihr.

Fortschreitende Wellen

Außer den stehenden Wellen gibt es bei den Saiten oder Seilen auch andere Schwingungsformen. Nehmen Sie an, Sie binden ein Ende eines langes Seiles an einem Baum fest und halten das andere Ende in der Hand. Wenn Sie dieses Ende auf und ab bewegen, sehen sie eine Welle, die am Seil entlangwandert. Wir sprechen hier von einer *fortschreitenden Welle*. Die Lösungen der zugehörigen Wellengleichung sind leicht zu ermitteln. Wir betrachten eine Funktion $f(s)$ einer unabhängigen Variablen s, für die gilt $s = x - c\,t$. Dann können wir zeigen, daß die Funktion $D(t, x) = f(x - c\,t)$ die Wellengleichung erfüllt. Wenn bei zunehmendem t die Größe x so ansteigt, daß $s = x - c\,t$ konstant bleibt, ist auch D konstant. Anders ausgedrückt: mit fortschreitender Zeit verschiebt sich der Graph der Funktion D nach rechts, und die durch $f(s)$ beschriebene «Welle» pflanzt sich nach rechts fort, ohne ihre Form zu ändern. Damit s konstant bleibt, muß sich x mit der Geschwindigkeit c erhöhen. Also ist c die Geschwindigkeit, mit der die Welle fortschreitet. Weil die Wellengleichung homogen ist, ist die Amplitude der Welle weitgehend beliebig wählbar.

Rührt die Welle beispielsweise von einer eingespannten Saite her, die mit der Frequenz ν harmonisch schwingt, dann hat sie als Funktion der Zeit die Form einer Sinusfunktion. In diesem Fall ist die räumliche Form der Welle ebenfalls die einer Sinusfunktion, etwa $\sin[2\pi\nu\,(x - c\,t)/c]$. Die hier auftretende Konstante c muß aber nicht denselben Wert haben wie die Konstante c in der Wellengleichung der schwingenden Saite, die diese Welle hervorruft. Außerdem könnten wir $s = x - ct$ überall durch $s = x + ct$ ersetzen. Dann würde sich die Welle nach links anstatt nach rechts fortpflanzen, denn mit zunehmendem t müßte x in dem Maße abnehmen, daß $s = x + ct$ stets konstant bleibt.

Die Lösungen der Wellengleichung, die fortschreitenden Wellen entsprechen, weisen insgesamt folgende bemerkenswerte Eigenschaften auf: Die Wellen haben beliebige Amplituden (und Formen), und ihre Geschwindigkeit ist durch den Wert der Konstanten c in der Wellengleichung gegeben. Weil diese homogen und linear ist, gilt für die Lösungen außerdem das Unabhängigkeitsprinzip: Die Summe zweier beliebig herausgegriffener Wellen ist gleichfalls eine Lösung der Wellengleichung. Wegen dieses Prinzips von Fourier können wir jede Lösung der Wellengleichung als Summe von sinusförmigen Wellen darstellen, die jeweils eine konstante Frequenz ν und eine konstante Wellenlänge $\lambda = c/\nu$ haben.

Interferenz

Auf der Überlagerung fortschreitender Wellen beruhen einige besondere Effekte. Was geschieht bei der Überlagerung zweier Wellen, die sich in gleicher Richtung ausbreiten und dieselbe Zeitabhängigkeit $\cos(\nu t)$ aufweisen? Sie müssen zwar die gleiche Wellenlänge $\lambda = c/\nu$ haben, aber ihre räumliche Abhängigkeit vom Abstand x kann um eine sogenannte *Phase* oder Phasendifferenz abweichen. Das bedeutet, die eine Welle hat die Form $a \sin(kx)$, und die andere wird durch $b \sin(kx - p)$ beschrieben. Darin ist p eine Konstante. Die Maxima der zweiten Welle haben von denen der ersten Welle den Abstand p/k. Die Summe beider Wellen ist eine Welle mit derselben Wellenlänge $\lambda = 2\pi/k$, wobei aber *Interferenz* auftritt. Die Abbildungen 26 und 27 zeigen zwei Spezialfälle. In Abbildung 26 beträgt die Phasendifferenz p null, und die Amplitude der resultierenden Welle ist gleich der Summe der einzelnen Amplituden: $a \sin(kx) + b \sin(kx) = (a + b) \sin(kx)$; wir sprechen dann von *konstruktiver Interferenz*. Dagegen ist in Abbildung 27 die Phasendifferenz $p = \pi$; dies entspricht einer halben Wellenlänge. Aus der Zeichnung geht hervor, daß die Summe der beiden Wellen eine neue Welle bildet, deren Amplitude gleich der Differenz der beiden ursprünglichen Amplituden ist: $a \sin(kx) + b \sin(kx + \pi) = (a - b) \sin(kx)$. Dieser Fall heiß *destruktive Interferenz*. Sind die zwei Amplituden a und b gleich, dann ergibt die Überlagerung beider Wellen hier einfach null. Das heißt, die resultierende Welle verschwindet vollständig, denn die beiden Wellen löschen einander aus. Bei einer Phasendifferenz zwischen 0 und π führt die Überlagerung zu einer Welle, die zwischen den beiden dargestellten Extremen liegt.

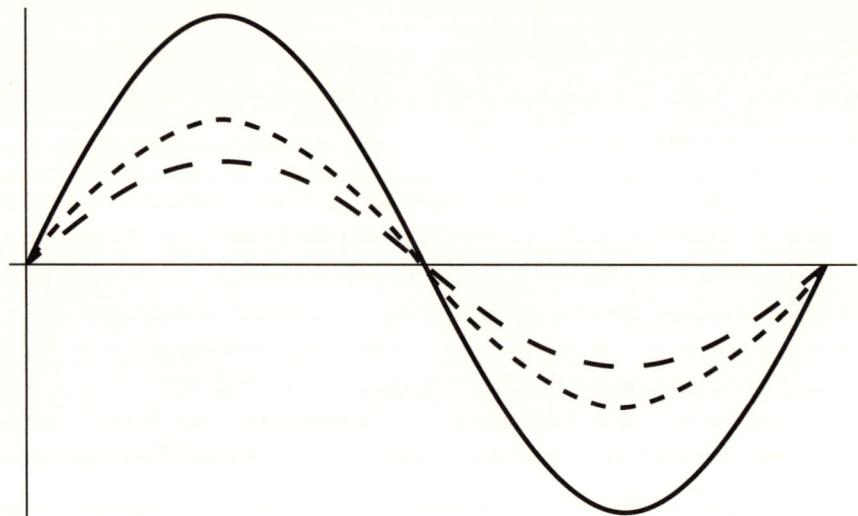

Abb. 26 Konstruktive Interferenz. Die durchgezogene Kurve zeigt die Summe der beiden gestrichelt gezeichneten Wellen.

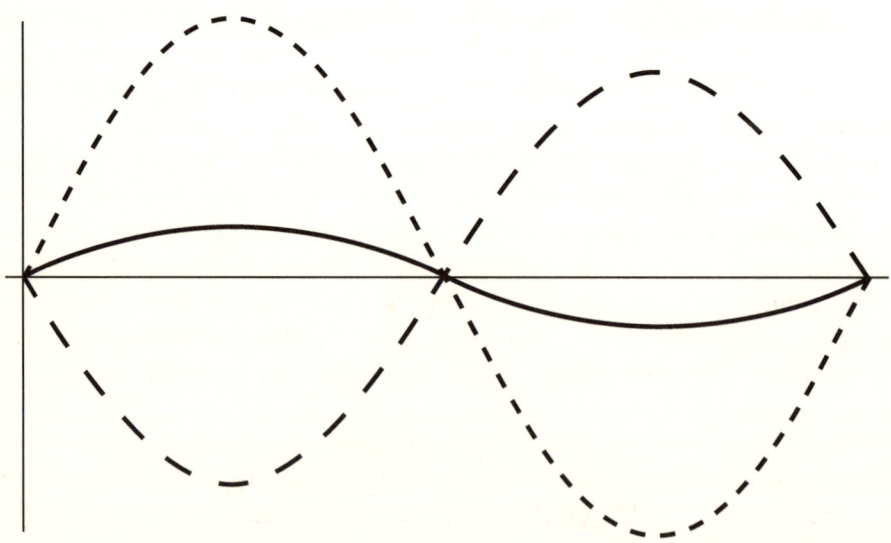

Abb. 27 Destruktive Interferenz. Auch hier stellt die durchgezogene Kurve die Summe der beiden anderen Wellen dar.

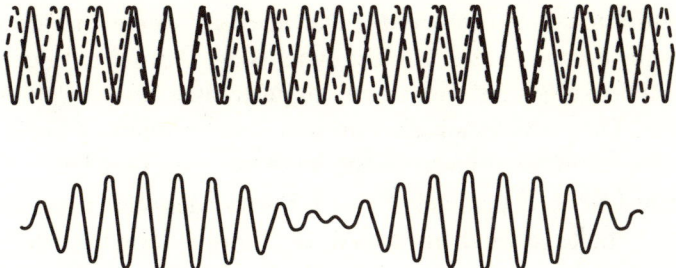

Abb. 28 Oben sind zwei Sinuswellen mit gleicher Amplitude und etwas unterschiedlichen Frequenzen dargestellt. Die untere Kurve zeigt die Schwebung, die aus der Überlagerung resultiert.

Es gibt noch eine andere Interferenzerscheinung. Wir betrachten die Zeitabhängigkeit zweier Wellen, die am gleichen Ort eintreffen und deren Frequenzen sich nur wenig voneinander unterscheiden. Wir können ihre Überlagerung beschreiben durch $a \sin(2\pi\nu_1 t) + b \sin(2\pi\nu_2 t)$. Diese Summe ist für eine kleine Differenz zwischen ν_1 und ν_2 in Abbildung 28 dargestellt. Dabei haben wir der Einfachheit halber die Amplituden gleichgesetzt: $a = b = 1$. Die resultierende periodische Änderung der Amplitude nennt man *Schwebung*. Sie ist beispielsweise bei zwei Stimmgabeln gut zu hören, deren Tonhöhen sich nur wenig unterscheiden.

Die Interferenz ist charakteristisch für Wellen und hat wichtige Anwendungen. Bevor wir uns damit beschäftigen, müssen wir uns klarmachen, daß die Wellengleichung in vielen verschiedenartigen physikalischen Zusammenhängen eine Rolle spielt und daß ihre Lösungen in zwei oder drei Dimensionen weitgehend analog zu denen in einer Dimension sind.

Schwingende Membranen

Die zweidimensionale Entsprechung zu einer schwingenden Saite ist eine schwingende Membran, etwa das Fell einer Pauke. Die Auslenkung der Membran aus der Gleichgewichtslage wird durch die Lösung der zweidimensionalen Wellengleichung beschrieben. Die Randbedingung besteht darin, daß die Auslenkung am Rand stets null ist, weil das Fell hier fest eingespannt ist. Die Form des Randes (bei der Pauke ein Kreis) muß natürlich gegeben sein. Dem französischen Mathematiker Siméon Denis Poisson gelang es 1829 als erstem, solche Schwingungen zu beschreiben. 33 Jahre später stellte der deutsche Mathematiker Alfred Clebsch die zugehörige allgemeine Theorie auf. Für die Schwingungen einer Membran ergibt sich (wie bei der Saite) ein Spektrum erlaubter Frequenzen. Jedoch sind die räumlichen Konfigurationen komplizierter. Die *Knoten*, an denen sich die Membranoberfläche immer in der Gleichgewichtslage befindet, bilden Figuren, die man mit Hilfe eines auf die Membran gestreuten feinen Pulvers sichtbar machen kann. Dieses sammelt sich an den Knotenlinien (wo die Membran ja ruht) und wird an allen anderen Stellen emporgeschleudert.

Der deutsche Rechtsanwalt Ernst Chladni, der sich in seiner Freizeit mit Akustik befaßte, erfand im späten 18. Jahrhundert diese Methode, die Knotenlinien sichtbar zu machen. Er spannte eine Metallplatte in der Mitte ein, verteilte etwas feinen Sand auf ihr und versetzte sie mit Hilfe eines Geigenbogens in Schwingung. Es ergab sich eine große Vielfalt schöner netzartiger Muster. Napoleon war von ihnen so begeistert, daß er einen hohen Preis für denjenigen aussetzte, der sie als erster mathematisch beschreiben konnte. Abbildung 29 zeigt einige Beispiele. Im Jahre 1816, als Napoleon schon in der Verbannung war, wurde der Preis Sophie Germain zuerkannt, der es als Frau nicht erlaubt gewesen war, an einer Universität zu studieren. Doch erforderte es noch vieler Anstrengungen während etlicher Jahre, bis eine wirklich zutreffende Theorie erarbeitet war. Die Form der Knotenlinien hängt selbstverständlich auch von der Gestalt der schwingenden Membran ab. Die Knotenmuster sind um so komplizierter, je geringer die Symmetrie der Membran ist.

Wie bei einer schwingenden Saite übertragen sich die Schwingungen einer Platte oder eines Paukenfells auf die umgebende Luft und erzeugen dadurch Schallwellen. Die Höhe der Töne, die wir dabei hören, entspricht den Frequenzen, mit denen die Membran schwingt. Das erlaubte Spektrum wird nicht nur von Größe, Masse und Härte der Membran bestimmt, sondern auch von ihrer Form. Ist diese komplizierter als ein Kreis oder ein Rechteck, kann das Spektrum nicht mehr durch eine einfache Formel beschrieben werden wie bei der überall gleich dicken Saite, sondern muß numerisch berechnet werden. Die Beziehung zwischen der Form der Membranbegrenzung und dem Spektrum der Membran gibt Anlaß zur interessanten «umgekehrten Frage», die von den Mathematikern geklärt wurde: Mark Kac beschrieb beides — Problem und Lösung — in seinem Artikel «Kann man die Form einer Pauke hören?»[29]

Schwingungen in drei Dimensionen: Schall und Licht

In drei Dimensionen umfaßt die Wellengleichung viele verschiedenartige Phänomene. Da sind zum einen die Schallwellen, die Lord Rayleigh 1877 in seiner Abhandlung «Die Theorie des Schalls» gründlich untersuchte. In Gasen und in Flüssigkeiten werden die Schallwellen durch *longitudinale*

Abb. 29 Einige Chladni-Figuren. Die weißen Linien sind die Schwingungsknotenlinien einer Metallplatte.

Schwingungen der Moleküle um deren Gleichgewichtslagen hervorgerufen. Isaac Newton war der erste, der sie als solche identifizierte. Wie eine Reihe von Verkehrsstörungen auf einer Autobahn Wellen mit höheren und geringeren Fahrzeugdichten erzeugt, so resultieren aus den Longitudinalschwingungen der Moleküle Wellen von Kompressionen und Dekompressionen. Diese Wellen nehmen wir als Schall wahr. Je höher die Frequenz der Schwingungen ist, desto höher ist der Ton. Zu Newtons Enttäuschung widersprach seine Formel für die Schallgeschwindigkeit in Luft durchweg den Messungen. Diesen Mangel versuchte er in der zweiten Auflage seines Werkes *Principia* durch kaum überzeugende Modifikationen zu beheben. Heute wissen wir, daß er von einer unberechtigten Annahme ausging, die erst rund 100 Jahre später von Laplace korrigiert wurde.

Der Frequenzbereich, den das menschliche Ohr wahrnehmen kann, erstreckt sich etwa von 20 Hz bis 20 000 Hz, also über rund zehn Oktaven. Hier ist «Hz» das Formelzeichen für *Hertz*, die Einheit der Frequenz (Schwingungen pro Sekunde), benannt nach dem deutschen Physiker Heinrich Hertz. Wenn die Abweichungen des Luftdrucks von seinem Gleichgewichtswert in der Umgebung relativ klein sind, dann erfüllen die Auslenkungen die Wellengleichung, wie bei schwachen Schwingungen einer Saite. Folglich hängt die Ausbreitungsgeschwindigkeit einer Schallwelle nicht von ihrer Frequenz ab. Andernfalls würden unterschiedlich hohe Töne eines Instruments unser Ohr nach verschieden langen Zeitspannen erreichen, so daß eine sinnvolle Musikwiedergabe unmöglich wäre. Weiterhin wird die Ausbreitungsgeschwindigkeit nicht dadurch beeinflußt, wie schnell sich die Schallquelle bewegt. Die Schallgeschwindigkeit, erstmals 1738 von Mitgliedern der französischen Akademie der Wissenschaften relativ genau gemessen, beträgt in trockener Luft etwa 332 m/s. In Festkörpern und Flüssigkeiten ist sie deutlich höher. Im Vakuum kann es keinen Schall geben, weil Kompressionswellen ein Medium erfordern, dessen Dichte sich ändern kann.

Die destruktive oder konstruktive Interferenz in Konzertsälen haben viele von uns schon bemerkt. «Tote Ecken» und manche Verzerrungen oder Richtungsverfälschungen rühren von Interferenzen her, weil manche Wellen direkt das Ohr erreichen und andere an verschieden weit vom Hörer entfernten Teilen von Decke oder Wänden reflektiert werden und daher unterschiedlich lange Wege bis zum Ohr zurücklegen. Hier treffen sie daher mit verschiedenen Phasen ein. Nehmen wir an, eine von einem Instrument ausgehende Welle erreiche direkt das im Abstand D befindliche Ohr. Ihre Auslenkung sei proportional zu $\sin(2\pi\nu t)\sin(kD)$. Eine zweite Welle werde reflektiert und lege die Strecke D' zurück. Ihre Auslenkung ist proportional zu $\sin(2\pi\nu t)\sin(kD') = \sin(2\pi\nu t)\sin(kD + p)$. Dabei ist die Phasendifferenz gegeben durch $p = k(D' - D) = 2\pi(D' - D)/\lambda$. Die Überlagerung beider Wellen führt zur Interferenz. Beachten Sie, daß die

Phasendifferenz p von der Wellenlänge λ abhängt. Deswegen erfahren verschieden hohe Töne unterschiedliche Interferenzen, und der resultierende, wahrgenommene Klang ist verzerrt. Das irritierende Phänomen der Schwebung tritt, wie schon gezeigt, beispielsweise bei zwei Instrumenten auf, die nicht exakt gleich gestimmt sind und gleichzeitig gespielt werden.

Gehen wir nun zum Elektromagnetismus über. Die Maxwell-Gleichungen für das elektromagnetische Feld, einige Jahre vor Lord Rayleighs oben erwähnter Abhandlung aufgestellt, haben ebenfalls Lösungen, die zugleich die Wellengleichung erfüllen. Hier stehen die beiden oszillierenden Felder — das magnetische und das elektrische — senkrecht aufeinander und auch senkrecht auf der Fortpflanzungsrichtung der Welle. Die elektromagnetischen Wellen (darunter Licht, Radiowellen, Mikrowellen und Röntgenstrahlung) sind daher *Transversalwellen*. Die genannten Wellen unterscheiden sich allein in ihren Wellenlängen. Beim sichtbaren Licht liegt sie etwa zwischen $4 \cdot 10^{-7}$ m und $7 \cdot 10^{-7}$ m. Wir nehmen Licht unterschiedlicher Wellenlängen mit verschiedenen Farben wahr: Violettes Licht hat die kleinste und rotes die größte Wellenlänge. Die Wellenlänge der Röntgenstrahlung ist sehr viel kleiner, und die der Wärmestrahlung viel größer als die des Lichts. Noch länger sind die Radio- und die Fernsehwellen. Radiowellen können kilometerlang sein, während Röntgenwellen bis hinab zu 10^{-11} m reichen. Oszilliert das elektrische Feld eines Lichtstrahls nur in einer Ebene, so nennt man diesen *eben polarisiert*. Die Polarisationsfilter, wie sie bei Sonnenbrillen oder Kameraobjektiven eingesetzt werden, nutzen den Effekt aus, daß reflektiertes Licht polarisiert ist, um dieses abzuschwächen. Die Schallwellen jedoch schwingen nicht senkrecht zur Ausbreitungsrichtung, sondern es sind longitudinale Wellen, für die man keine Schwingungsebene definieren kann; bei ihnen kann es keine Polarisation geben.

Die im leeren Raum gültigen Maxwell-Gleichungen sind homogen und linear, so daß die durch sie beschriebenen elektromagnetischen Wellen das Unabhängigkeitsprinzip erfüllen. Dieses besagt, daß zwei Lichtwellen einander nicht ablenken oder stören, wenn wir einmal von der Interferenz absehen. Nur wenn die Quantentheorie ins Spiel kommt, wie in Kapitel 4 besprochen, werden die Gleichungen der Quantenelektrodynamik nichtlinear, so daß auch die Streuung von Licht durch Licht erfaßt wird. Diese sogenannte Delbrück-Streuung ist so schwach, daß sie noch nicht experimentell nachgewiesen werden konnte. Max Delbrück, nach dem der Effekt benannt wurde, berechnete als erster ihr Ausmaß. Später wandte sich Delbrück von der Physik ab und der Mikrobiologie zu; seine «Phagozyten-Gruppe» am *California Institute of Technology* wurde sehr einflußreich.

Destruktive und konstruktive Interferenz zwischen Lichtwellen ist nicht schwer zu beobachten. Wir begegnen ihr beispielsweise bei den schillernden Farbstreifen an einem dünnen Ölfilm auf einer Wasseroberfläche. Die

Streifen entstehen durch Interferenz des Lichts, das an der unteren und an der oberen Grenzfläche des Ölfilms reflektiert wird. Sie sind farbig, weil die resultierende Phasendifferenz von der Wellenlänge abhängt. Läßt man monochromatisches (einfarbiges) Licht aus einer engen Blende durch zwei zueinander parallele, schmale Spalte fallen, so erscheint auf einem nicht zu weit entfernten Schirm ein Muster aus hellen und dunklen Streifen. Sie entstehen durch die abwechselnd konstruktive und destruktive Interferenz der von beiden Spalten ausgehenden Lichtwellen. Verwendet man kein monochromatisches, sondern weißes Licht — eine Mischung von Licht aller Wellenlängen —, dann sind die Streifen farbig, weil die Position der Interferenzmaxima jeweils von der Wellenlänge, also von der Farbe, abhängt. Daher sind die hellen Streifen auf dem Schirm für jede Farbe bei anderen Abständen von der Mitte zu finden. Dem englischen Physiker Thomas Young gelang zu Beginn des 19. Jahrhunderts dieser Beweis für die Wellennatur des Lichts. Das war damals noch eine umstrittene Vorstellung; wie Newton sah man das Licht als aus kleinen Teilchen bestehend an. Ersetzen wir die beiden Spalte durch ein sogenanntes *Beugungsgitter* mit sehr vielen, nahe beieinanderliegenden engen Spalten, dann ergibt sich auf dem Schirm ebenfalls eine Reihe von Interferenzstreifen, deren Abstände von der Farbe, also von der Wellenlänge des Lichts abhängen. Das Beugungsgitter ermöglicht es daher, die Wellenlänge von Licht zu bestimmen.

Wir hatten in Kapitel 4 schon den Versuch von Michelson und Morley erwähnt. Er spielte als experimenteller Ausgangspunkt der Relativitätstheorie in der neueren Geschichte der Physik eine ganz entscheidende Rolle. In Kapitel 6 werden wir auf das Experiment noch näher eingehen. Mit ihm sollte unsere Geschwindigkeit relativ zum «lichttragenden Äther» gemessen werden, indem die lokale Lichtgeschwindigkeit in verschiedenen Richtungen ermittelt wurde. An dieser Stelle erwähne ich das Experiment, weil die für eine sinnvolle Aussage erforderliche Genauigkeit allein von der Vermessung der schmalen Interferenzstreifen zweier Lichtstrahlen mit verschiedenen Phasen abhing.

Das Phänomen, das die Gemeinsamkeiten von Schallwellen und Lichtwellen vielleicht am besten deutlich macht, ist der *Doppler-Effekt*. Wohl jeder hat schon einmal das Pfeifen einer vorbeifahrenden Lokomotive gehört und den plötzlichen Abfall der Tonhöhe bemerkt, wenn die Lokomotive den Standort passiert. Diese Erscheinung wurde nach dem österreichischen Physiker Christian Doppler benannt und ist nur mit Hilfe der Wellennatur (hier des Schalls) zu erklären. Die Schallwelle rührt von periodischen «Stößen» der schwingenden Quelle her. Diese bewegt sich beispielsweise mit der Geschwindigkeit v. Die Periode T einer Schwingung ist gleich der Zeit, die zwischen zwei benachbarten Wellenkämmen der resultierenden Welle verstreicht. Wenn sich die Quelle in derselben Richtung wie die Schallwelle bewegt, dann wird der Abstand zwischen zwei Wellenkämmen $\lambda' = (c-v)T$ sein. Bewegen sich Quelle und Schallwelle in entgegengesetzten Richtungen, so ist er $\lambda'' = (c+v)T$. Also ist die Wellenlänge des Schalls, der von der Lokomotivenpfeife nach vorn emittiert wird, kürzer als die Wellenlänge des nach hinten ausgesandten Schalls. Wenn der Empfänger relativ zur Luft ruht, so hört er beim Herannahen der Quelle die Frequenz $\nu' = c/\lambda'$, und bei sich entfernender Quelle hört er die Frequenz $\nu'' = c/\lambda''$. Nähert sich die Lokomotive, dann hört man die höhere Frequenz, weil die Quelle den Schall in Vorwärtsrichtung emittiert. Die vom Hörer wahrgenommene Wellenlänge ist jetzt kürzer und die Frequenz entsprechend höher. Hat die Lokomotive den Standort des Hörers passiert, ist der rückwärts emittierte Schall zu hören; nun ist die Wellenlänge größer und die Frequenz niedriger. Insgesamt hört man einen im Moment des Vorbeifahrens abrupt tiefer werdenden Ton.

Der Doppler-Effekt tritt ebenso bei Lichtwellen auf. Er wird unter anderem in der Astronomie genutzt, und zwar bei der Interpretation der *Rotverschiebung* der Spektren von Sternen weit entfernter Galaxien. Das von angeregten Atomen emittierte Licht hat ein bestimmtes Spektrum, das für das betreffende chemische Element charakteristisch ist. Ferner enthält das von den Sternen auf die Erde gelangende Licht dieselben Liniengruppen wie bei den jeweiligen Elementen auf der Erde. Daher ist leicht zu ermitteln, wie weit die Liniengruppen zum roten Ende des Spektrums (also zu größeren Wellenlängen) hin verschoben sind. Wie sich zeigte, weist das Licht jedes Sterns ein bestimmtes Ausmaß der Rotverschiebung auf. Sieht man diese als Auswirkung des Doppler-Effekts an, so kann man berechnen, wie schnell sich der Stern von der Erde entfernt (wie im vorigen Beispiel die Lokomotive vom Hörer). Die Frequenzverschiebung ist proportional zur relativen Geschwindigkeit von Erde und Stern. Einige Wissenschaftler lehnen diese Deutung der Rotverschiebung ab. Jedoch sind die meisten Astronomen von ihrer Richtigkeit überzeugt und haben aus den Meßergebnissen auf die Expansion des Universums geschlossen, bei der sich alle seine Teile voneinander weg bewegen. Außerdem fand man heraus, daß sich ein Stern um so schneller von der Erde weg bewegt, je weiter er entfernt ist. Ein Großteil der heute allgemein anerkannten Kosmologie beruht also darauf, den Doppler-Effekt bei Lichtwellen als Erklärung der Rotverschiebung zu akzeptieren.

Materiewellen

Bis zum Ende des 19. Jahrhunderts befaßte man sich in zwei Hauptgebieten der Physik — dem der Elektrizität und des Magnetismus sowie dem der Akustik — vor allem mit linearen Wellenerscheinungen, die man mit Hilfe der Wellengleichung beschreiben konnte. Die Akustik war dabei natürlich ein Teil der Newtonschen Mechanik mit deren Beschreibung von Schwingungen mit kleinen Amplituden. Der Rest der Newtonschen Mechanik befaßt sich aber nicht mit linearen Gleichungen, deren Lösungen das Unabhängigkeitsprinzip erfüllen. Daher war ein großer Teil der Physik, der zu Beginn dieses Jahrhunderts immer noch in vorderster Front der Forschung stand, «nichtlinear». Diese Situation änderte sich dramatisch, als Louis de Broglie 1924 in seiner Dissertation vorschlug, Teilchen wie den Elektronen auch Wellencharakter zuzuschreiben, so wie nach Einsteins Quantentheorie dem Licht neben seiner klassischen Wellennatur auch Teilcheneigenschaften zuzuschreiben sind. De Broglie postulierte, daß ein Teilchen mit der Masse m und der Geschwindigkeit v die heute so bezeichnete de-Broglie-Wellenlänge $\lambda = h/mv$ habe. Darin ist h die Plancksche Konstante (das Plancksche Wirkungsquantum), über die nach Einstein die Frequenz ν des Lichts und die Energie E der Photonen zusammenhängt: $E = h\nu$. Die beiden amerikanischen Physiker Clinton Davisson und Lester Germer konnten die erstaunliche Hypothese de Broglies drei Jahre später experimentell bestätigen. Sie verwendeten ein Beugungsgitter in ähnlicher Weise, in der man lange zuvor die Wellennatur des Lichts nachgewiesen hatte. Allerdings war das Experiment wesentlich schwieriger, weil die de-Broglie-Wellenlänge der Elektronen viel kleiner als die des Lichts ist.

Die Wellennatur der Materie wurde ein entscheidender Teil der Quantenmechanik in Schrödingers Formulierung, die man viele Jahre lang auch Wellenmechanik nannte. Sie ergibt sich aus der Schrödinger-Gleichung, die die Beschreibung der Quantenphänomene umfaßt. Obwohl es hier um nichts geht, das physikalisch schwingt, und obwohl diese Differentialgleichung nicht ganz dasselbe wie die Wellengleichung ist, ist die Schrödinger-Gleichung ebenfalls homogen und linear. Daher erfüllen ihre Lösungen das Unabhängigkeitsprinzip. Die entsprechenden Phänomene, wie die Interferenz von Elektronen, die (wie in Youngs Experiment mit Licht) zwei parallele Spalte passierten, bilden die Grundlage quantenmechanischer Überlegungen und Erklärungen. Dabei wird der prinzipielle Unterschied zwischen klassischer Mechanik und Quantenmechanik deutlich. Die Interferenz der Teilchenstrahlen führte auch zu dem zuweilen verwirrenden Ausdruck vom *Welle-Teilchen-Dualismus*, der das intuitive Verstehen der Quantenmechanik erschwert.

Bei unserer Betrachtung der schwingenden Saiten und Membranen stellten wir fest, daß die Wellengleichung mit homogenen Randbedingungen zu einem diskreten Spektrum erlaubter Wellenlängen führt. Gleiches gilt für die Schrödinger-Gleichung. Daher können beispielsweise die Elektronen in einem Atom, deren Wellen die Schrödinger-Gleichung erfüllen, nur mit einem bestimmten Spektrum von Wellenlängen, also auch von Geschwindigkeiten oder Energien, vorliegen. Dies sind die diskreten Energieniveaus des Atoms, die Niels Bohr zuvor ohne näheren Beweis postuliert hatte. Wenn ein Elektron im Atom von einem höheren Niveau auf ein tieferes übergeht, wird ein Photon erzeugt, dessen Energie E gleich der Differenz der Energien der beiden Niveaus des ursprünglichen Atoms ist. Die Frequenz ν der emittierten Strahlung hängt gemäß Einsteins Gleichung mit dieser Energie über das Plancksche Wirkungsquantum zusammen: $\nu = E/h$. Auf diese Weise erklärt die Schrödinger-Gleichung vollständig die Spektrallinien bzw. die charakteristischen Farben des Lichts, das von den Atomen der verschiedenen chemischen Elemente bei Anregung emittiert wird. Das von Atomen auf entfernten Sternen emittierte Licht wird auf ein Beugungsgitter geführt, und die dabei entstehenden Spektrallinien dienen zur Identifizierung der Elemente. Der jeweilige «Fingerabdruck» (die betreffende Liniengruppe) weist zudem eine gewisse Rotverschiebung auf. So konnte man einerseits nachweisen, daß auf den Sternen dieselben Elemente wie auf der Erde vorkommen, und andererseits, daß sich die Sterne mit hohen Geschwindigkeiten von der Erde entfernen. Die Existenz nur diskreter Werte, die die Quantenmechanik von der vorher allein gültigen klassischen Physik unterscheidet, hängt vor allem mit den Lösungen der Schrödinger-Gleichung mit homogenen Randbedingungen zusammen, die ein diskretes Spektrum beschreiben.

Seit Beginn dieses Jahrhunderts hat sich die Forschung in der Teilchenphysik fast ausschließlich der Methoden und Begriffe der Quantentheorie bedient. Daher kann man sagen, daß in der Physik nahezu 75 Jahre lang *lineare* mathematische Methoden vorherrschten, die im großen und ganzen einfacher als die nichtlinearen sind. Diese Dominanz der linearen Systeme wird aber seit etwa 25 Jahren zunehmend in Frage gestellt. Ein Einwand geht auf die Untersuchungen des Chaos in dynamischen Systemen zurück, wie in Kapitel 2 schon angerissen wurde. Ein anderes Problem rührt von einem Wellenphänomen her, das im frühen 19. Jahrhundert erstmals beobachtet wurde. Doch erst mit Hilfe der modernen Computer konnte es näher erforscht werden.

Solitonen

Der schottische Schiffsbauer John Scott Russell beschrieb im Jahre 1834 das «wunderschöne und außergewöhnliche» Phänomen, das er an jenem «glücklichsten Tag [seines] Lebens» beobachtete, auf folgende bemerkenswerte Weise:

> *Ich betrachtete ein Boot, das von zwei Pferden in einem engen Kanal schnell vorwärtsgezogen wurde. Plötzlich stoppte das Boot, nicht aber die Wassermasse im Kanal, die es in Bewegung versetzt hatte: Sie sammelte sich um den Bug des Bootes. Zunächst verharrte sie in einem Zustand heftiger Bewegung, um es dann*

> *jäh hinter sich zu lassen. Nun wälzte sie sich mit hoher Geschwindigkeit vorwärts, wobei sie die Form einer großen einzelnen Erhebung annahm, eines runden, glatten und wohldefinierten Hügels aus Wasser. Dieser setzte seinen Lauf im Kanal fort, offensichtlich ohne seine Gestalt zu ändern oder seine Geschwindigkeit zu vermindern. Ich folgte dem Wellenberg zu Pferde und überholte ihn, der sich immer noch mit ungefähr acht bis neun Meilen pro Stunde vorwärts bewegte. Dabei behielt er seine Form bei; er war rund 30 Fuß lang und ein bis anderthalb Fuß hoch. Allmählich wurde er flacher, und nach einer Strecke von ein bis zwei Meilen verlor ich ihn in den Windungen des Kanals. Das war im August 1834 meine erste zufällige Begegnung mit diesem einzigartigen und schönen Schauspiel, das ich Translationswelle nenne.*[30]

* * *

Solche sogenannten Solitärwellen in Wasser verhalten sich ganz anders als die Wellen, die durch die Wellengleichung beschrieben werden. Sie können keine beliebigen Formen annehmen, und — sehr wichtig — ihre Geschwindigkeit hängt von ihrer Größe ab. Es kann große und kleine Solitärwellen geben. Zitieren wir Russell weiter:

> *Wenn solch ein Hügel durch irgendwelche Wirkungen entstand, wird er schnell in Teile zerfallen und sich zu einer Reihe verschiedener Wellen formieren, die sich nicht gemeinsam vorwärtsbewegen, sondern einzeln. Dabei hat jede ihre eigene Geschwindigkeit und entfernt sich dadurch nach und nach von den anderen. Somit wird durch eine Art spontaner Auflösung ein großer, zusammenhängender Hügel oder Wellenberg in Hauptwelle und Nebenwellen zerlegt.*[31]

* * *

So weit die Beobachtungsergebnisse, für deren Beschreibung und Deutung keine Gleichungen bekannt waren.

> *Ich hatte festgestellt, daß noch niemand das Phänomen beschreiben konnte, das ich Translationswelle zu nennen wagte... So war anzunehmen, daß nach seiner Entdeckung und näheren Beschreibung versucht würde ... zu zeigen, wie es sich anhand der bekannten allgemeinen Gleichungen für die Strömung von Flüssigkeiten hätte voraussagen lassen. Mit anderen Worten: Nun mußten die Mathematiker die Entdeckung des Effekts sozusagen im nachhinein voraussagen und beweisen.*[32]

* * *

Russell klagte: «Wir stellen daher fest, daß eine Theorie der [Translations-] Welle ... noch gesucht wird; das ist ein lohnendes Ziel für den Unternehmungsgeist künftiger Mathematiker.»[33]

Erst rund fünfzig Jahre später waren zwei Mathematiker der Aufgabe gewachsen: Die Holländer D. J. Korteweg und G. de Vries stellten eine partielle Differentialgleichung auf, die die Solitärwellen beschreibt. Diese sogenannte *Korteweg-de-Vries-Gleichung* beruht auf den grundlegenden Gesetzen der Fluiddynamik und sollte zunächst nur dazu dienen, Wasserwellen in einem flachen, eindimensionalen Kanal zu beschreiben. Später stellte sich heraus, daß sie auch auf viele andere physikalische Effekte anzuwenden

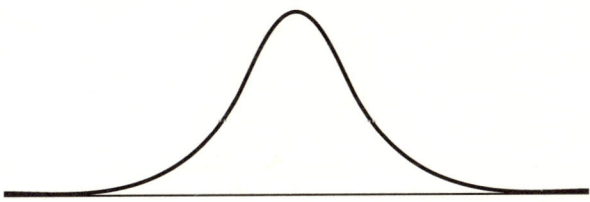

Abb. 30 Eine Solitärwellen-Lösung der Korteweg-de-Vries-Gleichung.

ist. Beispielsweise werden bestimmte hydromagnetische Wellen, außerdem Schallwellen in einigen Kristalltypen sowie Plasmawellen und Druckwellen in Flüssigkeits-Gasblasen-Mischungen durch Lösungen der Korteweg-de-Vries-Gleichung beschrieben.

Die Charakteristika der Korteweg-de-Vries-Gleichung unterscheiden sich stark von denen der Wellengleichung. Vor allem enthält sie, neben linearen Termen, das Produkt der abhängigen Variablen und ihrer räumlichen Ableitung. Daher ist sie sowohl inhomogen als auch nichtlinear, und ihre Lösungen erfüllen nicht das Unabhängigkeitsprinzip. Daher erhält man beim Addieren zweier Lösungen keine weitere Lösung der Differentialgleichung, ebensowenig wie beim Multiplizieren einer Lösung mit einer Konstanten. Wenn wir weiterhin nach Lösungen suchen, die ein ohne Formänderung fortschreitendes Wellenpaket (wie Russells große Solitärwelle) beschreiben, dann stellen wir fest, daß solche Lösungen existieren, daß aber ihre Formen nicht beliebig sind. Die Gestalt der Solitärwellen-Lösung der Korteweg-de-Vries-Gleichung ist in Abbildung 30 wiedergegeben. Sie kann von beliebiger Höhe sein; aber wenn diese geändert wird, variiert ihre Breite entsprechend. Außerdem hat eine Welle gegebener Größe eine bestimmte, konstante Geschwindigkeit. Große Wellen schreiten schneller fort als kleinere, wie es Russell in dem Kanal beobachtet hatte. Diese Charakteristika der Korteweg-de-Vries-Gleichung rühren daher, daß diese im Gegensatz zur konventionellen Wellengleichung nichtlinear ist. Sie beschreiben exakt die Beschaffenheit der Wellen, die Russell in der Natur gefunden hatte, so als wäre die Gleichung eigens dafür aufgestellt worden.

Das war etwa 70 Jahre lang der Stand der Dinge, vom Aufstellen der Korteweg-de-Vries-Gleichung (1895) bis 1965. Wie gesagt ist die Differentialgleichung nichtlinear, und die Theorie solcher Gleichungen war viel weniger weit entwickelt als die der linearen Gleichungen. Daher war die allgemeine Lösung der Korteweg-de-Vries-Gleichung nicht bekannt. Mitte der sechziger Jahre stellten einige Vertreter der angewandten Mathematik unter der Leitung von Martin Kruskal an der *Princeton University* Computersimulationen mit der Korteweg-de-Vries-Gleichung an. Unter anderem gingen sie

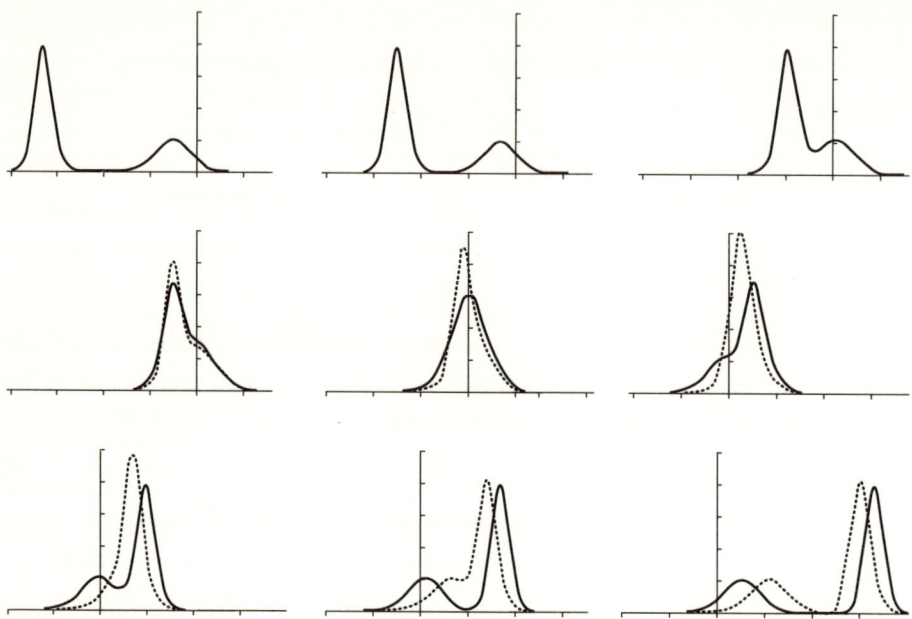

Abb. 31 Die Bewegung, die einer Zwei-Solitonen-Lösung der Korteweg-de-Vries-Gleichung entspricht (siehe Text). Die gestrichelten Kurven sind Überlagerungen der beiden korrespondierenden Solitärwellen, die sich ergäben, wenn sie sich so ausbreiteten, als wäre die jeweils andere nicht vorhanden.

von der folgenden einfachen Idee aus: Angenommen, man beginnt mit zwei Solitärwellen, einer kleinen und einer großen, die weit voneinander entfernt sind (siehe Abbildung 31). Wegen des großen Abstands ist die eine Welle dort null, wo die andere ihr Maximum hat. Daher wird das Produkt aus der Lösung und ihrer Ableitung im wesentlichen gleich der Summe zweier solcher Produkte sein (je eines für eine der beiden Wellen), und das Produkt aus dem einen und dem anderen wird praktisch verschwinden. Also wird die Summe zweier solcher Solitärwellen, deren Mitten weit voneinander entfernt sind, nahezu exakt die Korteweg-de-Vries-Gleichung lösen. Wenn die beiden Wellen fortschreiten, ändern sich ihre Formen nicht. Die eine Solitärwelle bleibt klein und die andere groß, wobei letztere die höhere Geschwindigkeit hat. War die größere Welle anfangs hinten, so wird sie aufholen, so daß sich die Mitten einander nähern. Dabei wird die Summe keine Lösung der nichtlinearen Korteweg-de-Vries-Gleichung bleiben, so daß sich die Wellenformen ändern. Wenn die beiden Wellen ineinandergleiten, können sich ihre Formen drastisch ändern. Die Nichtlinearität der Gleichung bedeutet, daß die beiden Wellen miteinander *wechselwirken*. Diese qualitative Erwartung wurde durch die Computersimulationen bestätigt.

Nun erhebt sich eine interessante Frage: Was geschieht im weiteren Verlauf mit den zwei Wellen? Werden sie sich gegenseitig auslöschen oder sich aufschaukeln und dann verschwinden? Man kannte die Antwort nicht, und die Computersimulation zeigte etwas Erstaunliches. Die beiden Wellen, die als Solitärwellen weit voneinander entfernt starteten, verhalten sich bei Annäherung, «wie sie wollen», und können ihre Formen ändern. Nach einer Weile trennen sie sich voneinander und gehen aus der Begegnung mit genau denselben Formen und Geschwindigkeiten hervor, die sie anfangs hatten. Nun ist die größere Welle vorn, wie in Abbildung 31 gezeigt. Die Tatsache, daß sie einmal miteinander wechselwirkten, zeigt sich allein in einer Verschiebung ihrer Mitten. Die größere Welle ist nach vorn verschoben und die kleinere nach hinten, jeweils verglichen mit dem Ort, der ohne das Vorhandensein der anderen Welle erreicht worden wäre.

Die Simulation zeigte dieses bemerkenswerte Verhalten bei jeder Begegnung zweier oder mehrerer Solitärwellen. Wenn sich einige Solitärwellen einander nähern, die anfangs weit voneinander entfernt sind und sich in derselben Richtung fortpflanzen, so wird eine gleichgroße Anzahl Wellen aus der Begegnung hervorgehen, und zwar mit unveränderten Formen und Geschwindigkeiten sowie mit verschobenen Mitten und in der Reihenfolge ihrer Geschwindigkeiten. Die schnellste Welle wird also vorn liegen. Wellen, die dieses Verhalten zeigen, nennt man *Solitonen*. Sie scheinen eine eigene Identität zu besitzen; diese behalten sie offensichtlich auch nach Zusammenstößen, bei denen sie sich zeitweilig zu einem oszillierenden, pulsierenden Haufen miteinander mischen. Im Anschluß an ihre mit Hilfe des Computers gelungene Entdeckung konnten Kruskal und seine Mitarbeiter auch eine analytische Erklärung geben, die darauf beruhte, die (nichtlineare) Korteweg-de-Vries-Gleichung mit der (linearen) Schrödinger-Gleichung zu verknüpfen. Weil diese Wellen überhaupt nichts mit der Quantentheorie zu tun haben, war diese Verbindung ebenso erstaunlich wie das Phänomen der Solitonen selbst. Dieselbe Schrödinger-Gleichung mit homogenen Randbedingungen, deren Spektrum die Energien der Atome und die Farben des von ihnen emittierten Lichts beschreibt, gibt hier die Geschwindigkeiten und Größen der Solitonen an, die in einer Welle enthalten sind, die mit beliebiger Form beginnt und sich mit der Zeit gemäß der Korteweg-de-Vries-Gleichung entwickelt: Schließlich bleiben allein die Solitonen übrig, neben einigen schwächeren, ausklingenden Oszillationen, wie sie Russell beschrieben hatte.

Nach ihrer ursprünglichen Entdeckung in der Korteweg-de-Vries-Gleichung wurden Solitonen auch in den Lösungen vieler anderer nichtlinearer Differentialgleichungen gefunden. Inzwischen werden sie in vielen verschiedenartigen physikalischen und biologischen Systemen angewandt. Zusammen mit der Untersuchung des Chaos trugen sie zur Neubelebung der nichtlinearen Mathematik als Hilfsmittel der physikalischen Forschung bei. Rund 70 Jahre lang dominierten in der Physik lineare Methoden, vor allem aufgrund der Beschäftigung der meisten Physiker mit dem Elektromagnetismus und den Quantenphänomenen. Nun schwindet diese Dominanz, wozu die Entwicklung der Hochleistungscomputer wesentlich beitrug.

Aus der Geschichte der Solitonen können wir eine wichtige Lehre ziehen: Die Entdeckung der Solitonen als Lösungen der Korteweg-de-Vries-Gleichung mit Hilfe von Computersimulationen war erstaunlich und zugleich wichtig. Aber ohne eine analytische «Erklärung» wäre sie letztlich bedeutungslos und gedanklich von geringer Wirkung. Abgesehen von reiner Zahlenrechnerei, dient der Computer oft als Werkzeug, das auch die Phantasie anregt und damit das Entdecken neuer Effekte ermöglicht. Aber er kann die Notwendigkeit der gedanklichen mathematischen Analyse der physikalischen Phänomene nicht ersetzen.

Wir haben nun die je nach den Umständen verschiedenen Arten betrachtet, Wellen zu beschreiben, und haben dabei ihre Gemeinsamkeiten wie auch ihre Unterschiede kennengelernt. Jetzt kehren wir wieder zu einem Gegenstand zurück, dem wir in Kapitel 4 begegnet waren, nämlich zu Einsteins Spezieller Relativitätstheorie. Im folgenden Kapitel werden wir uns mit einigen ihrer seltsamen Aspekte und auch Konsequenzen befassen.

6 Tachyonen, das Altern von Zwillingen und die Kausalität

Nehmen Sie an, Sie spielen im Flugzeug mit einem Ball. Werfen Sie ihn anders als auf der Erde? Hängt die Art, wie Sie ihn werfen, davon ab, wie schnell das Flugzeug fliegt? Wir können auch so fragen: Unterscheiden sich die physikalischen Gesetze in bewegten Labors oder Systemen von solchen, die sich in Ruhe befinden? Diese Frage hatte tiefgreifende Auswirkungen auf die Entwicklung der Physik im 20. Jahrhundert. Gehen wir zur Beantwortung erst einmal von der Newtonschen Mechanik aus.

Der Ort eines Körpers zur Zeit t sei $\vec{q}(t)$, seine Geschwindigkeit zum selben Zeitpunkt sei $\vec{v}(t)$, und seine Beschleunigung sei $\vec{a}(t)$, jeweils im ruhenden Labor gemessen. In einem Labor, das sich relativ zum ersten mit der Geschwindigkeit $\vec{V}$ bewegt (also etwa in einem Flugzeug), seien die entsprechenden Größen desselben Körpers $\vec{q}\,'(t)$, $\vec{v}\,'(t)$ sowie $\vec{a}\,'(t)$. Beachten Sie, daß die Striche und die im folgenden benutzten Indices hier keine Ableitungen bedeuten. Dann ist die Geschwindigkeit des Körpers, die im bewegten Labor gemessen wird, gleich der Differenz der beiden Geschwindigkeiten: $\vec{v}\,' = \vec{v} - \vec{V}$. Wenn $\vec{v} = \vec{V}$ ist, so ruht der Körper relativ zum bewegten Labor. Diese Beziehung gilt für jede Komponente der Geschwindigkeit, beispielsweise für die x-Komponente: $\vec{v}_x'(t) = \vec{v}_x(t) - V_x$. Also gleicht der Graph von $\vec{v}_x'$ exakt dem von $\vec{v}(t)$, abgesehen davon, daß er um den Betrag von $\vec{V}_x$ senkrecht nach unten verschoben ist (siehe Kapitel 2). Gleiches gilt natürlich auch hier für die anderen Komponenten.

Betrachten wir nun die Newtonsche Bewegungsgleichung $\vec{F} = m\,\vec{a}$. Hierbei ist m die Masse des Körpers, $\vec{a}$ ist seine Beschleunigung, und $\vec{F}$ ist die auf ihn wirkende Kraft, wie wir ebenfalls schon in Kapitel 2 gesehen haben. Die Beschleunigung $\vec{a}_x'(t)$ ist, wie wir wissen, die zeitliche Ableitung der Geschwindigkeit $\vec{v}_x'(t)$ und daher gleich der Steigung der Tangenten. Demnach verläuft zum selben Zeitpunkt die Tangente an $\vec{v}_x'(t)$ parallel zur Tangente an $\vec{v}_x(t)$, denn beide Kurven unterscheiden sich — wie gesagt — nur durch eine senkrechte Verschiebung. Damit sind beide Beschleunigungen gleich: $\vec{a}_x'(t) = \vec{a}_x(t)$, während die in beiden Labors gemessenen Geschwindigkeiten um $\vec{V}$ differieren. Wegen derselben Beschleunigungen sind auch die beobachteten Kräfte gleich, und die Newtonsche Bewegungsgleichung ist in beiden Labors dieselbe; man sagt, sie ist «invariant».

Wenn die Bewegungsgleichung in beiden Labors dieselbe ist, muß sich ein Körper bei gleichen Anfangsbedingungen (siehe Kapitel 2) in beiden Labors auf dieselbe Weise bewegen. Also können wir im Flugzeug auf exakt die gleiche Art Ball spielen wie auf der Erde. Es besteht kein beobachtbarer Unterschied zwischen diesen beiden «Labors» oder «Bezugssystemen».

Diesen Sachverhalt nennt man *Newtonsches Relativitätsprinzip*. In seiner allgemeinen Formulierung besagt es: Es gibt kein Experiment, mit dem man allein aufgrund der Newtonschen Bewegungsgesetze der Mechanik feststellen kann, ob sich das Labor in Ruhe oder in einer gleichförmigen, geradlinigen Bewegung befindet. Obwohl Newton selbst stark an einen gottgegebenen, absoluten Raum glaubte, ist im Rahmen der Mechanik der Begriff des «absoluten Ruhens» sinnlos. Nur *relative* Bewegungen, die zwei Beobachter wahrnehmen, haben eine Bedeutung. Man kann dies auch anders ausdrücken: Es gibt keine mechanischen Experimente oder mechanischen Messungen, die vollständig innerhalb eines Labors ausgeführt werden und es erlauben, die «absolute Geschwindigkeit» dieses Labors zu ermitteln.

Über das Licht

Im 19. Jahrhundert entwickelte sich, wie wir in Kapitel 4 gesehen haben, die Physik der Elektrizität und des Magnetismus sehr stark, und in den Maxwellschen Gleichungen wurde ihre theoretische Formulierung gefunden. In dieser wohlbegründeten Theorie wurde das Licht als Welle angesehen, die sich in einem vermuteten, alles durchdringenden «Äther» mit einer bestimmten Geschwindigkeit fortpflanzt. Der dänische Astronom Olaus Rømer hatte schon 1675 die Lichtgeschwindigkeit ermittelt, und zwar aus der Zeitdifferenz zwischen der erwarteten und der tatsächlichen Bedeckung der Jupitermonde. In dieser Hinsicht ähnelte das Licht dem Schall, von dem man wußte, daß er sich mit einer Geschwindigkeit ausbreitet, die für das Medium charakteristisch ist, in dem er auftritt. Daher stellte sich die Frage, ob die absolute Geschwindigkeit eines Beobachters, die mechanisch nicht meßbar ist, vielleicht durch elektromagnetische Verfahren erfaßbar ist. Könnte man unsere absolute Geschwindigkeit, also die Geschwindigkeit relativ zum Äther, direkt durch Messung der Lichtgeschwindigkeit in unserem Labor bestimmen anstatt durch astronomische Methoden?

In den Kapiteln 4 und 5 haben wir schon folgenden Gedankengang besprochen: Würden wir uns mit einer gewissen Geschwindigkeit v durch den Äther bewegen und die Geschwindigkeit eines Lichtstrahls messen, der sich mit der Geschwindigkeit c in derselben Richtung durch den Äther fortpflanzte, so würden wir die Geschwindigkeit des Lichtstrahls relativ zu uns als $c - v$ messen. Bewegte er sich in der Gegenrichtung, so betrüge sie $c + v$. Aus der Differenz der beiden Fortpflanzungsgeschwindigkeiten des Lichtstrahls könnten wir demnach unsere eigene, absolute Geschwindigkeit relativ zum Äther ermitteln. Das Newtonsche Prinzip der Relativität, das in der Mechanik gilt, wäre dann mit Hilfe elektromagnetischer Messungen außer Kraft gesetzt.

Diese recht einfache Vorstellung war im Experiment jedoch nur sehr schwer zu überprüfen (wie ebenfalls in Kapitel 4 schon erwähnt), weil die Lichtgeschwindigkeit so enorm hoch ist — auch verglichen mit der Geschwindigkeit, mit der die Erde vermutlich durch das All rast. Damit nach dem eben beschriebenen Verfahren unsere eigene Geschwindigkeit berechnet werden könnte, müßte die Lichtgeschwindigkeit mit einer noch viel höheren Genauigkeit gemessen werden, als sie technisch zu realisieren war. Zudem konnte man nicht sicher sein, die Richtung zu kennen, in der sich das Labor relativ zum Äther bewegt.

Die beiden Physiker Michelson und Morley fanden nun einen Kniff, mit dem sie dieses heikle Experiment durchführbar machten: Sie maßen nicht die beiden Geschwindigkeiten (erst in der einen und dann in der anderen Richtung), sondern direkt die Differenz; dies ist mit höherer Genauigkeit möglich. Wie in Kapitel 5 erklärt, zeigen sinusförmige Wellen, also auch das Licht, die Erscheinung der Interferenz. Wenn zwei Wellenzüge gleicher Frequenz, aber verschiedener Phasen, überlagert werden, so interferieren sie miteinander entweder konstruktiv oder destruktiv oder auf irgendeine Art, die dazwischen liegt. Als Ergebnis erhält man helle und dunkle *Interferenzstreifen*, deren Abstand proportional zur Phasendifferenz ist. Stammen beide Lichtstrahlen aus derselben Lichtquelle, dann ist die Phasendifferenz proportional zur Differenz der Laufzeiten der beiden Strahlen (oder Wellenzüge) bis zur Fotoplatte oder zum Beobachtungsschirm. Die Zeitdifferenz ist proportional zur Differenz der reziproken Geschwindigkeiten beider Strahlen. Somit ist aus der Lage der Interferenzstreifen die Differenz der Lichtgeschwindigkeiten direkt und mit hoher Genauigkeit abzulesen. Nach diesem Prinzip verfuhren (mit einigen Raffinessen, die wir hier nicht erwähnen können) Michelson und Morley bei ihrer Bestimmung der «Äthergeschwindigkeit». Sie führten ihr Experiment 1887 in Cleveland durch und trafen dabei besondere Vorkehrungen, um mechanische Erschütterungen infolge des Straßenverkehrs zu vermeiden, die das Erkennen der schmalen Interferenzstreifen erschwert hätten. Diese Streifen hätten sich verschieben müssen, als die Apparatur langsam um 180° gedreht wurde, bis das Licht aus der Gegenrichtung einfiel.

Zur maßlosen Enttäuschung der beiden Physiker geschah jedoch nichts: Die Streifen rührten sich nicht von der Stelle! Sind wir demnach relativ zum Äther in Ruhe? Sollte die frühere Vorstellung etwa doch richtig sein, daß die Erde im Mittelpunkt des Universums ruht und die Sonne um sie kreist? Auf diese Weise konnte das «Nicht-Ergebnis» des Michelson-Morley-Experiments natürlich nicht richtig gedeutet werden. Zu viele astronomische und physikalische Beobachtungen sprachen schon damals dagegen. Aber auch keine der anderen seinerzeit angebotenen Erklärungen war befriedigend. Alle widersprachen den gesicherten Versuchsresultaten.

Einsteins Relativitätstheorie

Die einzige Erklärung, die von den Physikern letzten Endes akzeptiert werden konnte — obwohl einige Nichtphysiker immer noch zweifeln —, wurde achtzehn Jahre später von Einstein gegeben. Es ist psychologisch interessant, daß Einstein auf seine (wie sie heute heißt) Spezielle Relativitätstheorie nicht durch das negative Ergebnis des Michelson-Morley-Experiments kam, sondern durch die reine Vorstellung, «auf den Wellen des Lichts zu reiten». Schon als Schüler hatte er solche Ideen, wie er später einmal äußerte. Einstein wußte tatsächlich nichts von diesem vergeblichen Versuch, die Geschwindigkeit des Äthers zu messen, als er 1905 seine Theorie veröffentlichte. Dieses Jahr war sein *annus mirabilis* (wunderbares Jahr), in dem er drei geradezu revolutionäre Abhandlungen herausgab. In der ersten führte er Lichtquanten ein, und in der zweiten deutete er auf molekularer Ebene die Brownsche Bewegung von kleinen Staubteilchen in Flüssigkeiten. Die dritte Arbeit schließlich befaßte sich mit der Relativitätstheorie. Der erstgenannte Aufsatz brachte ihm später den Nobelpreis ein, wobei weder die Brownsche Molekularbewegung noch die Relativitätstheorie erwähnt wurden. Einstein selbst sah damals nur die erste Abhandlung als wirklich umwälzend an. Dennoch verhalf der negative Ausgang des Michelson-Morley-Versuchs entscheidend dazu, die Physiker vom Wert der Relativitätstheorie zu überzeugen, ungeachtet ihrer der Intuition zuwiderlaufenden Konsequenzen. Einstein bereute später seine Namensgebung für diese Theorie.

Verlassen wir nun die Historie und beschäftigen uns mit den Grundlagen und einigen Folgerungen aus der Speziellen Relativitätstheorie. Diese beruht auf zwei fundamentalen Postulaten: auf dem Prinzip der Relativität und auf dem der Konstanz der Lichtgeschwindigkeit.

Das Prinzip der Relativität ist eine Verallgemeinerung des Newtonschen Gesetzes von der Relativität, das weiter oben schon besprochen wurde. Hier wird es aber nicht auf die Mechanik beschränkt, sondern auf die gesamte Physik ausgedehnt. Es besagt, daß *kein* Experiment — gleichgültig welcher Art — es uns ermöglichen kann, unsere absolute Geschwindigkeit zu bestimmen. Wenn also identische Experimente in zwei Labors durchgeführt werden, die sich relativ zueinander gleichförmig und geradlinig bewegen, dann werden sie dieselben Ergebnisse hervorbringen. Beide Labors sind in jeder Hinsicht einander vollständig äquivalent.

Die Annahme der «Konstanz der Lichtgeschwindigkeit» kann so interpretiert werden, daß sie nur das Nicht-Ergebnis des Michelson-Morley-Versuchs wiedergibt. (Dieser wurde in der Zwischenzeit mit noch höherer Präzision häufig wiederholt und zeitigte stets dasselbe Resultat.) Das bedeutet, daß die üblicherweise mit c bezeichnete Lichtgeschwindigkeit für alle Beobachter überall gleich ist. Würden wir uns auf einem Lichtstrahl bewegen, und zwar nahezu mit dessen Geschwindigkeit c, so hätte dieser relativ zu uns trotzdem die Geschwindigkeit c.

Selbstverständlich widersprechen die Auswirkungen dieser scheinbar unsinnigen Annahme unserer Erfahrung. Daher überprüfte Einstein beim Aufstellen seiner Theorie zunächst die grundlegenden Voraussetzungen für physikalische Messungen und berücksichtigte nur die unbedingt notwendigen. Stellen wir uns vor, jedes Labor sei mit Maßbändern oder Gittern ausgerüstet, mit denen wir die Koordinaten jedes Punktes im Raum angeben können. Ferner soll ein System synchroner Uhren vorliegen, so daß wir feststellen können, zu welcher Zeit ein bestimmtes Ereignis geschah, unabhängig von seinem Ort. So wären wir in der Lage, den jeweiligen Zeitpunkt zu ermitteln, ohne eine der Uhren zu bewegen. Mit Hilfe von Lichtsignalen, denen wir immer dieselbe Geschwindigkeit zuschreiben, können wir zwei Uhren an unterschiedlichen Orten zu einem bestimmten Zeitpunkt starten und außerdem sicherstellen, daß sie synchron laufen. Wenn solch ein System von Koordinaten und Uhren in irgendeinem Labor errichtet wurde, kann die «Raum-Zeit» eines jeden Ereignisses identifiziert werden, also die Raumkoordinaten, an denen es stattfand, sowie der Zeitpunkt, zu dem es geschah.

Was wir jetzt noch benötigen, ist ein «Transformationsgesetz». Es verknüpft die Messungen von Ort und Zeitpunkt eines gegebenen Ereignisses in einem Labor mit den entsprechenden Messungen in einem zweiten Labor für dasselbe Ereignis. Dieses zweite Labor bewege sich dabei relativ zum ersten geradlinig und mit konstanter Geschwindigkeit. Dieses Transformationsgesetz wird, wie wir sehen werden, einige Korrekturen unserer «naiven» Vorstellungen erfordern. Wir nehmen der Einfachheit halber an, daß die drei Achsen (x-, y- und z-Achse) beider Labors jeweils parallel zueinander verlaufen und sich das zweite Labor relativ zum ersten in x-Richtung mit der Geschwindigkeit V bewegt. Ferner sollen die Uhren in beiden Labors null anzeigen, wenn die Ursprünge beider Koordinatensysteme zu Beginn übereinstimmen. Dann besagt die uns vertraute «Galilei-Transformation» einfach, daß die y- und die z-Koordinaten eines Ereignisses, das in beiden Labors beobachtet wird, stets dieselben sind, und daß an beiden Uhren derselbe Zeitpunkt abzulesen ist, an dem das Ereignis stattfand. Die x'-Koordinate des Ereignisses, die im bewegten Labor gemessen wird, hängt mit seiner Koordinaten x im ruhenden Labor zusammen über $x' = x - Vt$. Diese Transformation führt zu einem Ergebnis, das sozusagen unserem gesunden Menschenverstand entspricht: Wird für ein Ereignis oder Signal, das sich entlang der x-Achse bewegt, im ruhenden Labor die Geschwindigkeit v gemessen, so wird im bewegten Labor seine Geschwindigkeit zu $v - V$ gemessen. Wird diese Schlußfolgerung jedoch auf ein Lichtsignal angewandt, so resultiert ein Konflikt mit dem Postulat von der «Konstanz der Lichtgeschwindigkeit». Also muß die Galilei-Transformation aufgegeben werden.

Die Lorentz-Transformation

Nur mit Hilfe der beiden eben erwähnten Annahmen (und einer nicht weiter wichtigen technischen Annahme) können wir leicht das Transformationsgesetz aufstellen, das die Konstanz der Lichtgeschwindigkeit berücksichtigt. Es handelt sich um die *Lorentz-Transformation*. Sie wird nicht Einstein-Transformation genannt, weil der holländische Physiker Hendrik Lorentz sie schon vorher formuliert hatte; jedoch konnte er nicht die richtige physikalische Interpretation geben, die Einstein dann lieferte. Ich will die Lorentz-Transformation hier nicht in algebraischer Form wiedergeben, sondern sie geometrisch veranschaulichen und dabei einige ihrer Konsequenzen ansprechen, von denen einige sehr seltsam erscheinen und unserer Intuition völlig zuwiderlaufen. Dies erging den meisten Physikern zu Anfang ebenso. Obwohl die Relativitätstheorie inzwischen durch zahlreiche experimentelle Beobachtungen bestätigt wurde und unter den Physikern schon lange nicht mehr umstritten ist, gibt es immer noch manche Nichtphysiker, die sich heftig weigern, ihre scheinbar unsinnigen Konsequenzen zu akzeptieren. So erhält beinahe jede physikalische Fakultät der Universitäten fast regelmäßig Briefe von Nörglern, die logische Fehler zu entdecken glaubten. Zeitweise wurde die Relativitätstheorie auch politisch bekämpft, vor allem in Deutschland, wo sie in der Weimarer Republik und zur Zeit des Nationalsozialismus zur «verwerflichen jüdischen Physik» gerechnet wurde. Sollten solche Ansichten immer noch existieren, so werden sie zumindest nicht mehr öffentlich geäußert.

Im Zusammenhang mit der Lorentz-Transformation ist zunächst zu bemerken, daß die von den Uhren in den zwei erwähnten Labors angezeigten Zeiten nicht unbedingt gleich sind. Die Transformation ändert alle vier Größen: die Zeit und die drei Raumkoordinaten. Daher müssen wir uns ein Ereignis in der vierdimensionalen Raum-Zeit vorstellen, die man *Minkowski-Raum* nennt, nach dem litauischen Mathematiker Hermann Minkowski. Zur leichteren Visualisierung lassen wir die y- und die z-Koordinaten aller Ereignisse außer acht und betrachten nur ihre x-Koordinaten, als ob sich die Ereignisse entlang einer Geraden im dreidimensionalen Raum vollzögen. In Abbildung 32 ist die Zeit-Koordinate auf der senkrechten und die Raumkoordinate auf der horizontalen Achse aufgetragen. Die Raumkoordinate ist in der Form x/c angegeben, wobei c wieder die Lichtgeschwindigkeit ist. Wir kürzen im folgenden x/c als X ab. Das bedeutet, daß wir den Abstand X in Zeiteinheiten angeben. Analog dazu werden in der Astronomie Entfernungen in Lichtjahren gemessen, also in Vielfachen der Strecke, die das Licht in einem Jahr zurücklegt. Wir können beispielsweise Zeiten auch in Sekunden und Strecken in Lichtsekunden angeben. Ein Punkt in einem Diagramm wie in Abbildung 32 bezeichnet ein Ereignis mit einer Raumkoordinaten und einer Zeitangabe. Ziehen wir durch den Punkt E eine Parallele zur X-Achse,

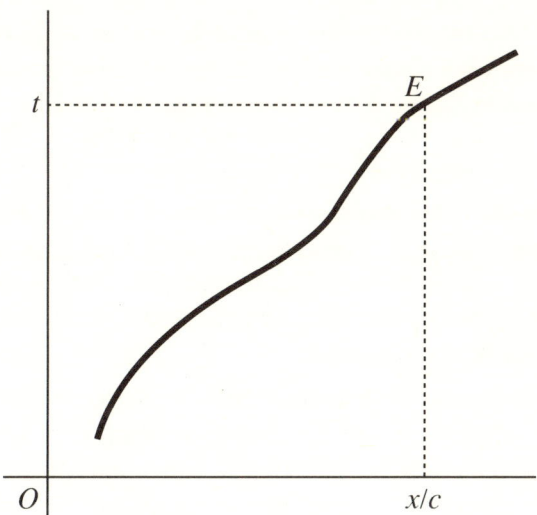

Abb. 32 Die Weltlinie eines Körpers im Minkowski-Raum. E ist ein Ereignis, das zum Zeitpunkt t am Punkt x des Raumes geschieht.

so gibt uns ihr Schnittpunkt mit der t-Achse den Zeitpunkt des Ereignisses
an. Entsprechend liefert der Schnittpunkt der Senkrechten durch E mit der
X-Achse die X-Koordinate des Ereignisses.

In einem solchen Minkowski-Diagramm wird die Bewegung eines Körpers als Kurve wiedergegeben, der man entnehmen kann, wo sich der Körper
zu jedem Zeitpunkt befindet. Diese Kurve heißt *Weltlinie*. Ist sie geradlinig,
so bewegt sich der Körper mit gleichförmiger Geschwindigkeit. Je höher
diese ist, desto flacher verläuft die Weltlinie, desto stärker ist sie also gegen die vertikale Achse geneigt. Die Weltlinie eines ruhenden Körpers ist
demnach eine Senkrechte. Ein Körper, der sich mit Lichtgeschwindigkeit
bewegt, hat eine Weltlinie, die um 45° gegen die Vertikale geneigt ist. Bewegt sich der Körper langsamer als das Licht, so schließt seine Weltlinie
mit der t-Achse einen Winkel ein, der kleiner als 45° ist. Bei einer Geschwindigkeit, die größer als c ist, verläuft die Weltlinie flacher als die
45°-Linie. Eine horizontale Weltlinie schließlich verbindet alle Ereignisse,
die sich gleichzeitig vollziehen, und entspräche deshalb einem Körper, der
sich mit unendlich hoher Geschwindigkeit bewegt. Daher können wir die
X-Achse des Koordinatensystems als Ort aller Punkte bzw. Ereignisse ansehen, die gleichzeitig mit dem Ursprung ablaufen, und wir sprechen von
der Linie der Gleichzeitigkeit. Die t-Achse ist demnach die Weltlinie des
Ursprungs, der sich im System in Ruhe befindet.

Wir betrachten nun ein Labor L mit der Raumkoordinaten X und der Zeitkoordinaten t sowie ein zweites Labor L′ mit den Koordinaten $X′$ und $t′$. Das Labor L′ bewege sich relativ zu L mit der Geschwindigkeit V. Beim Übergang von einem Labor in das andere besteht das Charakteristikum der Lorentz-Transformation darin, daß die Größe $X^2 - t^2$ in beiden Labors denselben Wert hat. Wir können also schreiben $X^2 - t^2 = X′^2 - t′^2$. Ein Lichtsignal, das vom Ursprung O ausgeht, hat im Labor L eine Weltlinie, die durch die Gleichung $X - t = 0$ beschrieben wird. Im Labor $X′$ wird es daher die Gleichung $X′ - t′ = 0$ haben. Also hat das Lichtsignal in L′ dieselbe Geschwindigkeit c. Diese Invarianz oder Konstanz der Lichtgeschwindigkeit hat einige wichtige Konsequenzen.

Nehmen wir an, ein Stab befinde sich in Ruhe im Labor L′, das sich mit der Geschwindigkeit V bewegt. Daher bewegt sich der Stab im Labor L mit der Geschwindigkeit V. Wollen wir nun seine Länge messen, wie sie in L gesehen wird, müssen wir die Orte seiner beiden Enden zur selben Zeit ermitteln. Nehmen wir an, die Enden befinden sich in L zur Zeit $t = 0$ bei O (am Ursprung) und bei x. Dann liegt in L′ das eine Ende zur Zeit $t′ = 0$ bei O und das andere zur Zeit $t′ = T$ bei $x′$. Gemäß der oben gegebenen Gleichung ist dann $X^2 = X′^2 - T^2$. Das bedeutet, x muß kleiner sein als $x′$. Daraus folgt, daß der bewegte Stab *kürzer* erscheint, als wenn er ruht! Die Lorentz-Transformation besagt also, daß Körper in Richtung ihrer Bewegung kontrahiert werden; dies nennt man *Lorentz-Kontraktion*.

Nun betrachten wir eine Uhr, die in L′ ruht, und wollen wissen, ob sie auch in L die richtige Zeit anzeigt. Dazu vergleichen wir beim Passieren von L ihre Zeit $t′$ in L′ mit der Zeit t, die von den synchronen Uhren angezeigt wird, die in L ruhen. Der Ort der Uhr in L′ sei $X′ = 0$, und in L sei er X. Wieder gemäß der obigen Gleichung gilt $-t′^2 = X^2 - t^2$ und daher $t′^2 = t^2 - X^2$. Daraus folgt, daß $t′$ kleiner als t ist. Anders ausgedrückt: die bewegte Uhr scheint nachzugehen! Dieser Effekt heißt Zeitdehnung oder *Zeitdilatation*.

Im Minkowski-Diagramm erwarten uns aber noch weitere Überraschungen. In Abbildung 33 sehen Sie die Wirkung einer Lorentz-Transformation. Die $X′$-Achse des bewegten Labors L′ schließt mit der X-Achse des ruhenden Labors L den Winkel a ein, ebenso wie die $t′$-Achse mit der t-Achse. Der Winkel a hängt von der Geschwindigkeit V des Labors L′ relativ zum Labor L ab. Ist V klein im Vergleich zur Lichtgeschwindigkeit c, dann ist a klein. Liegt V nahe der Lichtgeschwindigkeit, dann beträgt a ungefähr 45°.

Was können wir diesem Diagramm entnehmen? Das Ereignis E wird in L beobachtet, und der betreffende Zeitpunkt t sowie der Ort X werden ermittelt, wie in der Abbildung zu sehen ist und vorhin schon erklärt wurde.

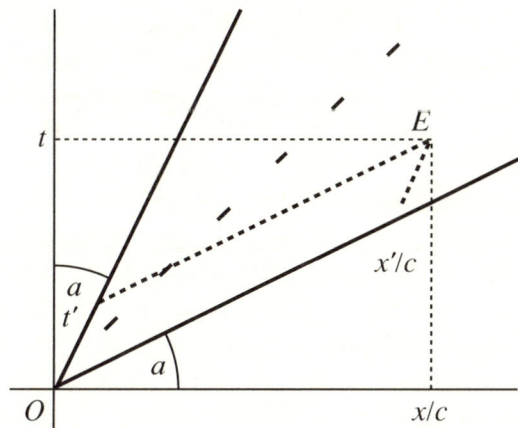

Abb. 33 Die Zeit- und Raum-Achsen eines relativ zu einem ruhenden Labor L bewegten Labors
L′. E ist ein Ereignis, das im ruhenden Labor zur Zeit t am Ort X beobachtet wird.
Im bewegten Labor L′ wird es zur Zeit $t′$ am Ort $X′$ beobachtet.

Im bewegten Labor L′ ist das Ereignis zur Zeit $t′$ am Ort $X′$ zu beobachten.
Um diese Größen zu bestimmen, zeichnen wir Geraden parallel zur $t′$- und
zur $X′$-Achse und lesen den jeweiligen Achsenabschnitt ab.

Denken wir einen Moment über die Konsequenzen nach, die sich hier-
aus ergeben. Die X-Achse ist der Ort aller Ereignisse, die — wie im Labor L
beobachtet — gleichzeitig mit dem Ereignis O im Ursprung ablaufen. Dagegen ist die $X′$-Achse der Ort aller Ereignisse, die gleichzeitig mit O ablaufen, wie dies ein Beobachter wahrnimmt, der sich mit dem Labor L′ bewegt.
Daraus müssen wir schließen, daß zwei Ereignisse, die einem Beobachter
gleichzeitig erscheinen, für einen zweiten Beobachter nicht gleichzeitig ablaufen, der sich relativ zum ersten Beobachter bewegt. Die Gleichzeitigkeit
kann also nicht mehr absolut definiert werden, sondern hängt vom Bewe-
gungszustand des Beobachters ab. Uhren, die bei der Beobachtung in einem
Labor synchron laufen, scheinen verschieden schnell zu gehen, wenn sie aus
einem bewegten Labor beobachtet werden.

Jetzt können wir ein bestimmtes Rätsel lösen, das mit der Lorentz-
Transformation zusammenhängt. Die Längenkontraktion muß völlig symmetrisch sein: Wenn ein Beobachter in L einen Stab in L′ verkürzt sieht,
erscheint einem Beobachter in L′ ein in L ruhender Stab ebenso stark verkürzt. Nun könnte man annehmen, zwischen diesen beiden Beobachtungen
bestehe ein Widerspruch; denn wenn man die beiden sich relativ zueinander
bewegenden Stäbe für einen Moment zusammenbrächte, könnte man objek-
tiv feststellen, wer richtig beobachtet. Das ist aber nicht möglich, weil der
Beobachter in L die Orte der Stabenden in L′ *gleichzeitig* hinsichtlich seiner

Uhren vergleichen muß, während der Beobachter in L' die Orte der Stabenden in L gleichzeitig bezüglich der in L' ruhenden Uhren ermitteln muß.
Die erste dieser Messungen erscheint dem Beobachter in L' so, als würden
die Orte der Enden seines Stabes zu verschiedenen Zeitpunkten gemessen.
Entsprechendes gilt umgekehrt für die Wahrnehmung der zweiten Messung
durch den Beobachter in L. Damit besteht kein Widerspruch, denn was in
einem Labor gleichzeitig ist, ist es im anderen nicht.

Für unsere Folgerung, daß eine bewegte Uhr langsamer zu gehen
scheint, gilt Ähnliches. Beobachter, die sich mit der Uhr in L' bewegen,
nehmen den Gang jeder Uhr in L ebenfalls verlangsamt wahr. Beide Be-
obachtergruppen sehen die Uhren der anderen nachgehen! Wie kann das
sein? Die Lösung des Problems liegt in folgendem: Wenn Beobachter in L
die Uhr in L' nachgehen sehen, dann vergleichen sie die bewegte Uhr mit
einem Satz von Uhren, die in L ruhend und synchron laufen. Die Uhr wird
mit zunehmender Entfernung immer weiter nachgehen. Beide Beobachter-
gruppen müssen darin übereinstimmen. Aber Beobachter in L' werden das
so erklären, daß die Uhren in L nicht synchron laufen. Solche Beobachter
werden auch jede einzelne Uhr in L immer weiter nachgehen sehen, wenn
diese einen Satz von Uhren passiert, der in L' synchron läuft. Sie werden
daraus schließen, daß für sie die Uhr in L nachgeht. Zwischen beiden Be-
obachtergruppen besteht demnach völlige Symmetrie. Das Ausmaß, in dem
eine Uhr nachgeht, hängt selbstverständlich davon ab, wie schnell sie sich
im Verhältnis zur Lichtgeschwindigkeit bewegt. Der Effekt ist normalerweise nur dann merklich, wenn die Geschwindigkeit in der Größenordnung
der Lichtgeschwindigkeit liegt.

Das hier beschriebene Nachgehen bewegter Uhren hat überhaupt nichts
mit der Funktion des jeweiligen Uhrwerks zu tun, sondern betrifft alle Naturerscheinungen und konnte experimentell eindeutig nachgewiesen werden.
Es gibt beispielsweise in der Natur viele Teilchen, die die Tendenz zum Zerfall haben, etwa radioaktive Atomkerne. Der genaue Zeitpunkt, zu dem ein
bestimmtes Teilchen zerfällt, kann nicht vorausgesagt werden, wie wir in
Kapitel 7 noch besprechen werden. Aber jede Ansammlung gleicher Teilchen hat eine gewisse «Halbwertszeit» T, nach deren Ablauf jeweils die
Hälfte der am Anfang dieses Zeitraums vorhandenen Teilchen zerfallen sein
wird. Nehmen wir an, wir erzeugen in einem Beschleuniger einen Strahl aus
solchen Teilchen, die alle die gleiche hohe Geschwindigkeit haben, die der
Lichtgeschwindigkeit nahekommt. Dann werden wir experimentell feststellen, daß die Halbwertszeit nun viel größer als T ist. Der Unterschied wird
genau dem entsprechen, den wir aus der Zeitdilatation gemäß der Lorentz-
Transformation berechnen können.

Reisende Zwillinge und überlichtschnelle Signale

Ich hatte betont, daß der Effekt der nachgehenden Uhren völlig symmetrisch ist: Ich sehe Ihre Uhr nachgehen, und für Sie geht meine Uhr nach. Es gibt aber eine Möglichkeit, diese Symmetrie zu stören. Nehmen wir ein Zwillingspaar an, Jutta und Birgit. Im Alter von 30 Jahren bricht Birgit zu einer langen Reise mit einem sehr schnellen Raumschiff auf, während Jutta auf der Erde bleibt. Nach zehn Jahren kehrt Birgit zu Jutta zurück, die nun 40 ist. Aber Birgit ist jetzt erst 35! Damit meine ich nicht, daß Birgit irgendwie nur 5 von den 10 Sommern gesehen hat, die Jutta erlebte, sondern daß sie in jeder Hinsicht biologisch nur um 5 Jahre gealtert ist, während Jutta um 10 Jahre älter wurde. Man spricht dabei meist vom «Zwillings-Effekt» oder besser vom «Zwillings-Paradoxon», weil die eben erwähnte Symmetrie der beiden nachgehenden Uhren hier verletzt scheint. Es liegt aber kein Widerspruch vor, denn Birgit muß für die gesamte Reise (hin und wieder zurück zu ihrer Zwillingsschwester) zuerst in der einen Richtung und dann in der Gegenrichtung beschleunigt werden, während Jutta keine Beschleunigung erfährt. Diese nicht konstante Geschwindigkeit einer der beiden Schwestern relativ zur anderen bewirkt den Verlust der oben beschriebenen Symmetrie. Es gibt also einen Zwillings-Effekt, der aber nicht paradox ist.

Kehren wir zum Minkowski-Diagramm zurück und sehen uns die Abbildung 34 an. Das Ereignis E liegt unterhalb der 45°-Geraden. Wie in Labor L beobachtet wird, geschieht es zu einem *positiven* Zeitpunkt, das heißt, es tritt nach dem Ereignis O (am Ursprung) auf, denn es liegt oberhalb der X-Achse, die in L' die Linie der Gleichzeitigkeit durch O ist. Wie im Labor L' beobachtet wird, geschieht dasselbe Ereignis E zu einem *negativen* Zeitpunkt, weil die Linie durch E parallel zur X'-Achse die t'-Achse unterhalb von O schneidet, also unterhalb der Linie der Gleichzeitigkeit durch O im Labor L'. Damit hängt die Reihenfolge der Ereignisse O und E davon ab, wo sich der Beobachter befindet.

Stellen wir uns nun vor, wir befinden uns in L und senden ein Signal von O nach E. Weil E unterhalb der 45°-Linie liegt, müßte dieses Signal «überlichtschnell» sein, also schneller als das Licht fortschreiten. Daß das Signal von O zu E gesandt wurde, bedeutet, daß O vor E geschah. Schaut ein Beobachter in L' auf dasselbe Signal, so geschieht für ihn das Ereignis E vor dem Ereignis O. Dieser Beobachter würde daher folgern, daß das Signal von E nach O gesandt wurde. Würde das Signal langsamer als das Licht fortschreiten, so läge E oberhalb der 45°-Linie, und von keinem Labor aus geschähe E zu einer negativen Zeit. Ist das nicht völlig verwirrend, und wirft es nicht unsere Auffassung von der Kausalität über den Haufen? Natürlich müssen wir zwischen der Person, die das Signal sendet, und dem passiven Empfänger unterscheiden können. Aber die Kausalität würde ge-

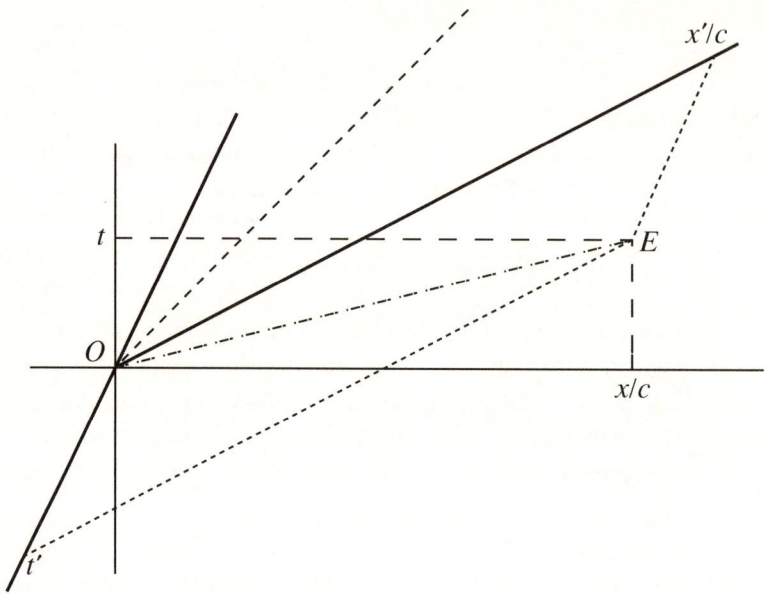

Abb. 34 Ein Ereignis E wird in zwei verschiedenen Labors beobachtet. Die strichpunktierte
Gerade repräsentiert ein überlichtschnelles Signal, das O mit E verbindet.

wiß in Frage gestellt, wenn irgendeine Art von Signalen möglich wäre, die
sich schneller als das Licht ausbreiten. Für jedes solche Signal würde immer ein Labor existieren, das sich wie L′ relativ zu L langsamer als das
Licht bewegt und in dem das Signal von seinem Empfänger zu seinem Sender verliefe. Deshalb wird oft behauptet, die Relativitätstheorie verbiete die
Existenz überlichtschneller Signale, oder sie verbiete es, daß sich überhaupt
etwas schneller als das Licht bewegt. Wir müssen uns aber klarmachen, daß
das Verbot solcher Geschwindigkeiten aus einer Kombination der Relativitätstheorie mit unserer Vorstellung von der Kausalität herrührt und nicht
von der Relativitätstheorie allein.

Das Abenteuer zweier Raumschiffe

Wahrscheinlich wird das folgende Gedankenexperiment Klarheit schaffen.
Abbildung 35 enthält die Weltlinien zweier Raumschiffe, die sich anfangs
in Ruhe befinden (vertikale Weltlinien) und sich später mit derselben Geschwindigkeit bewegen, die kleiner als die Lichtgeschwindigkeit ist. Zu einem bestimmten Zeitpunkt, der mit A bezeichnet ist, aktiviert die Besatzung
des Raumschiffs RI ihren Sender, der überlichtschnelle Signale abgibt, und
schickt eine Nachricht an das Raumschiff RII. Wie wir in Abbildung 33

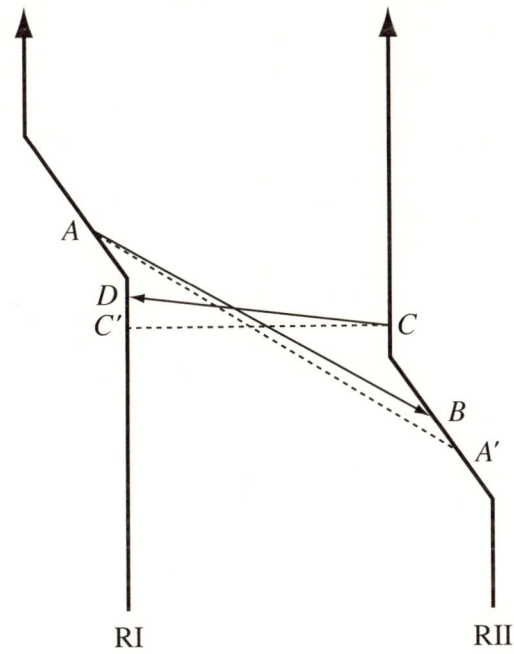

Abb. 35 Die Weltlinien zweier Raumschiffe, die einander Nachrichten mit Hilfe überlichtschneller Signale senden. Die gestrichelten Geraden sind Linien der Gleichzeitigkeit.

(S. 147) gesehen hatten, sind die Weltlinie und die Linie der Gleichzeitigkeit eines gleichförmig bewegten Labors bezüglich der 45°-Linie zueinander
symmetrisch. Abbildung 35 zeigt die Linie der Gleichzeitigkeit des Raumschiffs RI vom Punkt A zum Punkt A'. Weil die beiden Weltlinien der
Raumschiffe bei A und bei A' parallel verlaufen, ist das auch die Linie der
Gleichzeitigkeit für RII zu diesem Zeitpunkt. Die Nachricht erscheint etwas
später bei B. Die Besatzungen beider Raumschiffe stimmen darin überein,
daß B später als AA' ist, ihre beiderseitige Linie der Gleichzeitigkeit. Also
stellen beide Besatzungen fest, daß die Nachricht von RI zu RII gesandt
wurde — bisher gibt es keinerlei Verwirrung.

Zu einem späteren Zeitpunkt, nachdem RII gestoppt hatte (vertikale
Weltlinie), sendet dessen Besatzung eine überlichtschnelle Nachricht zurück
zu RI, und zwar bei C in Abbildung 35. Nun verläuft ihre Linie der Gleichzeitigkeit horizontal und schneidet die Weltlinie von RI bei C', wo sich der
Empfänger ebenfalls in Ruhe befindet. Die Nachricht trifft etwas später bei
D ein. Wieder sind sich die Besatzungen darin einig, daß D später als C ist
und daher aus ihrer Sicht die Nachricht von RII zu RI gesandt wurde.

Aber nun haben wir einen erstaunlichen Sachverhalt: Für Raumschiff
RI kommt die Antwort (die zweite Nachricht) bei D an, *bevor* die ursprüng-

liche Nachricht bei A abgesandt wurde! Durch das überlichtschnelle Hin- und Rücksignal (von RI zu RII sowie von diesem wieder zu RI) konnte die Besatzung von RI eine Nachricht in ihre eigene Vergangenheit senden. Sie konnte also sich selbst mitteilen, was später geschehen wird — ein krasser Fall von Präkognition (Vorauswissen). Stellen wir uns vor, die Nachricht bzw. das Signal bestünde darin, bei D eine Bombe zu zünden, mit der Raumschiff RI gesprengt würde. Dann könnte das Signal bei A, das die Explosion auslöste, gar nicht mehr gesendet werden. Dieser kausale Rückschluß führt uns zu einem unauflöslichen Widerspruch.

Was können wir tun? Wir müssen zunächst erkennen, daß der Widerspruch, der sich ergab, kein *logischer* Gegensatz ist. Es ist schließlich folgendes vorstellbar: Die Besatzung versucht zwar, bei A eine Nachricht abzusetzen, um ihr eigenes Raumschiff bei D zu sprengen, aber dies mißlingt trotz wiederholter Ansätze. Damit wäre der Widerspruch vermieden, jedoch um den Preis, daß wir etwas einführen müßten, was wir noch nie erlebt haben: daß eine bestimmte Art von Nachrichten einfach nicht gesendet werden könnte. Uns sind häufige Defekte und das zeitweilige Versagen technischer Einrichtungen durchaus bekannt, doch erwarten wir aufgrund unserer umfangreichen Erfahrung, daß wir jede gewünschte Nachricht auf jeden Fall irgendwann senden können. Vor diesem Hintergrund glauben wir an die *Kausalität*. Dieses Prinzip würde zusammen mit der Relativitätstheorie verletzt, wenn es überlichtschnelle Signale gäbe.

Das Kausalitätsprinzip

Wir müssen nun folgern: Die Kombination von Relativitätstheorie und Kausalitätsprinzip erzwingt, daß die Lichtgeschwindigkeit die Obergrenze aller möglichen Geschwindigkeiten ist. Gibt es Geschwindigkeiten, die diesem Verbot nicht unterliegen? In Abbildung 33 (S. 147) hatten wir gesehen, daß sich aufgrund der Lorentz-Transformation von Beginn an keine zwei Labors schneller als mit der Lichtgeschwindigkeit c gegeneinander bewegen können. Das Minkowski-Diagramm käme in einem solchen Fall zweifellos durcheinander. Wir können auch zeigen, daß die drei Komponenten des Impulsvektors $\vec{p}$ eines Teilchens und seine Energie sich beim Anwenden der Lorentz-Transformation ebenso verhalten wie die drei Komponenten seines Ortsvektors und die Zeit. Es stellt sich heraus, daß ein Teilchen, das sich schneller als mit c bewegte, eine Masse m hätte, die einen negativen Wert von m^2 bedeutete. Damit wäre m eine imaginäre Zahl (siehe Kapitel 1). Selbst das Beschleunigen auf Lichtgeschwindigkeit würde eine unendlich hohe Energiemenge erfordern. Daher müssen sich gewöhnliche Teilchen stets langsamer als mit Lichtgeschwindigkeit bewegen. Zusätzlich gibt es noch folgendes Argument: Könnten sich die Teilchen überlichtschnell fortbewegen, so wären mit ihrer Hilfe Nachrichten zu übermitteln, die das Kausalitätsprinzip verletzten. Also sind keinerlei überlichtschnelle Signale erlaubt.

Aber woraus besteht ein Signal eigentlich? Aus den eben angestellten Überlegungen geht hervor, daß ein Signal von A nach B etwas ist, das bei B auf Kommando von A sozusagen einen Schalter aktivieren kann. Dieser Vorgang muß die Übertragung von Energie oder Information einschließen. Es gibt jedoch Bewegungen, die nicht von dieser Art sind. Hält man beispielsweise einen Finger vor eine Glühlampe und beobachtet dessen Schatten auf einem entfernten Schirm, so ist die Geschwindigkeit des Schattens proportional zum Abstand vom Schirm, wenn man den Finger bewegt. Ist der Abstand groß genug, kann man den Schatten im Prinzip beliebig schnell werden lassen. Mit der Bewegung des Schattens auf dem Schirm vom Punkt A zum Punkt B kann man keine Betätigung des Schalters bei B aufgrund eines Kommandos von A bewirken. Daher würde die überlichtschnelle Bewegung eines solchen Schattens auf dem Schirm das Kausalitätsprinzip in Verbindung mit der Relativitätstheorie nicht verletzen. Auch viele andere Geschwindigkeiten physikalischer Phänomene unterliegen dieser Einschränkung nicht.

Der springende Punkt in der eben vorgestellten Argumentation ist der Ausdruck «auf Kommando von». Dies mag zu der Überlegung anregen, welche Rolle unser Glaube an den «freien Willen» bei der Kausalität spielt, wie wir sie hier verstehen. Wir sind sicher, daß es uns freisteht, eine Nachricht beliebigen Inhalts zu senden und ihre Wirkung zu beobachten. Tatsächlich beruht jedes wissenschaftliche Experiment auf der Annahme, daß wir hier etwas bewegen und dort die Reaktion darauf verfolgen können. Wenn wir darin nicht frei sind und wenn unsere Aktion durch das bestimmt wird, was wir als die entfernte Reaktion ansehen, dann werden die Schlüsse wertlos sein, die wir aus dem Versuch ziehen. Solchen Problemen können wir auch nicht dadurch ausweichen, daß wir unseren freien Willen durch eine Zufallsanordnung ersetzen. Denn wenn wir es nicht als selbstverständlich annehmen, daß die Ursachen stets den Wirkungen vorangehen müssen, könnte selbst das Werfen zweier Würfel durch spätere Ereignisse bestimmt sein, die wir aber als ihre «Wirkung» ansehen. Wir haben zahlreiche Indizien dafür, daß die Ursachen vorangehen, obgleich dies nicht logisch zwingend ist. Diese Gedankengänge sollten nicht als ernste Zweifel an unserer Vorstellung von der Kausalität interpretiert werden, sondern hier nur deutlich machen, daß diese Ansichten nicht auf der Logik allein beruhen, sondern auf vielfältiger Erfahrung.

Das Verbot überlichtschneller Signale ist nicht der einzige Aspekt der Physik, in dem (implizit oder explizit) der Begriff der Kausalität verwendet wird, wenn aus einer Theorie physikalische Schlüsse gezogen werden. Solch eine Anwendung der Kausalität ist nicht ungewöhnlich. Ein weiteres gutes Beispiel ist folgendes: Die Maxwellschen Gleichungen sagen aus, daß jede beschleunigt bewegte elektrische Ladung nicht nur vom Coulombschen Feld umgeben wird (das auch die ruhende Ladung umgibt; siehe Kapitel 4), sondern außerdem von einem elektromagnetischen Feld, das in großen Abständen stärker als das Coulomb-Feld ist. Das elektromagnetische Feld wird jedoch nicht allein durch die Maxwellschen Gleichungen beschrieben, denn wir müssen auch die Anfangsbedingung kennen. Diese entnehmen wir beispielsweise der plausiblen Annahme, daß vor dem Beschleunigen der Ladung auch kein solches Feld existierte. Wenn die Beschleunigung aber das Feld *hervorruft*, kann es nur später und nie vor der Beschleunigung beobachtet werden. Ein solches Feld, das vorher existierte, würde durch Ausüben einer Kraft die Beschleunigung bewirken und könnte daher kein Ergebnis der Beschleunigung der Ladung sein. Die spezielle Lösung der Maxwell-Gleichungen, die auf dieser Anfangsbedingung beruht, beschreibt ein sogenanntes *retardiertes* (verzögertes) Feld. Andere Lösungen dieser partiellen Differentialgleichungen sind zuweilen für mathematische Zwecke interessant, aber ihnen wird gewöhnlich keine physikalische Bedeutung zugeschrieben. Aufgrund unserer allgemeinen Erfahrung, daß die Ursachen stets den Wirkungen vorangehen, folgern wir, daß nur das retardierte Feld physikalisch bedeutsam ist. Dann können wir aus den Maxwell-Gleichungen (mit der Retardierungsbedingung) exakt berechnen, wieviel elektromagnetische Strahlung von einer beschleunigten elektrischen Ladung abgegeben wird. Das Ergebnis muß danach experimentell überprüft werden.

Tachyonen

Wie schon in Kapitel 2 erwähnt wurde und in Kapitel 7 noch näher erläutert wird, hat das Aufkommen der Quantentheorie die Überzeugung von der universellen Macht der Kausalität beträchtlich erschüttert, zumindest was die ursprüngliche Bedeutung dieses Begriffs betrifft. Früher wurde die Annahme einer strengen Bestimmtheit (Determinismus) als absolut notwendige Bedingung wissenschaftlichen Denkens angesehen, oder vielmehr als ein notwendiger «Kantscher» Begleiter rationalen Denkens. Dagegen sehen wir heute Erfahrung und Beobachtung als Grundlage der Kausalität an, wie es der Philosoph David Hume vorschlug. So verwundert es nicht, daß manche Physiker glaubten, die auf Signalen, Kausalität und Relativität beruhenden Argumente könnten durch die Quantentheorie außer Kraft gesetzt worden sein. Wenn die Bewegung eines Teilchens nicht genau vorhergesagt werden kann, warum sollte dann kein Teilchen existieren, das sich mit Überlichtgeschwindigkeit bewegt? Solch ein hypothetisches Teilchen nennt man

Tachyon, vom griechischen Wort *tachys* = schnell. Es müßte allerdings, wie schon gezeigt, eine imaginäre Masse haben — na und?

Tachyonen müßten aber noch andere merkwürdige Eigenschaften aufweisen: Weil sie nie aus der Ruhe auf Lichtgeschwindigkeit und darüber hinaus beschleunigt werden könnten, müßten sie *immer* mit Überlichtgeschwindigkeit herumsausen. Wenn sie Energie verlören (etwa durch Abstrahlung von Licht), wenn sie elektrisch geladen wären, so würden sie beschleunigen. Es würde eine unendlich große Energiemenge erfordern, ein Tachyon auf Lichtgeschwindigkeit abzubremsen. Nun sind diese Charakteristika in der Tat seltsam, aber für die Physiker sind Seltsamkeiten in der Natur nichts Ungewohntes. Obwohl die meisten Theoretiker fest daran glauben, daß solche Teilchen nicht existieren können, und obwohl die Chancen für einen Erfolg extrem klein waren, meinten einige Experimentalphysiker, die Suche nach den Tachyonen lohne sich. Ein guter Experimentalphysiker sollte mehr Mühe darauf verwenden, die Hypothesen seiner Theoretiker-Kollegen *zu widerlegen*, anstatt zu versuchen, sie zu bestätigen. Die Frage ist, ob man eher ein Experiment mit geringer Chance und gegebenenfalls hohem Erfolg durchführt, oder eines, das zwar nicht schwierig ist, aber auch kein großes Aufsehen erregen wird. Das ist im Grunde dasselbe Problem, dem sich ein Roulettespieler gegenübersieht. Die Entscheidung hängt wohl vor allem vom Temperament ab. Niemand war sehr überrascht, doch mancher bedauerte es, daß noch keine Tachyonen nachgewiesen werden konnten. Derzeit wird nicht intensiv nach ihnen gesucht.

Wir können nun folgendes schließen: Wenn die Relativitätstheorie zutrifft (wofür es viele experimentelle Indizien gibt) und wenn wir mit unserer Vorstellung vom Kausalitätsprinzip ebenfalls nicht falsch liegen (auch dafür gibt es eine Reihe von Belegen), dann können wir nicht erwarten, Nachrichten zu empfangen, die erst vor einigen Wochen von Lebewesen gesendet wurden, die auf einem Planeten leben, der um eine 100 000 Lichtjahre von uns entfernte Sonne kreist. Wenn uns jemals Nachrichten aus einer solchen Entfernung erreichen sollten, so wären sie vor mindestens 100 000 Jahren abgesandt worden. Und sollten uns Lebewesen von diesem Planeten mit extrem schnellen Raumschiffen besuchen, dann könnte die Reise für sie vielleicht nur einige Monate gedauert haben. Brächen schließlich einige unserer Nachfahren mit einem Hochgeschwindigkeitsraumschiff zu einer zehnjährigen Expedition auf, so könnten sie bei ihrer Rückkehr eine um hundert Jahre gealterte Erde vorfinden.

In diesem Kapitel haben wir uns mit Einsteins Spezieller Relativitätstheorie beschäftigt, einer der beiden revolutionären physikalischen Theorien, die in der ersten Hälfte unseres Jahrhunderts aufgestellt wurden. Dabei haben wir einige ihrer verblüffenden Konsequenzen besprochen. Nun kommen wir zu der anderen umwälzenden physikalischen Theorie, zu der Einstein wiederum Entscheidendes beitrug, die er aber schließlich doch ablehnte: die Quantentheorie. Wie wir sehen werden, müssen wir hier unsere Auffassung vom Wirken der Natur noch gründlicher ändern, als das im Zusammenhang mit der Relativitätstheorie nötig war.

7 Gespenstische Fernwirkung

Wie wir in Kapitel 4 schon gesehen haben, brachte die im ersten Viertel unseres Jahrhunderts entwickelte Quantentheorie einschneidende Veränderungen unserer Auffassungen über die Natur mit sich. Dieser Wandel rührte vor allem vom Verzicht auf einen strikten Determinismus her, und zwar nicht nur für längere Zeiträume wie in der klassischen Mechanik, sondern auch für kurze Zeitspannen im atomaren Maßstab. Manche Wissenschaftshistoriker meinen, die irrationale, antideterministische Stimmung und das politische Chaos in Deutschland nach der Niederlage im 1. Weltkrieg hätten zum Aufkommen der Quantenmechanik entscheidend beigetragen. Lewis S. Feuer bezog sich auf die letztlich erfolglose Revolution in Bayern mit dem Versuch, eine Räterepublik zu errichten, und auf den danach einsetzenden Gegenterror, als er schrieb: «Ohne die Geschehnisse von 1919 in München hätte Heisenberg die Unschärferelation nicht aufstellen können.»[34] Solche provozierenden externen soziologischen Deutungen der Wissenschaft enthalten zuweilen ein Körnchen Wahrheit, so daß sie plausibel klingen; aber sie geben das Wesen der Naturwissenschaft verzerrt wieder. Um die psychologischen Ursprünge neuer Ideen zu erklären, reicht es nicht aus, ihre experimentelle Bestätigung, ihre breite Akzeptanz und ihre Dauerhaftigkeit zu beschreiben.

Die Quantentheorie bringt dagegen eine tiefergehende und weiterreichende Änderung unserer Vorstellungen mit sich als nur die Zerstörung der strikten Kausalität: Wir müssen überdenken, was die «Realität» ausmacht. Wir werden diese beiden Aspekte der quantentheoretischen Neuerungen untersuchen und dabei zunächst einen Blick in die Vergangenheit werfen. In Kapitel 2 befaßten wir uns mit der klassischen Newtonschen Mechanik, wie sie in den letzten 300 Jahren von bedeutenden Physikern und Mathematikern formuliert wurde, und in Kapitel 3 besprachen wir die von Maxwell, Gibbs und Boltzmann in der zweiten Hälfte des 19. Jahrhunderts entwickelten Ideen, die die Basis der statistischen Mechanik bilden. Im folgenden möchte ich einige ihrer Charakteristika zusammenfassen.

Klassische Mechanik und statistische Mechanik

Der Zustand eines physikalischen Systems, das beispielsweise aus starren Körpern oder aus Teilchen besteht, ist zu einem gegebenen Zeitpunkt definiert durch die Orte (und bei starren Körpern auch die Orientierungen) und die Geschwindigkeiten oder Impulse aller im System vorhandenen Körper. Dies bedeutet zwar eine gewisse Idealisierung, aber der Zustand eines Systems ist im Prinzip experimentell feststellbar: Er ist mit der gewünschten Genauigkeit meßbar. Natürlich ist die Meßgenauigkeit aus technischen und praktischen Gründen begrenzt, aber prinzipiell könnte man aufgrund der Weiterentwicklungen von Geräten und Verfahren eine beliebige Verbesserung der erzielbaren Informationen erwarten.

Die Gesetze der klassischen Mechanik sind so beschaffen, daß wir bei Kenntnis aller wirkenden Kräfte sowie des Zustands des Systems zu einem bestimmten Zeitpunkt t_1 im Prinzip den Zustand dieses Systems zu einem anderen (früheren oder späteren) Zeitpunkt t_2 bestimmen oder berechnen können. Demnach verhielte sich das Universum wie ein perfektes Uhrwerk, dessen Zustand zu einem gegebenen Zeitpunkt durch seinen Zustand zu irgendeinem früheren Zeitpunkt völlig bestimmt ist. Darauf beruhte Laplaces berühmte Aussage, die ich zu Beginn von Kapitel 2 zitiert habe. Sie bedeutet, daß bei Kenntnis aller Zusammenhänge und des gegenwärtigen Zustands bei ausreichend hoher Denk- oder Rechenfähigkeit der Zustand des Universums für alle Ewigkeit vorherzusagen ist.

Wir hatten in Kapitel 2 gesehen, daß eine solche Erwartung bestimmten, tiefgreifenden praktischen Beschränkungen unterliegt. Diese liegen nicht nur darin, daß es uns offensichtlich praktisch unmöglich ist, den gegenwärtigen physikalischen Zustand eines Systems ausreichend genau anzugeben und daher auch zukünftige Zustände exakt zu ermitteln. Bei den meisten Systemen macht schon ein geringer Fehler bei der Bestimmung des gegenwärtigen Zustands die Voraussage wesentlich späterer Zustände praktisch unmöglich. Wegen dieser empfindlichen Abhängigkeit von den Anfangsbedingungen führen kleine Störungen letztlich zum Chaos. Auch der leistungsfähigste Computer würde uns daher für die fernere Zukunft nicht einmal annähernd brauchbare Voraussagen liefern.

Solche praktischen Grenzen der Vorhersagbarkeit des Verhaltens komplizierter mechanischer Systeme werden natürlich um so gravierender, je mehr Teilchen oder Körper das System enthält. Schon das exakte Vorausberechnen der Planetenbewegungen im Sonnensystem ist eine gewaltige Aufgabe, wenn die Wechselwirkungen aller Punkte berücksichtigt werden. Dieselbe Berechnung für die Gasmoleküle in einem Autoreifen ist schlicht unmöglich. Selbst der größte denkbare Computer könnte die Flugbahn jedes einzelnen der mehr als 10^{23} Moleküle nicht verfolgen.

Die Thermodynamik ist das Teilgebiet der Physik, das sich mit Systemen befaßt, die sehr viele Teilchen enthalten (etwa Gase und Flüssigkeiten). Die thermodynamischen Gesetze beschreiben die Eigenschaften solcher Systeme, darunter Druck, Volumen und Temperatur, und deren wechselseitige Abhängigkeiten (siehe Kapitel 3). Die Thermodynamik ist ein beeindruckendes, in sich geschlossenes Gefüge, dessen Struktur im 19. Jahrhundert entwickelt wurde, ohne daß Modelle oder Erklärungen zugrunde gelegt wurden, die ihrerseits auf tiefergehenden Theorien beruhten. Zu jener Zeit war die atomistische Theorie noch nicht etabliert, sondern sehr umstritten. Der Erste und der Zweite Hauptsatz der Thermodynamik wurden jedoch ohne weiteres akzeptiert.

Als die Existenz von Atomen und Molekülen zunehmend anerkannt wurde, kam die Notwendigkeit auf, die thermodynamischen Gesetze durch das Verhalten dieser kleinsten Teilchen der Gase und der Flüssigkeiten zu «erklären». Das Verhalten der Atome und der Moleküle wiederum beschrieb man mit Hilfe der klassischen Newtonschen Bewegungsgesetze. Demnach sollten die thermodynamischen Gesetze auf diese «elementareren» mechanischen Gesetze zurückzuführen sein. Hauptmerkmal der thermodynamischen Systeme ist aber die ungeheure Anzahl von Teilchen, die beispielsweise in Gefäßen vorhanden ist, wie sie etwa in Labors verwendet werden. Um den Zusammenhang zwischen den mechanischen und den thermodynamischen Gesetzen herzustellen, wurde daher die statistische Mechanik entwickelt. Die thermodynamischen Gesetzmäßigkeiten, zunächst unabhängig von den mechanischen Gesetzen gefunden und formuliert, wurden so zur sekundären Bestätigung der elementareren Bewegungsgesetze und verloren dadurch ihren apodiktischen, «zwangsläufigen» Charakter. Damit entwickelten sie sich zu statistischen Gesetzen, die auf den Newtonschen Gesetzen beruhen. Der Zweite Hauptsatz besagt nun nicht mehr, daß Wärme *niemals* von einem kalten zu einem heißen Körper fließt, sondern nur, daß dieser Vorgang extrem unwahrscheinlich ist. Das ist natürlich ein prinzipieller Unterschied, der aber keine praktischen Auswirkungen hat; denn wegen der so enorm hohen Anzahl der Teilchen entspricht der früher verwendete Ausdruck «unmöglich» jetzt einer so verschwindend kleinen Wahrscheinlichkeit, daß ein solcher Prozeß, wenn überhaupt, vielleicht nur einmal im ganzen Universum während dessen gesamter Lebensdauer auftreten könnte.

Der Formalismus, in dem die statistische Mechanik formuliert wurde, umfaßt das Prinzip, daß man sich ein physikalisches System vervielfacht vorstellen und seine Entwicklung verfolgen kann, wobei es jeweils denselben Gesetzen und Einschränkungen unterliegt, aber möglicherweise von unterschiedlichen Anfangsbedingungen ausgeht. Das bedeutet, die Moleküle starten an anderen Orten oder mit anderen Geschwindigkeiten, jedoch ohne daß wir die Unterschiede von außen bemerken können. Gibbs nannte solche großen Gruppen identischer Systeme *Gesamtheiten*. Dabei werden Wahrscheinlichkeiten als Verhältnisse der Häufigkeiten bestimmter Eigenschaften errechnet. Entsprechend berechnet man beispielsweise die Wahrscheinlichkeit, daß beim Münzwurf das Wappen fällt, als Anteil derjenigen Würfe, die Wappen ergeben, von allen Würfen vieler identischer Münzen. Eine Gesamtheit sollte im Prinzip unendlich viele gleiche Systeme umfassen, aber normalerweise genügen «sehr viele». (Wir lassen hier die tieferen mathematischen Problem außer acht, die dabei entstehen.)

Die Situation in der Physik zu Beginn dieses Jahrhunderts war im großen und ganzen folgende: Das zukünftige Verhalten vieler physikalischer Systeme, wie der Planeten und ihrer Monde, wurde unter der Voraussetzung als exakt vorhersagbar angenommen, daß man den gegenwärtigen Zustand genau kennt (diese Idealisierung könnte man *im Prinzip* durch beliebig gute Näherungen ersetzen.) Das Verhalten anderer Systeme, die aus sehr vielen Teilchen bestehen, konnte dagegen aus praktischen Gründen nur statistisch vorausberechnet werden. Aber niemand zweifelte daran, daß im mikroskopischen Bereich «Determinismus» herrscht. Die statistischen Gesetze waren daher grundsätzlich Phänomene, die von unserer Unfähigkeit oder der technischen Unmöglichkeit herrühren, perfekte Messungen anzustellen.

Die Quantentheorie

Zu Beginn unseres Jahrhunderts sollte die eben besprochene Auffassung mit dem Aufkommen der Quantentheorie grundlegend erschüttert werden. Einige Aspekte dieser Theorie haben wir in Kapitel 4 bereits diskutiert. Sehen wir uns nun einige ihrer besonders wichtigen Eigenschaften an. Niels Bohrs Atommodell hat eine gewisse Ähnlichkeit mit einem Miniatur-Sonnensystem; hier repräsentiert der Atomkern die Sonne, und die Elektronen umrunden ihn als Planeten. Im Gegensatz zu den Maxwellschen Gesetzen des Elektromagnetismus muß hierbei postuliert werden, daß die Elektronen bei ihrer (zum Kern hin beschleunigten) Kreisbewegung keine elektromagnetische Strahlung abgeben, sondern sich jeweils nur auf bestimmten «erlaubten» Bahnen aufhalten können. Ferner können sich nach dem Pauli-Prinzip oder Ausschließungsprinzip in jeder Bahn höchstens zwei Elektronen befinden, von denen eines den Spin (so etwas wie ein Drehsinn) abwärts und das andere den Spin aufwärts hat. Zusammen mit dem Bohrschen Postulat erklärt dieses Prinzip den Aufbau des periodischen Systems der chemischen Elemente, wie es als einer der ersten der Russe Dimitrij Mendelejew aus den Eigenschaften der Elemente empirisch ableitete. Nach dem Bohr-Modell kann ein Elektron von einer Bahn in eine andere Bahn mit geringerer Energie «springen»; dabei wird Strahlung in Form eines Photons emittiert, das eine bestimmte Energie hat. Dieser Energie entspricht eine ganz bestimmte Wellenlänge bzw. eine Farbe des Lichts. Wegen der diskreten Bahnen der Elektronen im Atom können nur bestimmte Energiedifferenzen, also nur bestimmte Lichtwellenlängen auftreten. Das ist die Ursache für die *Linienspektren* der Atome, wenn diese «angeregt» werden, beispielsweise in einem aufgeheizten Gas. Beispiele für das farbige Licht, das von solchen Spektren herrührt, sind die Natriumdampflampen, wie sie unter anderem zur Straßenbeleuchtung verwendet werden.

Das eben kurz beschriebene Modell der Atome ist mit einigen revolutionären Ideen verknüpft. Vor allem ist zu erwähnen, daß der Zeitpunkt nicht exakt vorherzusagen ist, zu dem ein Elektron in eine andere Bahn springt und damit vom Atom Licht emittiert wird. Man kann nur vorhersagen, wie lange sich das Elektron durchschnittlich im «angeregten» Zustand aufhält, bevor es in die tiefere Bahn wechselt. Wir kennen also die statistische Verteilung und andere statistische Einzelheiten der Übergänge, aber nicht deren genaue Zeitpunkte.

Ähnlich ist es bei den radioaktiven Atomkernen. Nehmen wir an, eine bestimmte Sorte von Kernen, also ein bestimmtes chemisches Element, gebe beim radioaktiven Zerfall Alphateilchen (Heliumkerne) ab. Dabei können wir nur sagen, daß nach einer gewissen Zeitspanne, der sogenannten «Halbwertszeit», die Hälfte der vorhandenen Kerne zerfallen sein wird. Betrachten wir irgendeinen willkürlich herausgegriffenen Kern, so wissen wir nicht, wann dieser zerfallen wird. Also kennen wir auch hier nur ein statistisches Gesetz und haben keine Informationen über die individuellen Teilchen.

Die erste Formulierung der Quantentheorie wurde von Planck, Einstein und Bohr zu Beginn dieses Jahrhunderts aufgestellt. Heisenberg, Schrödinger und Dirac verfeinerten sie in den zwanziger Jahren. Die eben erläuterte «nicht-kausale» Natur der Quantentheorie ist wohl eine ihrer bekanntesten Eigenschaften. Sie fasziniert einerseits jene Nichtphysiker, die eine starke Abneigung gegen das deterministische, wie ein Uhrwerk funktionierende Universum der klassischen Physik hegen, und stößt andererseits viele andere ab, die die Vorstellung unerträglich finden, die Welt ähnele einem Roulettespiel. Die Quantentheorie fand neben verschiedenen ihrer Interpretationen Eingang in philosophische und quasi-religiöse populäre Darstellungen; auch für nichtwissenschaftliche Zwecke wurde sie herangezogen. Einige unter den Haupturhebern der Quantentheorie, insbesondere Heisenberg, waren recht unglücklich über deren nicht-kausale Eigenschaften. Sie suchten — allerdings erfolglos — nach Alternativen. Einstein machte sein Unbehagen mit dem Ausspruch deutlich: «Gott würfelt nicht.» Untersuchen wir nun den Ursprung dieser Vorstellung von einem Universum, das einem Spielcasino ähnelt. Dabei werden wir noch weiter gehen und zu verstehen suchen, welche Rolle diese Streitpunkte in einer der bedeutendsten Auseinandersetzungen in der abendländischen Kultur spielten.

Einsteins Einwand gegen die Quantentheorie, den er in seinen letzten dreißig Lebensjahren vorbrachte, war weniger im Fehlen der Kausalität begründet als vielmehr in seinem Widerspruch gegen die Behandlung der «Realität» im Rahmen der Quantentheorie. Hier liegt (im Gegensatz zu vielen fälschlichen Annahmen) das Kernproblem. Die Debatte wurde vor allem mit Hilfe zweier Artikel in der Zeitschrift *Physical Review* geführt. Den ersten brachte Einstein im Mai 1935 gemeinsam mit Boris Podolsky und Nathan Rosen heraus, zwei seiner Kollegen am *Institute for Advanced Study* in Princeton. Dieser Aufsatz wird meist mit dem Kürzel EPR zitiert. Die zweite Abhandlung war im Oktober 1935 eine Antwort von Niels Bohr, dem ein solcher Einwand von Einsteins Seite als ein Kampf auf einem nicht mehr wichtigen Feld erschien. Beide Aufsätze trugen den Titel «Kann die quantenmechanische Beschreibung der physikalischen Realität als vollständig angesehen werden?» und führten zu einer langen Reihe von Kommentaren und Interpretationen durch Historiker, Mathematiker und Physiker. Die große Mehrheit der Physiker ignorierte die Diskussion mehr oder weniger, entweder weil aktive Physiker wenig Sinn für das haben, was sie als «Metaphysik» einschätzen, oder weil sie meinten, Bohr habe Einstein ausreichend klar geantwortet — obwohl mancher die Argumente Bohrs vermutlich nicht ganz verstanden hatte. Niels Bohr, ein großer Bewunderer Kierkegaards, hatte eine charakteristische Art, sich unverständlich und teilweise mystisch auszudrücken. Übrigens wurde der «EPR-Effekt» sogar noch vor kurzem ernsthaft als quantenmechanische Methode zum Verschlüsseln von Nachrichten empfohlen.[35]

Unbestimmtheit

In der Quantenmechanik wird der Zustand eines physikalischen Systems zu einem bestimmten Zeitpunkt, wenn er so genau wie möglich bekannt ist, durch eine Funktion beschrieben oder symbolisiert, die je nach dem Zusammenhang als *Zustandsvektor*, *Wellenfunktion* oder *Wellenpaket* bezeichnet wird. Dieser Zustandsvektor variiert mit der Zeit gemäß einer Differentialgleichung erster Ordnung (siehe Kapitel 2), nämlich der Schrödinger-Gleichung. Wie auch in der klassischen Mechanik kann der Zustand des Systems zu einem späteren oder auch früheren Zeitpunkt eindeutig bestimmt werden, wenn man zu irgendeinem Zeitpunkt den Zustand des Systems sowie die Wechselwirkungen seiner Teilchen oder die einwirkenden Kräfte kennt. Jeder dynamischen Variablen des Systems — beispielsweise dem Ort oder dem Impuls jedes Teilchens — entspricht ein Operator. Dieser transformiert auf eine vorgegebene Weise eine Wellenfunktion in eine andere. (Operatoren sind uns schon in Kapitel 4 begegnet.) Anders als in der klassischen Mechanik bedeutet hier die Kenntnis des Zustands des Systems nicht unbedingt die Kenntnis der experimentell beobachtbaren Werte aller seiner dynamischen Variablen. Wenn wir beispielsweise die Wellenfunktion eines Ein-Teilchen-Systems kennen, so ist die Wahrscheinlichkeit gegeben, das Teilchen in einem bestimmten Teil des Raumes zu finden. Ebenso ist dann die Wahrscheinlichkeit bekannt, daß der Impuls des Teilchens in einem bestimmten Wertebereich liegt. Der Zustand kann etwa durch die genaue (aber

nicht beliebig exakte) Angabe des Impulses definiert sein. Es stellt sich nun
heraus, daß in diesem Fall der Ort des Teilchens nicht mit jeder gewünschten Genauigkeit ermittelt werden kann. Wenn dagegen der Ort fast genau
bekannt ist, dann kann der Impuls nur mit einer gewissen Unsicherheit angegeben werden. Das Produkt der Unsicherheiten von Orts- und Impulsangabe
muß immer größer sein als das Plancksche Wirkungsquantum; diese Naturkonstante wurde schon erwähnt. Ist die Impulsunsicherheit groß, dann ist
die Ortsunsicherheit klein und umgekehrt. Dieser Sachverhalt heißt *Heisenbergsche Unschärferelation*; er wurde in Kapitel 4 schon erwähnt. Die
Unschärferelation setzt der Genauigkeit, mit der gewisse Paare von dynamischen Variablen gleichzeitig angegeben oder gemessen werden können,
eine bestimmte Grenze. Diese Grenze rührt nicht von irgendwelchen technischen Bedingungen her, sondern gilt prinzipiell, soweit die Quantentheorie
Gültigkeit hat.

Ähnliche Betrachtungen beziehen sich auf andere Variable als Ort und
Impuls, so etwa auf die drei Komponenten des Drehimpulses. (Dieser Begriff wird in Kapitel 10 näher erläutert.) Von Teilchen, denen wir einen
bestimmten Drehimpuls zuschreiben, sagen wir, sie weisen einen *Spin* auf.
Obwohl nun dessen x-, y- und z-Komponenten im Prinzip einzeln so genau
meßbar sind, wie wir wünschen, können sie nicht gleichzeitig mit beliebiger
Genauigkeit bestimmt werden. Angenommen, wir erzeugen einen Strahl aus
Teilchen, deren Spins ausschließlich nach oben weisen. Messen wir dann in
einer zweiten Apparatur ihre vertikalen Spinkomponenten, so werden wir
feststellen, daß sie wiederum alle nach oben zeigen und keiner nach unten
weist. Nun leiten wir denselben Strahl durch ein Gerät, das die horizontalen
Spinkomponenten mißt (beispielsweise in Ost-West-Richtung). Jetzt wird
die eine Hälfte nach Osten und die andere nach Westen ausgerichtet sein
(siehe Abbildung 36). Den Teilstrahl mit denjenigen Teilchen, deren horizontale Spinkomponenten nach Osten zeigen, führen wir nun wieder durch
ein Meßgerät für die vertikalen Spinkomponenten. Nun wird eine Hälfte
nach oben und die andere nach unten zeigen! Bei den Teilchen, deren Spins
nach oben weisen, beträgt also die Wahrscheinlichkeit für die Teilchen $\frac{1}{2}$,
daß ihr Spin nach Osten zeigt, und ebenfalls $\frac{1}{2}$, daß ihr Spin nach Westen
ausgerichtet ist. Für die Teilchen mit «Ost-Spin» beträgt die Wahrscheinlichkeit für den Aufwärts-Spin wiederum $\frac{1}{2}$.

Dies ist kein Ergebnis bloßer Spekulation, sondern wurde durch zahlreiche Experimente bestens bestätigt. Heisenberg gab eine berühmt gewordene
intuitive «Erklärung» für diese Besonderheiten: Die Messung einer Spinkomponente beeinflußt zwangsläufig die anderen Spinkomponenten. Leider
haben einige Nichtwissenschaftler diese Deutung unzulässigerweise auf an-

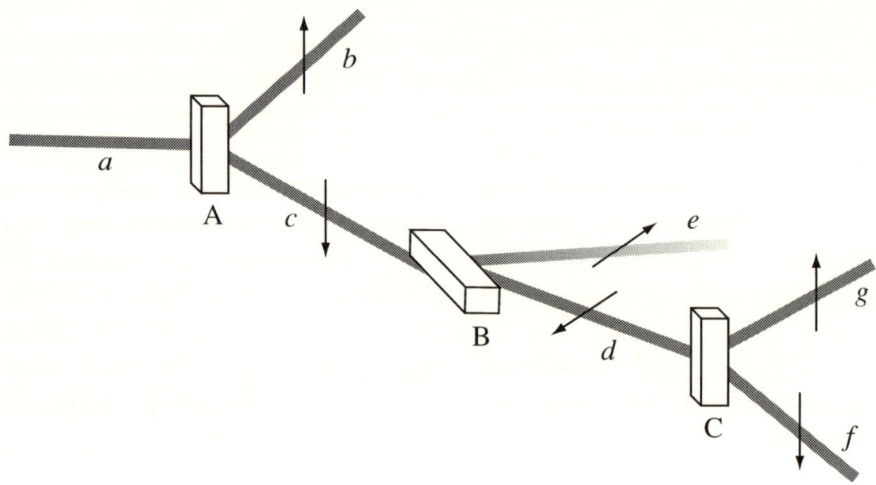

Abb. 36 Die Apparatur A prüft die Teilchen im Strahl *a* darauf, ob ihr Spin nach oben oder
nach unten weist. Die Teilchen mit Spin nach oben gelangen in den Strahl *b*, und die
mit Spin nach unten bilden den Strahl *c*. Die Apparatur B prüft die Teilchen im Strahl
c auf die Ost-West-Ausrichtung des Spins und leitet die Teilchen mit «Ost-Spin»
in den Strahl *d*, während Teilchen mit «West-Spin» in den Strahl *e* gelangen. Nun
prüft Apparatur C die Teilchen mit «Ost-Spin» im Strahl *d* wieder auf die senkrechte
Spinrichtung. Es ergibt sich hier, daß jeweils die Hälfte der Spins nach unten (Strahl
f) bzw. nach oben weist (Strahl *g*).

dere Bereiche wie Psychologie und Ökonomie übertragen[*]). Die Beeinflus-
sung des Wertes einer Variablen durch die Messung einer anderen hängt
damit zusammen, daß die den beiden Variablen zugeordneten Operatoren
nicht kommutativ sind (siehe Kapitel 4). Wir werden aber sehen, daß diese
Erklärung nicht allzu ernst genommen werden kann.

Vielleicht wundern Sie sich, daß bei dem eben beschriebenen Experiment gefragt wird «Weist der Spin nach oben?» und nicht «In welche
Richtung weist der Spin?». Auch die effizienteste Programmiersprache für
Computer besteht letztlich nur aus Folgen aus Nullen und Einsen. Analog
dazu entwirft man Experimente, die eindeutige Resultate liefern sollen, am
besten so, daß man an die Natur Fragen stellt, die mit einem Ja oder einem

---

[*]   Das Übertragen der Unschärferelation auf andere Gebiete beruht meist auf einem Mißver-
       ständnis von Heisenbergs Deutung. Daß Messungen Störungen der gemessenen Größe
       hervorrufen, gilt selbstverständlich in vielen Bereichen der Wissenschaft; das hat nichts
       mit Heisenbergs Prinzip zu tun. Die «Störung» im Quantenbereich ist eine nicht her-
       absetzbare Wirkung auf eine Größe infolge der Messung einer anderen, mit der ersten
       zusammenhängenden Größe. Wird dieselbe Größe zweimal hintereinander gemessen, so
       postuliert die Quantenmechanik keine prinzipielle Störung der zweiten Messung durch
       die erste.

Nein zu beantworten sind. Im Rahmen der Quantenmechanik ermöglichen andere Arten von Fragen unter Umständen keine sinnvollen Antworten.

Kehren wir zum Spin-Drehimpuls zurück. Anhand solcher einfachen Beispiele können wir eine charakteristische Eigenschaft der Quantenmechanik erklären: Während in der klassischen Mechanik der Zustand eines Systems zu einem Zeitpunkt seinen Zustand zu irgendeinem späteren Zeitpunkt bestimmt, hat der Begriff «Zustand» hier eine andere Bedeutung. Klassisch ermöglicht es die Kenntnis des Zustands eines Systems, die Zahlenwerte aller dynamischen Variablen anzugeben, oder (wie es manche Physiker bevorzugen) Ja/Nein-Fragen zu beantworten. In der Quantenmechanik aber bedeutet die Kenntnis des Zustands, daß man bei ähnlichen Fragen nur Aussagen über die *Wahrscheinlichkeit* machen kann. Beim Übergang von einem Zustand in einen anderen besteht völliger Determinismus, wie in der klassischen Mechanik; jedoch bedeutet die Kenntnis eines Zustands in beiden Theorien nicht dasselbe.

Interpretationen

Wie ist in der Quantenmechanik die Wellenfunktion bzw. der Zustandsvektor im einzelnen zu interpretieren? Im Lauf der Zeit wurden verschiedene Versionen bevorzugt, und auch heute noch stimmen die Ansichten der Physiker, auch die der prominenteren, nicht überein.

Bei der *realistischen* Interpretation wird die Wellenfunktion als «Bedingung des Raumes» angesehen, analog zu einem magnetischen oder elektrischen Feld, wie in Kapitel 4 besprochen. Das war die früheste Betrachtungsweise, aber aus technischen Gründen, die zu erläutern hier zu weit führen würde, ist sie nicht wirklich haltbar. Daher wird sie nur noch von wenigen Physikern vertreten. Jedoch ist sie eine intuitive Vorstellung, die in vielen Einführungskursen angewandt wird und daher nur sehr schwer auszumerzen ist.

Wie ich schon bemerkte, wird der Zustandsvektor (in einer anderen Ausdrucksweise: die Wellenfunktion) zumindest teilweise durch den Meßvorgang beeinflußt. Bei der realistischen Interpretation ist er deshalb eine Funktion des physikalischen Raumes und der Zeit. Wenn wir die vertikale Komponente des Spins messen und feststellen, daß sie aufwärts gerichtet ist, so erzeugen wir damit gleichzeitig einen Zustand, bei dem diese Spinkomponente nach oben weist. Dadurch entsteht eine berüchtigte Schwierigkeit: Im Augenblick der Messung «kollabiert» das Wellenpaket augenblicklich im gesamten Raum und wird auf eines reduziert, das dem Aufwärts-Spin entspricht. In der realistischen Interpretation ist ein solch plötzlicher, überall erfolgender Zusammenbruch physikalisch nur schwer zu verstehen.

Unter den *nicht-realistischen* Interpretationen ist die *subjektive* die weitestgehende. Ihre Verfechter sehen die Wellenfunktion als Ausdruck der Kenntnis seitens eines Beobachters an. Der Meßvorgang beeinflußt die Wellenfunktion, weil er die Kenntnis des Experimentators ändert. «Wenn das Wellenpaket reduziert werden muß, so muß die Wechselwirkung im Gehirn eines Beobachters Information erzeugt haben. Wenn dieser das Ergebnis seiner Beobachtung vergißt oder seine Aufzeichnungen verliert, würde das Wellenpaket nicht reduziert»[36], schrieb der amerikanische Physiker Edwin Kemble. Ich glaube nicht, daß diese Ansicht heute viele Anhänger unter den Physikern hat, aber manche berühmten Physiker vertreten diese Meinung. In der Zeitschrift *Scientific American* (deutsche Ausgabe: *Spektrum der Wissenschaft*) schrieb Bernard d'Espagnat Ende der 70er Jahre: «Die Lehre, daß die Welt aus Objekten besteht, deren Existenz unabhängig vom menschlichen Bewußtsein ist, gerät in Konflikt mit der Quantenmechanik und mit experimentellen Befunden.»[37] Diese Betrachtung der Welt hat in der Philosophie als «Idealismus» eine lange Tradition, und man könnte versucht sein, den heutigen Idealisten so zu antworten, wie das Samuel Johnson schon im 18. Jahrhundert tat: Er kickte einen Stein weg, um die Ansicht des Bischofs George Berkeley zu widerlegen, daß die Realität vollständig in unserer Wahrnehmung existiert. In vielen Ländern wurde die Auslegung der Quantenmechanik zu einem brisanten ideologischen Streitfall, mit heftigen Angriffen auf «idealistische» Interpretationen durch kommunistische Wissenschaftler in der Sowjetunion, deren offizielle Ideologie schließlich «materialistisch» war. Ein bekanntes Lehrbuch der Quantenmechanik von D.I. Blochinzew enthielt in der ersten Auflage von 1944 eine «idealistische» und in der zweiten Auflage von 1949 eine «materialistische» Interpretation. Nun wies der Autor die zuvor vertretene Auffassung weit von sich.

Ich glaube, die Mehrheit der heutigen Physiker verwendet und lehrt die *objektive* nicht-realistische Interpretation. Sie wurde erstmals konsequent von dem deutsche Physiker Max Born vertreten: Die Wellenfunktion ist ein Maß für eine objektive Wahrscheinlichkeit. Die nächste, wiederum umstrittene Frage ist natürlich die nach der physikalischen Bedeutung der «Wahrscheinlichkeit». Manche neigen der «Häufigkeits-Theorie» zu und andere der sogenannten «Tendenz-Theorie». In der erstgenannten Theorie wird die Wahrscheinlichkeit, mit einer Münze Wappen zu werfen, bestimmt durch die unendlich häufige Wiederholung eines Münzwurfs oder durch gleichzeitiges Werfen unendlich vieler Münzen. In der zweiten Theorie wird einzelnen Münzwürfen eine entsprechende Tendenz zugeschrieben.

Der Unterschied zwischen beiden Betrachtungsweisen der Wahrscheinlichkeit ist nicht auf die Quantenmechanik beschränkt und kann auch in anderen Zusammenhängen erläutert werden. Was bedeutet es denn, wenn wir sagen «die Wahrscheinlichkeit, daß Herr Schulze im Jahre 1995 stirbt, beträgt *x* Prozent»? Die Versicherungsgesellschaften beispielsweise sind auf möglichst genaue Näherungen angewiesen, wenn sie die Prämien für ihre Lebensversicherungen kalkulieren. Dazu wird eine entsprechend große Bevölkerung (eine *Gesamtheit*) betrachtet, für die verläßliche statistische Werte vorliegen. Wenn die Versicherung weiß, daß Herr Schulze 45 Jahre alt ist und in Hamburg wohnt, dann entnimmt sie ihren Tabellen die Wahrscheinlichkeit seines Ablebens in einem bestimmten Zeitraum und berechnet danach die Prämie seiner Lebensversicherung. Wenn weiterhin bekannt ist, daß er ein starker Raucher ist und schon zwei Herzinfarkte hatte, werden die Tabellen eine andere Wahrscheinlichkeit angeben, und die Prämie wird dieser angepaßt. Wir können also sagen: Je nach den vorliegenden Informationen gehört Herr Schulze zu einer von mehreren unterschiedlichen Gesamtheiten, und seine wahrscheinliche Lebenserwartung hängt von der Beschaffenheit der betrachteten Gesamtheit ab. Wenn viele Mitglieder aus einer dieser Gesamtheiten herausgegriffen werden, so kann aus den statistischen Daten ihrer Todeszeitpunkte die Wahrscheinlichkeit dafür berechnet werden, daß vergleichbare Mitglieder in einem bestimmten Jahr sterben. Nun braucht dieser Wert nur noch auf Herrn Schulze angewandt zu werden, indem er als Mitglied dieser Gesamtheit angesehen wird. Das entspricht der Häufigkeits-Theorie bei der Interpretation von Wahrscheinlichkeiten. Bei der Tendenz-Theorie dagegen wäre die Wahrscheinlichkeit von Herrn Schulzes Tod im Jahre 1995 mit ihm als Individuum verknüpft. Verschiedene Auswahlen von Bevölkerungsgruppen, denen er angehört, sind lediglich statistische Methoden, mit denen festgestellt werden kann, was die betreffende Wahrscheinlichkeit im einzelnen bedeutet.

Die meisten Physiker haben mit der Wahrscheinlichkeitstheorie zum ersten Mal im Rahmen der statistischen Mechanik zu tun. Daher werden sie deren statistische Interpretation mit Hilfe von Gesamtheiten gewohnt sein. Wie schon in Kapitel 3 bemerkt, sind Gesamtheiten gedachte Ansammlungen von unendlich vielen Duplikaten eines gegebenen physikalischen Systems, die sich alle in gleicher Weise entwickeln, aber mit unterschiedlichen Anfangsbedingungen. Deshalb erwarten wir, daß die eben erwähnten Physiker eine verständliche Vorliebe für die Häufigkeits-Theorie der Wahrscheinlichkeit haben werden (die auch ich sehr bevorzuge). Untersucht man die Publikationen der Physiker über die Quantenmechanik, so zeigt sich jedoch, daß das nicht allgemein der Fall ist. Viele Physiker glauben nämlich, eine Wahrscheinlichkeit sei in Form einer Tendenz mit einzelnen Ereignissen verknüpft. Nach ihrer Ansicht erfordert der Begriff der Wahrscheinlichkeit weder eine unendlich häufige Repetition noch das (ebenfalls gedachte) Vorliegen unendlich vieler identischer Systeme. Hier bedeutet «unendlich» selbstverständlich stets eine Idealisierung und kann durch «sehr oft» oder «sehr viele» ersetzt werden.

Für Physiker mit unterschiedlichen Ansichten über das Wesen der Wahrscheinlichkeit weist daher selbst die objektive, nicht-realistische Interpretation der Quantenmechanik verschiedene Züge auf. Wer der Häufigkeits-Theorie zuneigt, sieht die Wellenfunktion stets mit Gesamtheiten verknüpft. Die Wellenfunktion erlaubt dann Aussagen über einzelne Systeme nur insoweit, wie sie Teile großer Ansammlungen identisch duplizierter Systeme sind. Die Anhänger der Tendenz-Theorie sehen den Zustandsvektor oder die Wellenfunktion mit einem einzelnen System verknüpft und als Bestätigung ihrer Vorliebe für bestimmte Reaktionen. Für diese Physiker ist die Reduktion des Wellenpakets durch eine Messung ein verblüffendes und geheimnisvolles Ereignis, weil es eine fest mit dem System verknüpfte Eigenschaft ändert. Die Vertreter der anderen, der Häufigkeits-Theorie erblicken darin kaum etwas von einem innewohnenden Geheimnis. Nach ihrer Ansicht muß die Messung wirklich viele Male an identischen Systemen vorgenommen werden, und die Reduktion des Wellenpakets beschreibt lediglich einen Ausleseprozeß, der aus ausgewählten Mitgliedern einer alten Gesamtheit eine neue Gesamtheit erzeugt.

Die Tendenz-Theorie zur Interpretation der Wahrscheinlichkeit läßt ihre Anhänger eine Ähnlichkeit der Quantentheorie mit der klassischen Mechanik erkennen: Sie befaßt sich mit einzelnen Systemen. Wo aber die klassische Mechanik eindeutige Voraussagen der Werte von dynamischen Variablen erlaubt, liefert die Quantenmechanik lediglich Wahrscheinlichkeitsaussagen. Im Gegensatz dazu betrachten die Vertreter der Häufigkeits-Theorie die Quantentheorie als Analogon zur statistischen Mechanik: Sie beschäftigt sich stets mit Gesamtheiten und nie mit individuellen Systemen. Von diesem Standpunkt aus ist es verlockend, aber keineswegs zwingend, zu fragen: Was ist in der Quantenmechanik das Analogon zur klassischen Mechanik als Grundlage der statistischen Mechanik? Anders gesagt: Die statistische Mechanik liefert Wahrscheinlichkeitsaussagen auf der Grundlage einer deterministischen Theorie, nämlich der klassischen Mechanik. Kann es da nicht eine entsprechende deterministische Theorie geben, die bisher noch unbekannt ist und der Quantenmechanik zugrunde liegt? Die mit Wahrscheinlichkeiten verknüpften Eigenheiten der Quantenmechanik wären dann das Resultat unserer Unkenntnis der tieferen Struktur, ebenso wie die Aussagen der Thermodynamik das statistische Ergebnis unserer Unkenntnis der enorm komplizierten Details in Systemen aus extrem vielen Teilchen sind.

Solche zugrundeliegenden Theorien, die die Quantenmechanik «erklären» würden, nennt man meist «Theorien mit verborgenen Parametern», weil sie zusätzliche dynamische Variable erforderten, die uns selbst in den raffiniertesten Experimenten verborgen bleiben würden. Mit Hilfe dieser verborgenen Parameter ausgedrückt, wäre das experimentelle Ergebnis im Prinzip vollständig bestimmt. In den letzten sechzig Jahren haben einige kleine Gruppen von Physikern beharrlich versucht, solche Theorien mit verborgenen Parametern aufzustellen, jedoch stets erfolglos. In diesem Zusammenhang spielte die berühmte Arbeit von Einstein, Podolsky und Rosen eine entscheidende Rolle. Die drei Autoren versuchten nicht, für die Quantenmechanik eine Theorie mit verborgenen Parametern zu erarbeiten; doch wollten sie an einem Beispiel zeigen, daß die Quantenmechanik keine *vollständige Beschreibung der Realität* sein kann.

Die Frage der Realität

Ich möchte betonen, daß die Frage nicht ist, ob die Quantenmechanik eine endgültige physikalische Theorie ist. Die meisten Physiker akzeptieren, daß keine Theorie endgültig ist, sondern jede Theorie irgendwann durch eine andere ersetzt wird, wie etwa Newtons Mechanik durch Einsteins Relativitätstheorie und die Quantentheorie. Das Problem ist hier, ob das, was die Quantentheorie beschreibt, die *Realität* ist. Wenn ja, beschreibt sie dann die ganze Realität, und umfaßt die Beschreibung solche seltsamen Elemente wie eine «gespenstische Fernwirkung» (wie Einstein sie nannte), das heißt, einen augenblicklichen Einfluß eines Ereignisses auf ein anderes über große Abstände hinweg? Was Newton einst als selbstverständlich ansah, erscheint heute also «gespenstisch»! Daß keine annehmbare Beschreibung der Realität auf mikroskopischer Ebene gegeben werden kann, störte Einstein viel mehr als das Fehlen des Determinismus. Er schrieb an Max Born, wobei er sich auf zwei Raum-Zeit-Regionen A und B bezog, die weit voneinander entfernt sind:

> *Was im Gebiet B wirklich existiert, . . . sollte nicht davon abhängen, welche Art von Messung im Gebiet A durchgeführt wird. Ebenso sollte dies unabhängig davon sein, ob bei A überhaupt eine Messung stattfindet. Wenn jemand dies glaubt, kann er die quantentheoretische Beschreibung kaum für eine vollständige Darstellung der physikalischen Wirklichkeit halten. Wenn er das trotzdem versucht, muß er annehmen, daß die physikalische Realität bei B eine jähe Änderung infolge der Messung bei A erfährt. Mein Gefühl für die Physik sträubt sich dagegen.*[38]

* * *

In einem anderen Brief erkannte er an, daß Physiker, die die beschreibende Methode der Quantenmechanik für definitiv halten, recht haben, wenn sie auf folgendes hinweisen: Die Theorie fordert nicht explizit, daß die Körper in den Gebieten A und B eine voneinander unabhängige Realität haben und daß ein externer Einfluß auf den einen nicht direkt auf den anderen wirkt. Einstein schrieb weiter:

> *Aber wenn ich die mir bekannten physikalischen Phänomene betrachte — besonders diejenigen, die mit der Quantentheorie so erfolgreich zu beschreiben sind —,*

> *so kann ich doch nirgends eine Tatsache erkennen, die es als wahrscheinlich erscheinen läßt, daß diese Forderung aufgegeben werden muß. Daher bin ich geneigt zu glauben, daß die Beschreibung der Quantenmechanik ... als eine unvollständige und indirekte Wiedergabe der Realität anzusehen ist, die früher oder später durch eine komplettere und direktere ersetzt werden wird.*[39]

* * *

Für Bohr dagegen gab es keine andere Realität als die, die vom Experiment geschaffen wurde. In seiner Entgegnung auf die Arbeit von Einstein, Podolsky und Rosen (EPR) schrieb er:

> *Das Ausmaß, in dem einem Ausdruck wie «physikalische Realität» ein eindeutiger Sinngehalt zuzuschreiben ist, kann selbstverständlich nicht aus a priori erstellten philosophischen Konzeptionen abgeleitet werden, sondern ... muß direkt auf Experimente und Messungen gegründet sein... Tatsächlich erfordert diese neue Eigenschaft der Naturphilosophie eine radikale Revision unserer Auffassung über die physikalische Realität.*[40]

* * *

Wolfgang Pauli, der an der Entwicklung der Quantenmechanik entscheidend beteiligt war, stimmte Bohr im wesentlichen zu und betrachtete die Suche nach einer unerkennbaren objektiven Realität als Analogon zur mittelalterlichen scholastischen Frage, wieviele Engel auf einer Nadelspitze tanzen könnten.

Das EPR-Paradoxon

Kommen wir nun zum berühmten EPR-Theorem, das üblicherweise als EPR-Paradoxon bezeichnet wird. Ich möchte es hier in der von dem amerikanischen Physiker David Bohm aufgestellten Formulierung wiedergeben. Wir gehen davon aus, daß ein Molekül, das keinen Spin aufweist, in zwei Teilchen (Atome oder Ionen) dissoziiert, die jeweils einen Spin haben und sich in entgegengesetzten Richtungen vom Ort der Spaltung entfernen. Wegen der Erhaltung des Drehimpulses (die wir in Kapitel 10 ausführlich behandeln werden) müssen die Spins der beiden Teilchen gleich groß sein und entgegengesetzte Orientierungen haben. Wenn wir beispielsweise die senkrechte Projektion des Spins eines der beiden Teilchen als «aufwärts» ermitteln, so kennen wir damit auch die des anderen Teilchens, denn sie *muß* «abwärts» gerichtet sein. Unabhängig von der Entfernung der beiden Teilchen voneinander haben wir letztlich die vertikale Spinkomponente des zweiten Teilchens gemessen, ohne es irgendwie zu beeinflussen oder gar zu «berühren». Entsprechendes gilt für die Messung einer horizontalen Spinkomponente. In der Definition von Einstein, Podolsky und Rosen hat die vertikale Spinkomponente des zweiten Teilchens gewisse «Merkmale physikalischer Realität», für die die Autoren ein Minimalkriterium angaben: «Wenn wir ohne jede Störung eines Systems den Wert einer physikalischen Größe mit Gewißheit ... vorhersagen können, dann existiert ein Element physikalischer Realität, das dieser physikalischen Größe entspricht.»[41] Wenn wir andererseits die Ost-West-Komponente des Spins des ersten Teilchens messen, dann ist aufgrund derselben Überlegung die Ost-West-Komponente des Spins des zweiten Teilchens ein Element physikalischer Realität. Die Quantentheorie läßt es jedoch nicht zu, beide Größen (die Ost-West- und die vertikale Komponente des Spins) gleichzeitig zu bestimmen. Weil beide aber «Merkmale von Realität» aufweisen, folgerten die Autoren des berühmten Artikels, daß die Quantenmechanik keine vollständige Beschreibung dieser Realität sein kann. Wir können auch fragen: Wie kann man sich erklären, daß das zweite Teilchen «Kenntnis» davon hat, welche Messungen am ersten, entfernten Teilchen vorgenommen wurden? Ohne augenblickliche Kommunikation zwischen beiden Teilchen (gespenstische Fernwirkung) können wir das nur so auslegen, daß die Quantenmechanik nicht die ganze Wahrheit beschreibt.

Die Autoren drückten dies nicht so aus, aber das EPR-Paradoxon zeigt auch, daß folgende intuitive Vorstellung nicht haltbar ist: Der quantenmechanische Effekt einer Messung auf eine darauffolgende Messung (wie bei der Ermittlung zweier Spinkomponenten) sei auf die *Störung* zurückzuführen, die durch den Meßvorgang unvermeidlich hervorgerufen wird. Wenn wir also nicht die unmittelbare Übertragung solcher Störungen über große Entfernungen postulieren, dann kann die Messung an einem Teilchen kaum das andere beeinflußt haben, das vielleicht Tausende von Kilometern entfernt ist.

Die Bellsche Ungleichung

Dreißig Jahre nach dem EPR-Artikel stellte der irische Physiker John Stewart Bell die schwierige Unterscheidung zwischen klassischer Mechanik und Quantenmechanik auf eine sichere mathematische Grundlage. Eine vereinfachte, schematische Version von Bells Idee entwickelte der amerikanische Physiker N. David Mermin anhand des im folgenden beschriebenen Gedankenexperiments.

Unsere Apparatur enthält einen Sender, der gleichzeitig zwei Signale oder Nachrichten in entgegengesetzte Richtungen abgeben kann (siehe Abbildung 37). Wir können uns die Signale als kleine Bälle vorstellen, die der Sender nach links bzw. nach rechts schleudert; auf jeden Ball sei dabei eine Nachricht geschrieben. Wir können uns auch jede beliebige andere Art

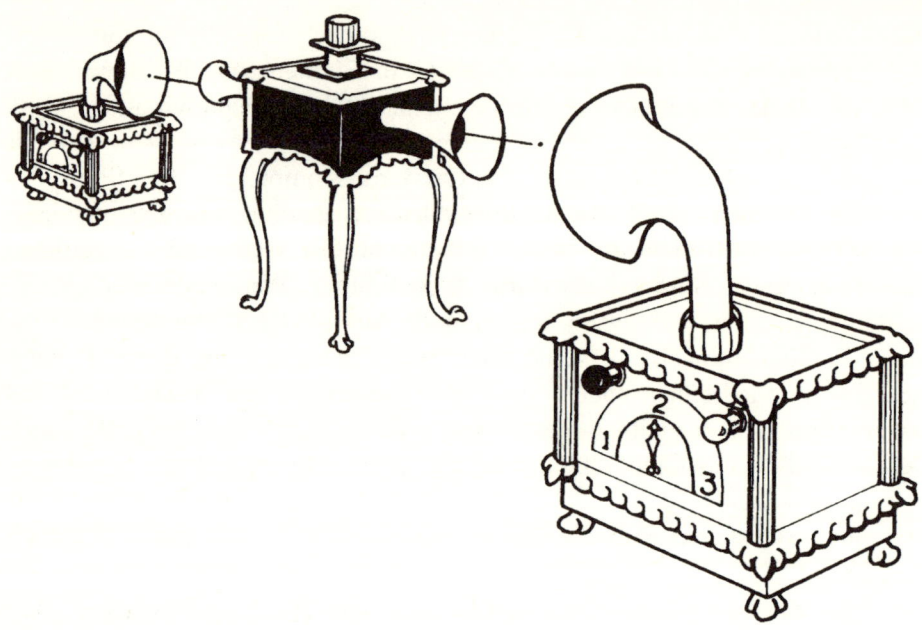

Abb. 37 Der Aufbau für unser EPR-Experiment besteht aus einem Sender und zwei Empfängern, die in etwa gleichem Abstand vom Sender einander gegenüberstehen.

von Sendern vorstellen. Der Inhalt der zu sendenden Nachrichten soll gleich besprochen werden.

Zwei Empfänger befinden sich einander gegenüber und haben ungefähr denselben Abstand vom Sender. Jeder Empfänger nimmt das Signal auf, das ihn vom Sender erreicht. Das Signal kann, wie schon angedeutet, ein beschrifteter Ball, ein Funkspruch oder irgendetwas anderes sein, das wir dazu wählen. Jeder Empfänger besitzt einen Schalter, der drei Positionen annehmen kann, sowie eine grüne und eine rote Lampe. Die beiden Empfänger haben keinerlei Verbindung miteinander, sei es über Kabel, Rohre oder auch Rundfunkwellen. Also kann das an einen einzelnen Empfänger gesendete Signal dort keine Antwort veranlassen, die davon abhängt, in welcher Position der Schalter am anderen Empfänger gerade steht. Kein Empfänger hat Informationen darüber, wie der Schalter am anderen Empfänger eingestellt ist. Demnach sind die Schalterstellungen beider Empfänger völlig unabhängig voneinander. Beispielsweise können wir zwei voneinander unabhängige Zufallsgeneratoren anbringen (etwa Rouletteschüsseln oder Würfel), die die Position jedes Schalters bestimmen.

Die Reihenfolge der Ereignisse ist folgende: 1) Ein Paar von Signalen wird vom Sender gleichzeitig an beide Empfänger abgegeben, z.B. je ein Ball an einen Empfänger. 2) Die Schalter an beiden Empfängern werden unabhängig voneinander auf eine der jeweils drei möglichen Positionen gesetzt, bevor die Signale ankommen. 3) Wenn ein Signal einen Empfänger erreicht, leuchtet entweder dessen rote oder dessen grüne Lampe auf. Daß die Lampen als Reaktion auf den Empfang des betreffenden Signals angehen, kann man feststellen, indem man den einen der Signalwege blockiert, so daß am zugehörigen Empfänger keine Lampe aufleuchtet.

Diese Ereignisfolge wird mehrfach wiederholt, mit allen möglichen Signalen bzw. Nachrichten. Wir notieren die Ergebnisse und schreiben beispielsweise 13(RG); dies bedeutet: Der Schalter am Empfänger 1 stand auf Position 1 und der Schalter am Empfänger 2 auf Position 3; ferner leuchtete am Empfänger 1 die rote Lampe (R) und am Empfänger 2 die grüne (G). Nach einer größeren Anzahl von Ereignissen wird dann eine Folge von Notierungen vorliegen, die vielleicht so aussieht: 13(RG), 21(RR), 33(GG), 32(GR),... Bei näherer Untersuchung werden wir zwei charakteristische Eigenschaften der Signalreihe bemerken: 1) Immer wenn die Schalter beider Empfänger in gleichen Positionen stehen, zeigen die beiden Lampen dieselbe Farbe. 2) Wenn wir die Schalterstellungen außer acht lassen und nur die Farben der Lampen betrachten, so stellen wir fest, daß in der Hälfte der Fälle die Lampen beider Empfänger dieselbe Farbe zeigen und in der anderen Hälfte verschiedene Farben. Sie werden mir glauben, daß Signale, die Teilchen mit Spin verwenden, gemäß der Quantenmechanik tatsächlich beide erwähnten Eigenschaften haben können.

Das Problem ist nun, diese beiden beobachteten Charakteristika durch irgendeine «realistische» Nachricht zu erklären, wobei jede Kommunikation zwischen den Empfängern ausgeschlossen ist. Nehmen wir an, der Sender habe zwei Bälle geworfen; die auf den Bällen verzeichneten Botschaften teilen den Empfängern mit, welche Lampe jeweils in Abhängigkeit von der Schalterstellung aufleuchten soll. So soll die Botschaft RGR bedeuten, daß bei der Schalterstellung 1 die rote Lampe aufleuchten soll, bei der Stellung 2 die grüne und bei Stellung 3 die rote. Wir können uns wiederum auch andere Wege vorstellen, auf denen die Empfänger die betreffenden Anweisungen erhalten.

Sehen wir uns jetzt die Resultate an und analysieren sie. Die oben erwähnte Eigenschaft Nr. 1 der beobachteten Ergebnisse bedeutet, daß die mit beiden Signalen gleichzeitig gesendeten Anweisungen identisch gewesen sein müssen. Andernfalls würden die beiden Empfänger für *irgendeine* gleiche Schalterstellung verschiedenfarbige Lampen aufleuchten lassen. Die Nachricht auf beiden Bällen laute beispielsweise RGR. Dann gäbe es neun mögliche Kombinationen von Schalterstellungen; mit den entsprechenden Farben der Lampen sind dies: 11(RR), 12(RG), 13(RR), 21(GR), 22(GG), 23(GR), 31(RR), 32(RG) und 33(RR). Wie wir sehen, tritt fünfmal dieselbe Farbe auf, während viermal die Farben unterschiedlich sind. Für die

Anweisung RGR beträgt die Wahrscheinlichkeit für gleiche Farben demnach 5/9. Es ist leicht nachzuprüfen, daß dieselbe Wahrscheinlichkeit für die Anweisungen RRG, RGG, GRR, GGR, RGR und GRG gilt. Lauten die Anweisungen RRR oder GGG (das sind die beiden einzigen weiteren Kombinationen von insgesamt acht verschiedenen Fällen), so ist die Wahrscheinlichkeit für gleiche Farben natürlich 1. Also können wir sagen: In allen möglichen Anweisungskombinationen mit der ersten der beobachteten statistischen Eigenschaften (gleiche Schalterstellungen bedeuten gleiche Farben) wird die zweite Eigenschaft zwangsläufig verletzt (wenn die Schalterstellungen ignoriert werden, treten in jeweils der Hälfte der Fälle gleiche bzw. verschiedene Farben auf). Daher müssen in mindestens 5/9 aller Fälle die Lampen gleiche Farben zeigen. Wir schließen daraus, daß keine «unabhängige Realität» vorliegen kann, die die beschriebenen Beobachtungen erklärt, wenn wir keine augenblickliche Nachricht des einen Empfängers an den anderen erlauben, mit der dieser ihm mitteilt, welche Lampen er aufleuchten läßt. Aber auch dies verletzt Einsteins Definition und würde eine «gespenstische Fernwirkung» darstellen. Beachten Sie, daß die beiden Empfänger sehr weit voneinander entfernt sein können.

In diesem Beispiel auf einer klassischen, «realistischen» Grundlage haben gleiche Farben eine Wahrscheinlichkeit von mindestens 5/9. Dies ist ein Spezialfall der Bellschen Ungleichung. Weil die Quantenmechanik ein Verfahren erlaubt, bei dem (wie oben) Nachrichten gesendet werden, die zu einer Wahrscheinlichkeit von 1/2 führen, ist Bells Ungleichung zweifellos verletzt. Das wurde bei einer ganzen Anzahl von Experimenten bestätigt, die in den letzten Jahren an verschiedenen Instituten durchgeführt wurden.

Die zu Einsteins Zeit noch unbekannte Auswirkung dieses Sachverhalts ist die, daß eine von zwei Behauptungen wahr sein muß, ungeachtet weiterer theoretischer Entwicklungen: Entweder gibt es eine Fernwirkung über eine Distanz oder es existiert im mikroskopischen Bereich keine Realität in dem Sinne, wie ihn Einstein erwartete. Einstein stellte im EPR-Aufsatz fest: «Es ist keine vernünftige Definition der Realität zu erwarten, die dies erlaubt.» Auf die Frage, ob die quantenmechanische Berechnung irgendwie eine zugrundeliegende Quantenrealität widerspiegelt, erklärte Bohr dagegen:

> *Es gibt keine Quantenwelt, sondern nur eine abstrakte quantenmechanische Beschreibung. Es ist falsch zu glauben, die Physik habe zu beschreiben, wie die Natur ist. Die Physik befaßt sich vielmehr mit dem, was wir über die Natur sagen können.*[42]

* * *

Heisenberg vertrat einen ähnlichen Standpunkt:

> *Bei den Experimenten über atomares Geschehen haben wir es mit Dingen und Tatsachen sowie Phänomenen zu tun, die ebenso real sind wie irgendein Phänomen*

im täglichen Leben. Aber die Atome oder Elementarteilchen sind nicht gleichermaßen real; sie bilden eher eine Welt von Möglichkeiten als eine von Dingen oder Tatsachen.[43]

* * *

Der Unterschied der Weltsichten von Einstein und Bohr wurde von John Wheeler charakterisiert, als er das Gespräch dreier Baseball-Schiedsrichter über ihre Entscheidungen erfand:

Erster: Ich entscheide, wie ich es sehe.
Zweiter: Ich entscheide, wie es ist.
Dritter: Solange ich nichts entscheide, war auch nichts.[44]

* * *

Es ist ein wesentliches Merkmal der Quantentheorie, daß sie uns daran hindert, jemals ein Bild der mikroskopischen Welt zu entwerfen, das alle Bestandteile hat, die wir normalerweise von der «Realität» verlangen. Darin liegt — eher als in der Aufgabe der Vorstellung von der total deterministischen Welt — die eigentliche philosophische Revolution.

In diesem und im vorigen Kapitel haben wir die grundlegenden Umwälzungen in der Physik unseres Jahrhunderts behandelt, die durch die Relativitätstheorie und die Quantentheorie hervorgerufen wurden. Dabei haben wir auch deren wichtige Konsequenzen betrachtet. Nun kommen wir zu den Auswirkungen, die diese beiden neuen Theorien auf unsere Vorstellungen über die eigentlichen Grundbestandteile des Universums — die Elementarteilchen — haben. Die Idee von ihrer Existenz geht auf die Griechen der Antike zurück, aber die Vorstellung, die wir von ihnen haben, wurde durch Quanten- und Relativitätstheorie gründlich gewandelt; dies ist Gegenstand des nächsten Kapitels.

8 Was ist ein Elementarteilchen?

Es begann alles im 5. Jahrhundert v. Chr. mit dem griechischen Philosophen Demokrit. Die fundamentalen Bausteine der Materie, so sagte er, seien harte, feste, unsichtbar kleine Teilchen, die sich nur in Form und Anordnung unterscheiden. Sie seien unteilbar (griechisch *atomos*) und unzerstörbar. Die Welt besteht nach Demokrit lediglich aus solchen Teilchen (den Atomen) und leerem Raum. In diesem Kapitel wollen wir untersuchen, wie sich der Begriff der fundamentalen Teilchen oder unteilbaren Körperchen seit Demokrits Zeit entwickelt hat. Wir werden sehen, daß viele neue Arten von Teilchen entdeckt wurden, die ganz anders sind als das, was die Philosophen der Antike glaubten. Weiterhin werden wir erkennen, wie sich die Vorstellung über das Wesen der Elementarteilchen gewandelt hat.

Die moderne Atomtheorie, die die physikalischen und chemischen Eigenschaften der Materie auf der Grundlage einiger einfacher Charakteristika der Atome systematisiert, begann rund 2 200 Jahre später, als der englische Chemiker John Dalton die konstanten Mengenverhältnisse ermittelte, in denen die Elemente miteinander reagieren. Er führte diese Gegebenheit darauf zurück, daß alle Materie aus Atomen zusammengesetzt ist, die sich durch ihre für jedes Element charakteristische Masse unterscheiden. Das Atom jedoch blieb nicht mehr sehr lange unteilbar oder unzerstörbar. Gegen Ende des 19. Jahrhunderts, als Antoine-Henri Becquerel die Radioaktivität entdeckte und Marie und Pierre Curie viele ihrer Eigenschaften untersuchten, ergab sich, daß Atome bestimmter Elemente in Atome anderer Elemente umgewandelt werden können. Damit waren die Atome nicht mehr die unveränderlichen Bausteine, als die man sie sich bis dahin vorstellte.

Etwa zur gleichen Zeit stellte J. J. Thomson fest, daß Kathodenstrahlen (die in den Bildröhren von Fernsehgeräten und Monitoren heute fast allgegenwärtig sind) aus einzelnen Teilchen bestehen. Bei der Ablenkung der Strahlen durch ein Magnetfeld erkannte Thomson, daß sie aus Teilchen bestehen, deren elektrische Ladung stets ein bestimmtes und konstantes Verhältnis zu ihrer Masse hat. Robert Millikan konnte 15 Jahre später die «diskrete» Natur der Ladung experimentell nachweisen. Diese negativ geladenen Teilchen nennen wir heute Elektronen. Nach Thomsons Vorstellung vom Aufbau der Atome waren sie in einen «Teig» aus positiver Ladung eingebettet. Im Jahre 1911 jedoch entdeckte Ernest Rutherford, daß die Atome zum allergrößten Teil leer sind und ihre Masse fast vollständig in ihrem kleinen Kern konzentriert ist. Dieses neue Teilchen war mit dem älteren Thomsonschen Atommodell nicht vereinbar. Im anschließend entwickelten Bohrschen Atommodell (das bereits in Kapitel 7 erwähnt wurde) besteht das Atom aus dem positiv geladenen Kern und den ihn umrundenden Elektronen. Mit einigen späteren Verfeinerungen, etwa Paulis Ausschließungsprinzip (siehe Kapitel 7), konnte es alle Eigenschaften des periodischen Systems der Elemente erklären, das von Mendelejew aufgestellt wurde; ebenso wurde die Deutung der Emissionsspektren angeregter Atome möglich.

Während der langen Stagnation der atomistischen Theorie der Materie vollzogen sich dramatische Änderungen in den Vorstellungen über die Natur des Lichts. Für Demokrit bestand das Licht sozusagen aus den abgelegten Hüllen der Atome. Die ersten modernen, systematischen Vorstellungen über das Wesen des Lichts wurden von Christiaan Huygens und von Isaac Newton erarbeitet. Huygens beschrieb die Lichtstrahlen als Wellenfronten, während Newton sie als Strom «kleiner Teilchen» ansah. Newtons Hypothesen waren weitaus weniger fruchtbar als die von Huygens, fanden aber 200 Jahre später einen Widerhall, als Planck und Einstein die Grundlagen der Quantentheorie schufen. Seitdem wird dem Licht eine duale Natur zugeschrieben, d.h. sowohl Wellen- als auch Teilchen-Eigenschaften. Das «Lichtteilchen» nennt man *Photon*. Es hat eine bestimmte Energie, die proportional zur Frequenz seiner elektromagnetischen Schwingung ist.

Vor rund 65 Jahren wurde diese duale Natur des Lichts verknüpft mit einer gleichermaßen dualen Natur der Materie. Danach haben Teilchen stets auch Welleneigenschaften, wie es zuerst Louis de Broglie beschrieb. Mit ihrem berühmten Experiment bewiesen Davisson und Germer, daß Elektronen den gleichen Beugungseffekt zeigen, der ursprünglich dazu führte, daß sich Huygens' Wellentheorie gegen Newtons «kleine Teilchen» durchsetzte. Abgesehen davon, daß das Photon die Masse null hat, besteht jetzt nur ein geringer Unterschied zwischen ihm und den Materieteilchen.

In der Folgezeit wurden immer mehr Teilchen entdeckt. Im Jahre 1931 postulierte Wolfgang Pauli das Neutrino, um die Abnahme der Energie und des Drehimpulses beim radioaktiven Beta-Zerfall von Atomkernen zu erklären. Dirac sagte das Positron als Antiteilchen des Elektrons voraus, obwohl viele Theoretiker das Proton dafür hielten, dessen Ladung ebenso groß wie die des Elektrons, jedoch dieser entgegengesetzt ist. Das Positron wurde 1932 von Carl Anderson entdeckt. Im gleichen Jahr fand James Chadwick das Neutron. Dann folgten die ersten Mesonen, und zwar 1937 das μ-Meson, heute Myon genannt und zunächst als Träger der Kernkräfte fehlinterpretiert, die von Hideki Yukawa postuliert wurden. Zehn Jahre darauf fand man das π-Meson, heute Pion genannt, das nun wirklich den Vorstellungen von Yukawa entsprach.

Die Existenz des Antineutrons und die des Antiprotons, beide auf der Basis von Diracs Theorie vorweggenommen und daher von den meisten Physikern erwartet, wurden 1956 experimentell bestätigt. Danach wurden die ersten Mitglieder einer ganzen Reihe von neuen, «seltsamen» Teilchen gefunden: das λ- und das σ-Hyperon und die K-Mesonen. Die Liste der

«Hadronen» oder stark wechselwirkenden Teilchen ist inzwischen viel länger als die der Atome. Die zuletzt entdeckten Teilchen werden mit Hilfe von griechischen Großbuchstaben bezeichnet, beispielsweise J/Ψ, Σ oder Υ. Manche dieser Entdeckungen erregten soviel Aufmerksamkeit, daß sie sogar auf der Titelseite von Zeitungen wie der *New York Times* gemeldet wurden.

Im Hinblick auf die immer länger werdende Liste der experimentell gefundenen Teilchen befinden wir uns heute in einer Situation, die mit derjenigen vergleichbar ist, die bei der Aufstellung des Periodensystems der Elemente vorlag. Die Teilchen wurden klassifiziert und geordnet, und ihre Eigenschaften wurden in Schemata erfaßt, die zuweilen mathematisch sehr ausgeklügelt sind. Manchmal gehen aus solchen Schemata die Existenz und die Eigenschaften weiterer Teilchen hervor, die später experimentell bestätigt werden können. Das erinnert an Mendelejews Vorgehen bei der Voraussage von seinerzeit noch unbekannten Elementen. Murray Gell-Mann erhielt den Nobelpreis für seine zutreffende Voraussage des Ω^--Teilchens und einiger seiner Eigenschaften. Jedoch ist unser Verständnis des Ursprungs oder der physikalischen Grundlage der so nützlichen Klassifikationsschemata noch weitgehend unvollständig. Das sogenannte *Standardmodell* der Elementarteilchen beruht auf den feldtheoretischen Überlegungen, die wir gegen Ende des Kapitels 4 besprochen haben. Man kann es als Analogon zum Bohrschen Atommodell ansehen, das sozusagen am Ausgangspunkt der verwirrenden Vielfalt von entdeckten Teilchen angesiedelt ist.

Wie werden Teilchen normalerweise nachgewiesen?

Die Teilchen, von denen hier die Rede ist, sind viel zu klein, um selbst unter dem Mikroskop mit dem höchsten Auflösungsvermögen sichtbar zu sein. Was meinen wir dann damit, wenn wir von ihrer Existenz sprechen? Die Antwort ist nicht so intuitiv zu geben, wie Sie vielleicht annehmen.

J. J. Thomson schloß auf die Teilchennatur der Kathodenstrahlen aus ihrer Ablenkung durch Magnete, wobei das Ausmaß der Ablenkung auf ein konstantes Verhältnis der Ladung zur Masse der Teilchen schließen ließ, gleichgültig, woraus die Teilchen eigentlich bestehen. Millikan untersuchte das Verhalten von Öltröpfchen in einem elektrischen Feld und fand dabei heraus, daß die elektrische Ladung stets nur in gewissen Portionen auftreten kann. Jedes Tröpfchen trug die Ladung von nur einem oder wenigen Elektronen. Mit der Existenz eines Elektrons ist hier also die Tatsache gemeint, daß die elektrische Ladung nur in Vielfachen einer gewissen, immer gleich großen Menge auftreten kann. Mit dieser bestimmten Ladungsmenge ist beim Elektron immer eine bestimmte Masse und ein Drehimpuls (oder

Spin) verbunden, der fünfzehn Jahre später gefunden wurde. Daher sind alle Elektronen identisch. Ferner sind sie stabil, d.h. sie zerfallen nicht nach einer gewissen Zeit. Ihre Flugbahn können wir verfolgen, wenn sie beispielsweise eine mit Wasserdampf gefüllte Nebelkammer oder eine flüssigkeitsgefüllte Blasenkammer passieren; denn ihre Ladung bewirkt ausreichend viele Ionisationen der Moleküle, mit denen sie zusammenstoßen, wobei sichtbare Nebeltropfen oder Blasen längs ihrer Flugbahn entstehen. In einem Magnetfeld werden die Flugbahnen geladener Teilchen gekrümmt (siehe Abbildung 38). Wer konnte da noch die Existenz solcher Teilchen bezweifeln?

Der Fall des Neutrinos war etwas problematischer. Bestimmte Experimente mit radioaktiver Strahlung zeigten, daß beim Beta-Zerfall eines Atomkerns ein Elektron emittiert wird, aber die Bilanz der Energie und des Drehimpulses stimmte nicht. Beide Größen waren nach dem Zerfall kleiner als erwartet. Wolfgang Pauli interpretierte diesen Befund so, daß gleichzeitig mit dem Elektron ein praktisch masseloses und elektrisch neutrales Teilchen emittiert wird. Da dieses Teilchen keine Ladung trägt, hinterläßt es in der Blasenkammer keine Spur. Die Existenz des neuen Teilchens wurde nur allmählich akzeptiert, und es gab viele Jahre lang keinen anderen Hinweis auf sie als die Verletzung gewisser Erhaltungssätze, die nur durch Postulieren des Teilchens zu vermeiden war. Verständlicherweise waren einige Physiker immer noch skeptisch, bis 24 Jahre später der experimentelle Nachweis des inversen Beta-Zerfalls gelang. Bei diesem Prozeß stößt ein zuvor durch den Beta-Zerfall eines Atomkerns gebildetes Neutrino mit einem anderen Kern zusammen und löst die entgegengesetzte Reaktion aus, bei der ein Positron (das positiv geladene Antiteilchen des Elektrons, s.o.) entsteht. Außerdem nehmen die Energie und der Drehimpuls des Kerns zu. Nun konnte die «Realität» des Neutrinos nicht mehr bezweifelt werden. Mittlerweile wurden in Laboratorien in aller Welt Millionen von Ereignissen erfaßt und untersucht, die von Neutrinos ausgelöst wurden, die von der Sonne oder von einer Supernova stammten.

Üblicherweise werden geladene Teilchen vor allem anhand ihrer Spuren in Nebel-, Blasen- oder Funkenkammern oder auf photographischen Filmen entdeckt (vgl. Abbildung 38 und 39). Die mikroskopische Beobachtung der Spuren, die auf einer Photoplatte sichtbar bleiben, erlaubt die Messung des Verhältnisses der Masse zur elektrischen Ladung des unsichtbaren Teilchens, das die Spur in einem Magnetfeld erzeugte. Weiterhin können sein Spin (siehe Kapitel 7), sein magnetisches Moment und andere sogenannte Quantenzahlen ermittelt werden. Diese Zahlen beschreiben das Verhalten der Teilchen hinsichtlich bestimmter physikalischer Gesetze.

Neuere Methoden des Nachweises nutzen Zähler, die direkt mit Computern verschaltet sind; hier sind die Spuren nicht real, sondern befinden sich in den Computerdaten oder nur in der Vorstellung der Physiker. Abbildung

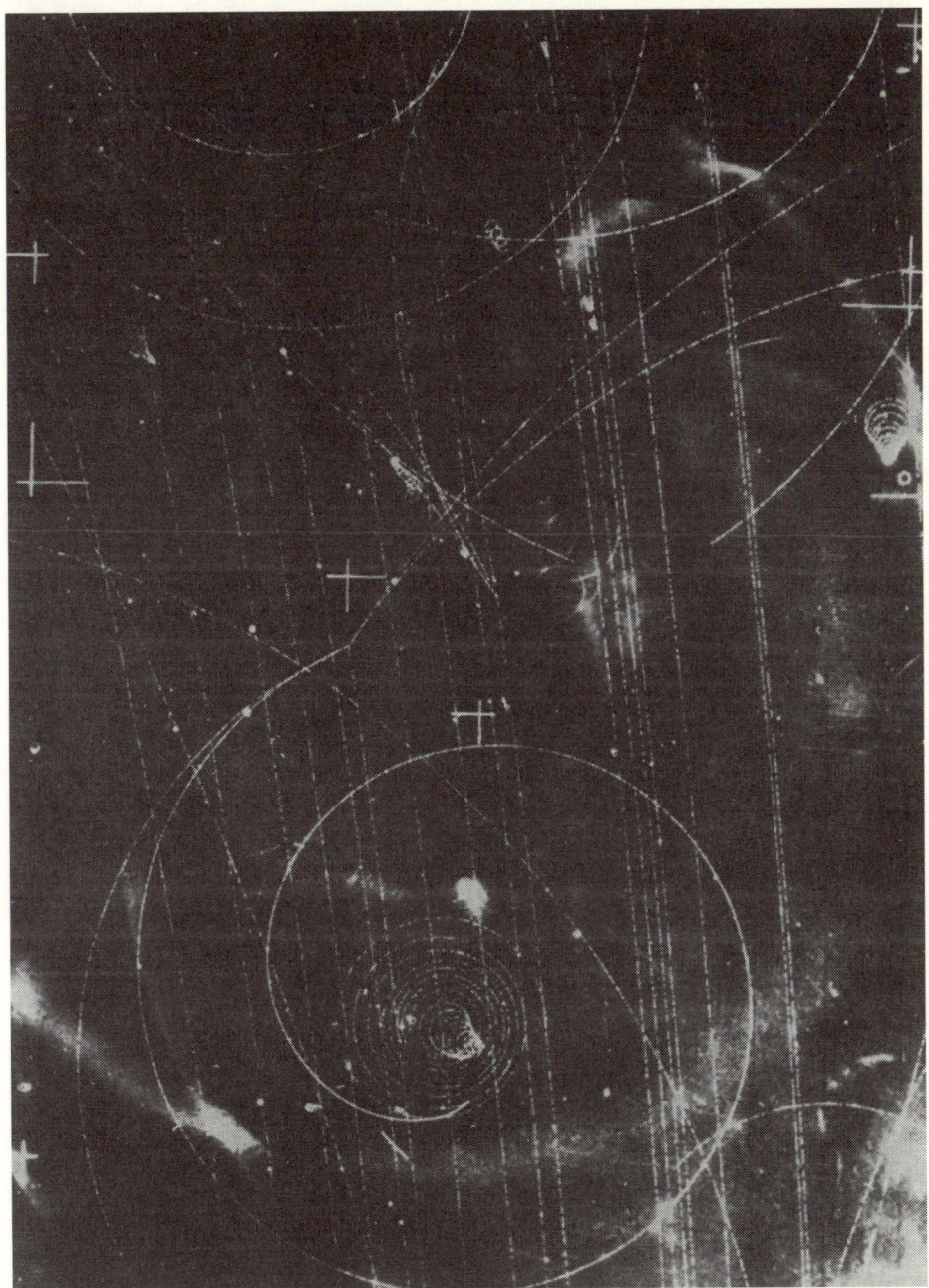

Abb. 38 Die gekrümmten Flugbahnen elektrisch geladener Teilchen in einer Wasserstoff-Bla-
senkammer, die sich in einem Magnetfeld befindet. Die nahezu geradlinigen Spuren
rühren von schnellen Teilchen im Strahl her. Die aufgrund des Magnetfeldes stark
gekrümmten Spuren stammen von langsameren Elektronen und von Pionen, die bei
Zusammenstößen entstanden.

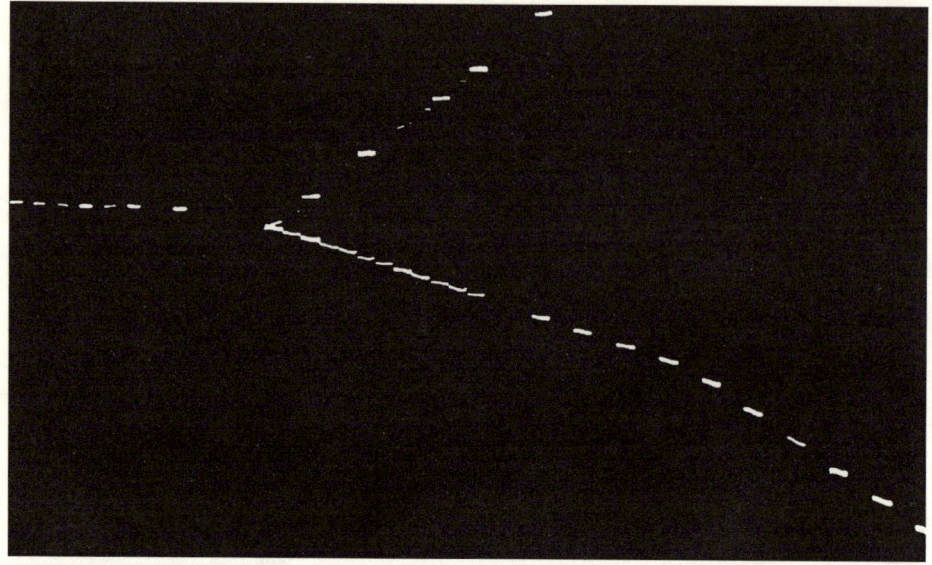

Abb. 39 Die Spuren geladener Teilchen in einem Magnetfeld beim Durchgang durch eine Funkenkammer. Die große Lücke entspricht der unsichtbaren Bahn eines neutralen Teilchens, das sich nach rechts bewegt und in zwei entgegengesetzt geladene Teilchen zerfällt.

40 zeigt die ersten vier Ereignisse (engl. *events*) bei der Entdeckung des Z^0-Teilchens, das für «Neutralströme» bei der schwachen Wechselwirkung verantwortlich ist. Hier werden die Z^0-Teilchen durch Proton-Antiproton-Stöße erzeugt. Weil sie elektrisch neutral sind, lassen sie nicht direkt nachweisen, sondern nur durch den anschließenden Zerfall in Elektron-Positron-Paare. In den vier Diagrammen von Abbildung 40 ist die Energieaufnahme in «Zellen» an verschiedenen Positionen dargestellt. Hohe Spitzen erscheinen dort, wo vier Teilchen mit (innerhalb des Meßfehlers) gleicher Masse in ein Elektron und ein Position und kein weiteres Teilchen zerfallen. Dabei bleiben die Energie und der Impuls (in Kapitel 10 näher erläutert) erhalten. Für diese Entdeckung, die sie am Europäischen Kernforschungszentrum CERN bei Genf machten, erhielten Carlo Rubbia und Simon van der Meer im Jahre 1984 den Nobelpreis.

Keine Dauerhaftigkeit, keine Individualität

Die Quantenzahlen der in den letzten Jahren entdeckten Teilchen werden normalerweise aus ihrer Streuung und aus ihrer Bildungsverteilung abgeleitet, ebenso aus den entsprechenden Daten ihrer Zerfallsprodukte. Daher nutzt man die wohl grundlegendste allgemeine Eigenschaft von Teilchen aus,

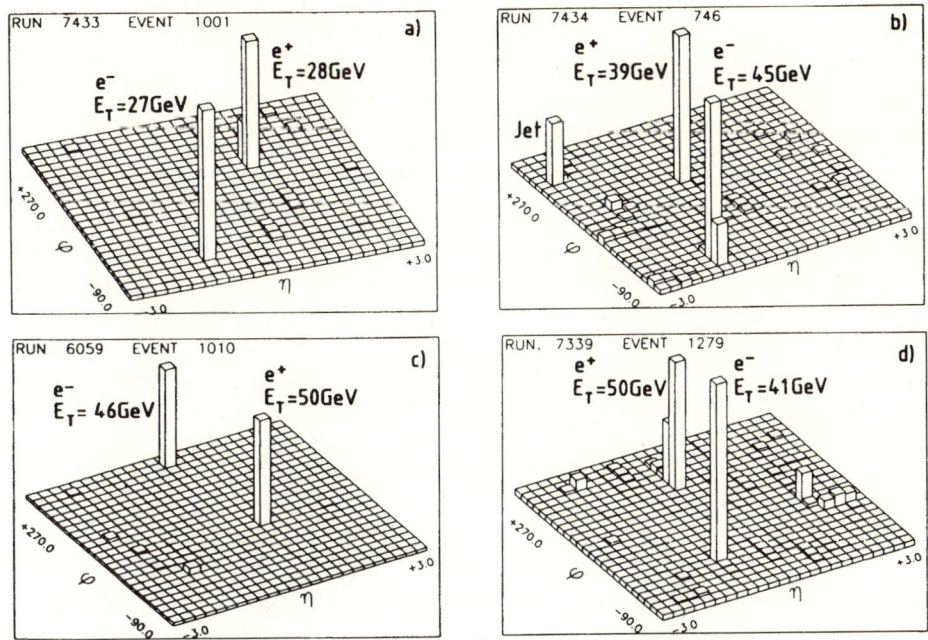

Abb. 40 Die ersten vier entdeckten Z^0-Zerfälle in Elektron-Positron-Paare.

die vor rund sechzig Jahren entdeckt und theoretisch erklärt wurde, nämlich daß sie alle erzeugt und vernichtet werden können — sowohl in der
Natur als auch im Labor. Unter Einhaltung bestimmter allgemeiner Erhaltungssätze (für die Energie, den Impuls und die elektrische Ladung) können
sogar Elektronen erzeugt werden. Wie wir schon in Kapitel 4 besprochen
haben, kann ein energiereiches Photon unter gewissen Umständen ein Paar
aus einem Elektron und einem Positron erzeugen. Umgekehrt kann ein Elektron vernichtet werden, und zwar bei einem Stoß mit einem Positron, durch
den ein Photon oder — bei ausreichend hoher Energie — sogar ein Proton-
Antiproton-Paar entstehen kann. Der eindrucksvollste Beweis der Erzeugung
von Teilchen ist ein «Schauer». Dieser entsteht, wenn ein extrem energiereiches Teilchen aus der kosmischen Strahlung (normalerweise ein Proton)
einen Atomkern in der Erdatmosphäre trifft. Beim ersten Stoß sowie bei
nachfolgenden Stößen entstehen insgesamt Hunderte von Teilchen aller Art.
Deren simultanes Auftreffen und die Verbreitung über eine große Fläche
an der Erdoberfläche läßt sich mit Hilfe von Zählern erfassen. Es stellte
sich also heraus, daß wir Teilchen erzeugen können, ebenso wie die Natur,
die ständig welche hervorbringt. Weisen diese Teilchen irgendeine Art von
Individualität auf?

Es gehört zu den fundamentalen Lehren, die wir aus der Quantentheorie ziehen und deren Konsequenzen experimentell bestätigt sind, daß Teilchen derselben Art (etwa Elektronen) nicht nur einander ähnlich, sondern nicht voneinander unterscheidbar sind. Wir können also kein Proton herausgreifen und es als von einer bestimmten Quelle stammend identifizieren. Ebenso kann ein Elektron, das wir früher beobachtet haben und das später anscheinend wieder auftaucht, in der Zwischenzeit seltsame Dinge getan, etwa ein Photon emittiert haben, das seinerseits ein Elektron-Positron-Paar erzeugt hat. Und dessen Positron kann zusammen mit dem ursprünglichen Elektron vernichtet werden, so daß das später gesehene Elektron «eigentlich» das als Teil des Paares erzeugte Elektron ist. Das Wort «eigentlich» hat hier aber keine Bedeutung. Es ist ein wesentliches Prinzip, daß keinerlei Möglichkeit besteht zu sagen, welches Elektron welches ist.

Damit haben wir zwei der bedeutendsten Standard-Attribute von Teilchen verloren: die Dauerhaftigkeit und die individuelle Identität. Das ist aber erst der Anfang der Geschichte. Wenn Elektronen auch nicht ewig bestehen, so sind sie zumindest stabil. Das bedeutet: Überläßt man Elektronen sich selbst, so werden sie nicht zerfallen, sondern intakt bleiben. Dasselbe nimmt man allgemein von den Protonen an, obwohl es derzeit einige Zweifel an ihrer Stabilität gibt; dies ist zur Zeit Gegenstand intensiver Forschungen mit Hilfe schwieriger Messungen. Sollten die Protonen sich als instabil erweisen, so wird ihre mittlere Lebensdauer glücklicherweise sehr viel länger sein als das Alter des Universums. So müssen wir nicht befürchten, eines Tages plötzlich in einer «Rauchwolke» von Teilchen zu verschwinden. Elektronen und wahrscheinlich auch Protonen gehören zu den sehr wenigen Arten stabiler Teilchen. Weitere Teilchen, die man für stabil hält, sind Positronen, Antiprotonen (vielleicht auch nicht), Neutrinos und Photonen. Ein Neutron, das sich nicht in einem Atomkern befindet, wird in ein Proton, ein Elektron und ein Antineutrino zerfallen, wobei seine mittlere Lebensdauer rund 13 Minuten beträgt. Das ist das Analogon zum radioaktiven Zerfall einiger Atomkerne. Die meisten der übrigen Teilchen haben wesentlich kürzere Lebensdauern. Das Myon zerfällt im Durchschnitt nach rund 10^{-6} Sekunden, das Λ-Teilchen nach ungefähr 10^{-10} Sekunden und einige Hyperonen nach circa 10^{-23} Sekunden*).

Wie kann man Teilchen nachweisen, die nur eine so unvorstellbar kurze Zeit wie 10^{-23} Sekunden existieren? Dazu müssen wir uns ein wenig mit der Physik der Elementarteilchen befassen, um zu verstehen, was *Resonanz* ist,

---

*) Will man einen Eindruck von solchen Zeitspannen erhalten, so ist es nützlich, sie sich im Vergleich zu anderen Zeiträumen vorzustellen: Das Universum besteht inzwischen etwa 10^{18} Sekunden, ein Mensch lebt rund $2 \cdot 10^9$ Sekunden, ein Herzschlag dauert eine Sekunde, und eine Wellenlänge des Lichts passiert einen bestimmten Punkt in etwa 10^{-15} Sekunden.

denn diese ist das charakteristische Anzeichen, an dem man solche Teilchen erkennen kann.

Resonanzen bei einem Pendel

Stellen wir uns als Beispiel für einen Oszillator ein Pendel vor, etwa ein Gewichtsstück, das an einem Faden hängt. Es hat eine bestimmte Schwingungsfrequenz, die wir mit ν_0 bezeichnen wollen. Wir schlagen nun mit einem kleinen Hammer gegen das anfangs ruhende Gewicht, und zwar rhythmisch mit einer anderen Frequenz ν. Weil der Hammer das Pendelgewicht beim zweiten Schlag vielleicht in der Mitte von dessen Bewegung und beim dritten Mal an einer anderen Stelle trifft, wird im Durchschnitt nicht viel passieren — abgesehen von einer etwas unregelmäßigen Schwingung des Pendels. Nehmen wir nun an, wir wiederholen den Versuch mit allen möglichen Frequenzen ν und tragen die Energie, die das Pendel vom Hammer absorbiert, als Funktion der Frequenz ν auf. Die Kurve wird ziemlich flach verlaufen, außer wenn ν nahe bei ν_0 liegt. Dann wird der erste Hammerschlag das Pendelgewicht in Bewegung setzen, und der zweite Schlag wird exakt zu dem Zeitpunkt ausgeführt, an dem das Gewicht wieder nach vorn zu schwingen beginnt. Dadurch wird die Wirkung des ersten Stoßes verstärkt und so weiter. (Viele Eltern haben das schon — mehr oder weniger bewußt — mit ihrem Kind auf der Schaukel durchgeführt.) Die Amplitude des Pendels wird dabei größer und größer. Das bedeutet, daß eine große Energiemenge vom Hammer auf das Pendel übertragen wird. Mit anderen Worten: Das Pendel absorbiert eine große Energiemenge vom Hammer, wenn die Schlagfrequenz ν gleich der sogenannten *Eigenfrequenz* oder *Resonanzfrequenz* ν_0 des Pendels ist. Entsprechendes gilt für jedes schwingungsfähige System. Beispielsweise können Bodenwellen auf einer Straße einen darüberfahrenden Wagen bei einer bestimmten Geschwindigkeit in gefährliche Schwingungen versetzen, oder eine kleine Brücke kann in zerstörerische Eigenschwingungen geraten, wenn eine auf ihr marschierende Soldatenkolonne die «richtige» Trittfrequenz hat.

Wenn es keine Reibung gäbe, würde unser Pendel alle Energie absorbieren und die Resonanzfrequenz würde absolut exakt eingehalten. Aber in der Praxis liegt immer Reibung vor, so daß die Pendelschwingung gedämpft wird. Einmal sich selbst überlassen, wird es nicht ewig schwingen, sondern Energie an seine Umgebung abgeben und irgendwann zur Ruhe kommen. Das hat zur Folge, daß seine Eigenfrequenz nicht ganz scharf ist. Die Kurve in Abbildung 41 gibt die Auslenkung eines gedämpft schwingenden Pendels wieder und kann in eine Überlagerung von Funktionen zerlegt werden, die jeweils eine bestimme Frequenz und eine konstante Amplitude haben.

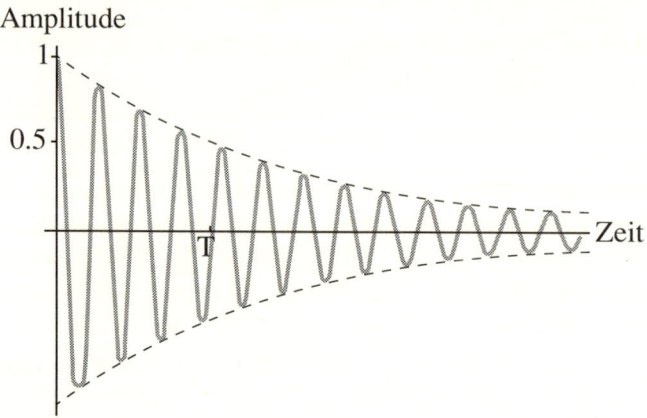

Abb. 41 Der typische Verlauf der Amplitude einer gedämpften Schwingung (oder eines gedämpften Oszillators) in Abhängigkeit von der Zeit. Nach der Zeit T ist die Schwingungsamplitude auf die Hälfte ihres Anfangswertes gefallen. Nach einer 7mal so langen Zeit beträgt sie weniger als 1 Prozent des Anfangswertes.

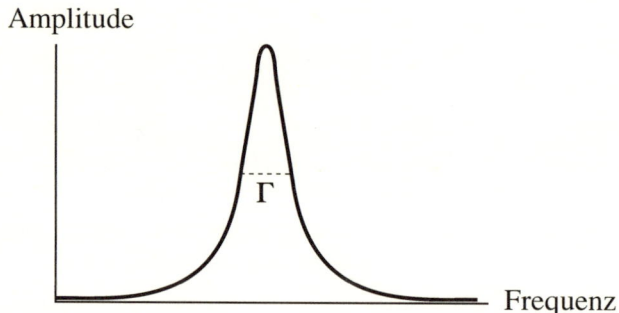

Abb. 42 Schematische Darstellung der Amplituden der verschiedenen Frequenzanteile einer gedämpften Schwingung wie in Abbildung 41. Die Breite Γ bei halber Maximalhöhe, die sogenannte Halbwertsbreite, hängt mit der charakteristischen Abfallzeit T (siehe Abbildung 41) zusammen über $\Gamma \approx 1/(2\,\pi\,T)$.

Die Frequenzen, die in dieser schwach gedämpften Kurve «enthalten» sind, liegen alle sehr dicht bei der Frequenz ν_0. Damit hat die Bewegung einen engen Bereich von Eigenfrequenzen um ν_0 und nicht nur die eine Frequenz ν_0. Wenn wir die Amplituden aller Frequenzen, die in der Pendelschwingung enthalten sind, als Funktion der jeweiligen Frequenz auftragen, werden wir eine Kurve wie in Abbildung 42 erhalten, die einen Scheitelpunkt (engl. *peak*) mit der Halbwertsbreite Γ aufweist.

Betrachten wir noch einmal den Energieverlust des Pendels gemäß der Amplitudenabnahme in Abbildung 41. Die Zeitspanne T, nach der die Energie auf die Hälfte abgesunken ist, nennen wir *Halbwertszeit*. Man kann mathematisch zeigen, daß zwischen der Breite Γ des Peaks bei halber Maximalhöhe (siehe Abbildung 42) und der Halbwertszeit folgende einfache Relation besteht: $2\pi T\Gamma \approx 1$. Das Zeichen «$\approx$» bedeutet «ungefähr gleich». Also ist die Halbwertsbreite Γ näherungsweise umgekehrt proportional zur Halbwertszeit: $\Gamma \approx 1/(2\pi T)$. Gäbe es keine Reibung oder Dämpfung, wäre die Halbwertszeit unendlich groß, d.h. die Schwingung würde ewig andauern, ohne daß sich die Amplitude verringerte. Die Resonanzbreite Γ wäre dann null, und es gäbe nur eine absolut scharfe Resonanzfrequenz. Andererseits ist eine kleine Halbwertszeit mit einer großen Resonanzbreite verknüpft.

Ein gedämpfter Oszillator mit einem gewissen Bereich von Resonanzfrequenzen wird Energie von dem Hammer, der ihn in Bewegung versetzte, nicht nur bei der einen Frequenz ν_0 absorbieren, sondern innerhalb eines gewissen Frequenzintervalls um ν_0 herum, das die Breite Γ hat. Die Absorption, als Funktion der Frequenz aufgetragen, ergibt dann eine Kurve mit einem Resonanzpeak, ähnlich wie in Abbildung 42.

Resonanzen in Atomen und Molekülen

Das Prinzip, das wir eben am Beispiel einer einfachen Pendelschwingung kennengelernt haben, finden wir auch bei komplizierteren schwingenden Systemen wieder. Ebensowenig wie der «Hammer», der sie in Bewegung versetzt, müssen sie nicht mechanischer Art sein, sondern können beispielsweise auch elektromagnetische Systeme sein. So haben Atome bestimmte charakteristische Frequenzen, und die Auftragung der Absorption von Licht durch Atome oder Moleküle ähnelt der eben betrachteten Kurve. Man spricht hier von Absorptionslinien; Beispiele sind in Abbildung 43 gezeigt. Eine bestimmte Atomsorte hat gewöhnlich mehr als eine solche Resonanzfrequenz.

Was ist bei den Atomen das Analogon zur Reibung, die beim Pendel die Dämpfung der Schwingung hervorruft? In einem Atom ist das schwingende System die Ansammlung der Elektronen, die den Kern umrunden. Weil die Elektronen elektrisch geladen sind, können sie durch eine elektromagnetische Welle (etwa eine Lichtwelle), die auf das Atom trifft, angeregt werden, so daß sie sozusagen heftiger schwingen. Dabei können sie als bewegte Ladungsträger elektromagnetische Strahlung emittieren, wobei sie Energie abgeben; dies kann man sich ähnlich wie eine Dämpfung vorstellen. Entscheidend ist also die elektrische Ladung der Elektronen, die die Kopplung mit dem elektromagnetischen Feld ermöglicht.

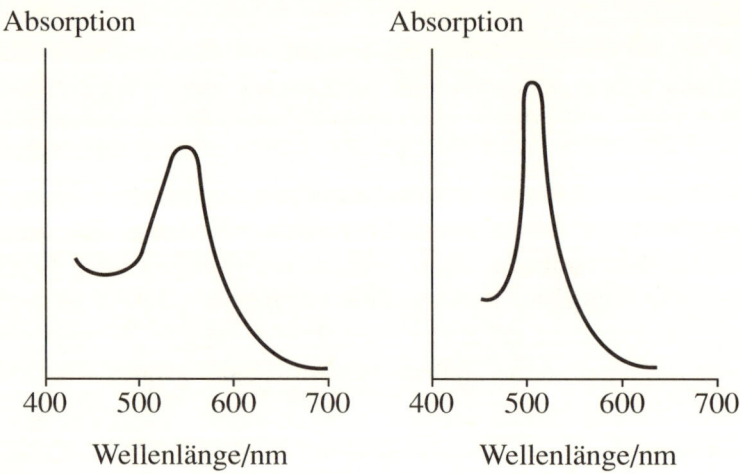

Abb. 43 Diese Kurven zeigen die Absorption von Licht durch eine kolloide Goldlösung (links) und durch Rubinglas (rechts).

Der Betrag der Ladung, und damit die Dämpfung, ist sehr klein, so daß die Halbwertszeit des angeregten Systems sehr kurz ist und die entsprechenden Absorptionslinien sehr schmal sind. Hier verstehen wir gemäß den Gesetzen der Quantenmechanik unter der Halbwertszeit die Zeitspanne, nach der die Hälfte der angeregten Atome wieder in den normalen Zustand zurückkehrt. Atome absorbieren und emittieren Licht also jeweils bei bestimmten Frequenzen bzw. Farben, und die betreffenden Linien sind meist sehr scharf. Weil die Halbwertszeit eines angeregten Atoms in der Größenordnung von 10^{-8} Sekunden liegt, beträgt die Halbwertsbreite einer Linie etwa 10^7 Hz. Damit liegt die relative Unsicherheit der Emissionsfrequenz nur bei rund 1 zu 10^8.

Hier müssen wir noch zwei wichtige Tatsachen berücksichtigen. Die erste hängt mit der quantenmechanischen Behandlung des Systems zusammen und besagt, daß die Energie E einfacher schwingender Systeme nur in bestimmten Portionen (Quanten) auftreten kann, die den Betrag $h\nu$ haben, wobei ν die Frequenz der Schwingung ist. Die Proportionalitätskonstante h ist das Plancksche Wirkungsquantum. Diese Energiequanten $h\nu$ sind beim Licht die schon erwähnten Photonen. Bei Schwingungen in Festkörpern nennt man die Schwingungsquanten *Phononen*, die man auch als eine Art von Teilchen ansehen kann.

Die zweite wichtige Tatsache hängt mit der Relativitätstheorie zusammen und besteht in der Verknüpfung der Masse m mit der Energie E über die Lichtgeschwindigkeit c. Dies ist die berühmte Einsteinsche Beziehung

$E = mc^2$. Auch wenn sich ein Körper der Masse m in Ruhe befindet und keinen äußeren Kräften unterworfen ist, hat er die «Ruheenergie» mc^2. Für Photonen, die sich stets mit Lichtgeschwindigkeit bewegen, muß die Ruheenergie null sein, d.h. man muß $m = 0$ setzen. Teilchen mit einer Ruhemasse, die nicht null ist, können deshalb nie Lichtgeschwindigkeit erreichen, während Photonen nie zur Ruhe kommen können.

Resonanzen bei der Streuung

Nun haben wir alle notwendigen Begriffe kennengelernt: die Resonanz bei einem schwingenden System, die Quantelung der Energie und deren Beziehung zur Frequenz sowie die Relation zwischen der Ruhemasse eines Teilchens und seiner Energie.

Anstatt Licht lassen wir nun Elektronen auf Atome treffen. Auch dadurch können wir die Atome bei oder nahe ihrer charakteristischen Resonanzfrequenzen anregen, und wir sprechen von *Resonanzenergien*. Wenn wir die Energie der einfallenden Elektronen variieren, so werden diese bei bestimmten Resonanzlinien Energie verlieren. Die Atome werden diese Energie aufnehmen, und nach einer typischen Halbwertszeit wird die Hälfte der angeregten Atome diese Energie wieder abgeben, und zwar in Form von Photonen der jeweiligen Energie. Diesen gesamten Vorgang bezeichnet man als *inelastische Streuung* der Elektronen. Diese haben eine charakteristischen Teil ihrer Energie verloren, und diese Energie wurde — nach einer kurzen Zeitspanne — umgewandelt in Photonen, also in Licht. Das kann man mit einer Gruppe von Kindern vergleichen, die Waffeln mit verschiedenfarbigem Speiseeis haben und in eine Gruppe größerer Kinder geraten, die sich Erdbeereis wünschen. Alle Waffeln mit rosa Eis der ersten Gruppe sind nach einer Weile im Besitz von Mitgliedern der zweiten Gruppe, und die glücklichen Empfänger werden fröhlich pfeifend weitergehen. So wurde Eis einer bestimmten Farbe in Töne umgesetzt!

Kehren wir zu den Atomen und den Elektronen zurück. Auch ein anderer Vorgang kann sich vollziehen. Bei bestimmten Energien kann ein Atom ein Elektron einfangen und wird dabei zu einem negativen Ion. Nach kurzer Zeit kann das Elektron wieder in der Lage sein, zu entweichen und weiterzufliegen. Wenn es in das Atom hineinkommen konnte, muß es auch wieder herauskommen können. (Das ist das Analogon zur Absorption und Re-Emission eines Photons durch ein Atom.) Die Tatsache, daß das Elektron eingefangen wurde und eine gewisse Zeitlang im Atom verblieb, führt zu einer starken Ablenkung aus seiner ursprünglichen Bahn. Man beobachtet also eine starke Streuung. Wenn wir einen Elektronenstrahl auf Atome richten, so können wir messen, wie viele gestreut werden. Bei bestimmten Energien bzw. Frequenzen werden viel mehr Elektronen gestreut als bei anderen, und eine Auftragung der gestreuten Anteile gegen die Energie der einfallenden Elektronen wird Resonanzen zeigen — so wie es zuvor auch geschah. Die Energie der Resonanzlinie gibt uns die Energie und damit die Masse des Ions, das vorübergehend gebildet wird. Aus der Breite Γ_E der Resonanzlinie können wir auf die Halbwertszeit des Ions schließen. Aus $E = h\nu$ und $T\Gamma \approx 1/(2\pi)$ erhalten wir $T\Gamma_E \approx h/(2\pi)$. Das ist eine Formulierung der Heisenbergschen Unschärferelation. Je größer die Halbwertszeit des instabilen Systems ist, desto schärfer ist die Resonanz, die wir mit Hilfe der Energie oder der Frequenz formulieren können.

Nun verstehen wir, daß wir durch Beobachtung von Resonanzen bei der Streuung feststellen können, daß solche Teilchensysteme für eine bestimmte Zeitspanne als Einheit zusammenbleiben. Beobachtungen dieser Art sind mit beschleunigten Teilchen (Elektronen, Protonen oder auch Ionen) in einem Zyklotron, einem Synchrotron oder einem Linearbeschleuniger möglich. Dabei werden die Teilchen mit wechselnden Energien aufeinandergeschossen. Das Ausmaß der beobachteten Streuung gibt man als *Stoßquerschnitt* an. Dies ist die Querschnittsfläche, die die betreffenden Teilchen in Abhängigkeit von der Energie einander darbieten. Die Auftragung dieser Relation zeigt bei einer bestimmten Energie einen Peak, der gewöhnlich als Anzeichen für eine Resonanz interpretiert wird. Also liegt ein Gebilde vor, dessen Lebensdauer gleich dem Planckschen Wirkungsquantum, dividiert durch die Halbwertsbreite des Peaks, ist.

Neben den Resonanzen gibt es natürlich auch andere Gründe dafür, daß der Stoßquerschnitt mit der Energie variiert. Wann dürfen wir einen Peak in einer Streuungskurve auf eine Resonanz zurückführen? Es gibt einen Effekt, der nebenbei schon erwähnt wurde und mit einer realen physikalischen Resonanz zusammenhängt, nämlich eine Zeitverzögerung beim Austritt der gestreuten Teilchen, wenn diese in einem nahezu stabilen System gefangen sind. Die Verzögerung kann im Prinzip entweder direkt gemessen oder aus indirekten Nebeneffekten ermittelt werden. Solche Messungen sind jedoch wesentlich schwieriger durchzuführen als die des Stoßquerschnitts. Wenn wir etwas über die Reichweite der beteiligten Kräfte wissen, können wir bestimmte Folgerungen unmittelbarer ziehen.

Nehmen wir an, die Reichweite der Kräfte sei D. Dann ist die Zeit, die zwei hochenergetische (fast mit Lichtgeschwindigkeit c fliegende) Teilchen benötigen, um das Kraftfeld des jeweils anderen zu passieren, normalerweise gegeben durch D/c. Liegt aber eine Resonanz vor, so entfernen sich die Teilchen erst nach einer viel längeren Zeitspanne wieder voneinander. Diese Verzögerung ist etwa gleich der Halbwertszeit des Systems. Wenn nun die Halbwertsbreite Γ_E eines ausreichend hohen Peaks in einer Stoßquerschnittskurve klein gegen hc/D ist, dann können wir annehmen, daß eine echte Resonanz vorliegt. Daher wird in der Praxis ein deutlicher Peak in einer ansonsten nur allmählich variierenden Stoßquerschnittskurve üblicherweise als Resonanz interpretiert.

Wir haben nun eine Erklärung dafür, wie ein Gebilde, das eine bestimmte Zeitlang existiert, durch ein Streuexperiment entdeckt werden kann: Es erzeugt im Stoßquerschnittsdiagramm eine Resonanzlinie (einen Peak). Betrachten wir die Größenordnung einiger Werte. Kernenergien werden in Vielfachen von eV (Elektronenvolt) abgegeben, meist in keV (tausend eV) oder MeV (Millionen eV). Hat ein radioaktiver Kern eine Halbwertszeit von einigen Jahren, so entspricht das einer Linie der Breite 10^{-23} eV. Das ist viel zu schmal, um experimentell erfaßt zu werden, weil das Auflösungsvermögen einer jeden Apparatur dafür zu gering ist. Eine Halbwertszeit von 10^{-10} Sekunden ergibt immer noch eine Linie der Breite 10^{-5} eV, die ebenfalls nicht als Resonanz erkennbar sein wird. Wenn solche Teilchen sich aber nahezu mit Lichtgeschwindigkeit bewegen (wie in vielen Experimenten), dann legen sie Strecken von mehreren Millimetern oder mehr zurück, bevor sie zerfallen. Die meisten der Teilchen sind elektrisch geladen, so daß ihre Spur in einer Nebel-, einer Funken- oder einer Blasenkammer entdeckt werden kann. So können wir sie direkt «sehen», wie schon besprochen wurde. Bei elektrisch neutralen Teilchen aber können wir ihren «Weg» aus dem Ort ihrer Erzeugung aus sichtbaren Teilchen und dem Ort ihres Zerfalls in geladene Produkte ermitteln. Wenn die Teilchen nicht lange genug existieren, um sichtbare Bahnen zu hinterlassen (vielleicht weniger als 10^{-13} Sekunden lang), aber nicht kurz genug, um eine erkennbare Resonanzlinie zu erzeugen, dann sind sie schwer zu entdecken. Bei einer Halbwertszeit unterhalb von etwa 10^{-18} Sekunden werden sie zu auflösbaren Resonanzlinien führen. Die experimentell erzielbare Auflösung hinsichtlich der Energie kann für die Breite der Resonanzlinie zu gering sein; dann kann dieser eigentlich hohe, scharfe Peak trotzdem erkannt werden, und zwar als niedriger, breiter Buckel der experimentellen Kurve.

Auch hier spielt — mit einem interessanten Effekt — die Relativitätstheorie eine Rolle. Wie wir in Kapitel 6 gesehen haben, besagt sie, daß eine bewegte Uhr langsamer geht, und zwar um so stärker, je schneller sie sich bewegt. Wenn sich nun ein Teilchen mit sehr kurzer Halbwertszeit schnell bewegt, wird sein Zerfall im Labor verzögert wahrgenommen. Seine Halbwertszeit scheint größer zu sein. (Für Teilchen ist also die Lebensdauer beim Rasen eher länger als kürzer!) Die Existenz dieses in Kapitel 6 schon erwähnten Phänomens ist experimentell gesichert. Aus ihm folgt: Ein geladenes Teilchen mit sehr kurzer Lebensdauer, das bei ausreichend hoher Geschwindigkeit erzeugt wurde, wird im Prinzip immer eine Strecke von sichtbarer Länge zurücklegen können, bevor es zerfällt. Allerdings ist die

Energie oft viel zu hoch, die zum Erzeugen eines solches Teilchens erforderlich ist.

Voilà: ein Teilchen

Die Teilchen, die wir hier betrachten, sind wohl nicht mehr die, die Demokrit sich vorgestellt hatte. Sie haben eine (direkt oder indirekt) meßbare Energie, dazu eine meßbare Lebensdauer und eine Masse. Deren Wert ist jedoch in einem Ausmaß unsicher, das der Halbwertsbreite der Resonanzlinie entspricht. Die Teilchen weisen zudem eine Reihe anderer Eigenschaften auf, die aus der detaillierten Analyse der Streuexperimente zu erhalten sind: elektrische Ladung, magnetisches Moment, Drehimpuls und andere Quantenzahlen. Mit Hilfe solcher Werte identifizieren die Physiker heute die Teilchen. Diesen können wir verschiedene Arten von «Größe» zuordnen. Zunächst ist hier die sogenannte Compton-Wellenlänge $h/(2\pi mc)$ zu nennen (m ist die Masse des Teilchens). Für ein Elektron beträgt sie $3,86 \cdot 10^{-11}$ cm. Im Jahre 1922 hatte Arthur Compton entdeckt, daß Elektronen Photonen und auch andere Teilchen streuen, wobei sie ihre Energie und damit ihre Frequenz ändern. Für diese fundamentale Bestätigung der Teilchennatur des Lichts erhielt er 1927 den Nobelpreis. Die zweite «Größe» ist der Stoßquerschnitt, also eine Fläche. Er ist nicht konstant, sondern hängt vom Stoßpartner und von der Energie ab. Seine Einheit ist das barn, definiert als 1 barn = 10^{-24} cm^2. Durch Untersuchen des Stoßquerschnitts eines geladenen Teilchens, etwa eines Protons, kann man das Ausmaß ermitteln, in dem die Ladung des Teilchens in einem Punkt konzentriert bzw. über ein endliches Volumen verteilt ist. So kann man einen «Ladungsradius» angeben, also eine dritte «Größe». Soweit man heute weiß, ist ein Elektron in diesem Sinne ein reines Punktteilchen, denn seine Ladung ist in einem Punkt konzentriert. Dagegen ist die Ladung eines Protons über ein Volumen mit einem Radius von etwa 10^{-13} cm verteilt. Es ist kugelförmig und hat keine Individualität. Von der klassischen Vorstellung eines Teilchens bleibt nur übrig, daß das Proton bestimmte dauerhafte Eigenschaften hat. Wie sich ein Staubkörnchen von einer kleinen Rauchwolke durch seine scharfen Konturen und die Beständigkeit seiner Form unterscheidet, so unterscheidet sich ein Elektron von einem elektrostatischen Feld durch seine wohldefinierte Masse, seine Ladung und seinen Spin. Doch sogar die Masse eines Neutrons, das außerhalb eines Atomkerns und sich selbst überlassen eine Halbwertszeit von 13 Minuten hat, ist um einen Faktor von 1 zu 10^{27} unbestimmt. Diese immanente Unsicherheit der Masse ist sehr klein gegenüber dem Fehler bei der experimentellen Bestimmung seiner Masse.

Wenn zwei Teilchen beinahe identische Eigenschaften haben, kann eine merkwürdige Identitätskrise auftreten, die nur quantenmechanisch zu erklären ist. Ein typischer Fall sind die neutralen Mesonen K^0 und $\overline{K^0}$, die beim Zerfall oder beim Zusammenstoß anderer Teilchen entstehen. Jedes dieser beiden Mesonen läßt sich als eine quantentheoretische «Überlagerung» auffassen, und zwar — je zur Hälfte — zweier anderer Mesonen K^0_s und K^0_l, die mit sehr unterschiedlichen Halbwertszeiten zerfallen. Die Halbwertszeit des K^0_s beträgt 10^{-10} Sekunden, und die des K^0_l ist 500mal größer. Nach etwa $5 \cdot 10^{-10}$ Sekunden oder (bei nahezu Lichtgeschwindigkeit) einer Flugstrecke von 15 cm werden praktisch keine K^0_s mehr vorhanden sein, sondern nur noch K^0_l. Nun sind die K^0_l ihrerseits eine Überlagerung (auch je zur Hälfte) von K^0 und $\overline{K^0}$. Daher werden nach etwa $5 \cdot 10^{-10}$ Sekunden oder (bei nahezu Lichtgeschwindigkeit) einer Flugstrecke von 15 cm Teilchen, die als K^0 entstanden, je zur Hälfte als K^0 und als $\overline{K^0}$ vorliegen. Diese beiden wechselwirken mit anderen Teilchen auf verschiedene Weise, und man kann die Änderung der Identität erkennen. Solche Teilchen haben sozusagen chamäleonartige Züge, die die Benennung als «Teilchen» etwas verwirrend erscheinen lassen.

Welche Teilchen sind elementar?

Wegen der Vielzahl von Teilchen, die in den letzten 40 Jahren entdeckt wurden, kam die Frage auf, welche von ihnen wirklich «elementar» sind. Früher sah man Atome als unsichtbar und unteilbar an. Das war der Kernpunkt der atomistischen Theorie, von dem auch ihr Name herrührte (griech. *atomos* = unteilbar). Später glaubte man, die Atome bestünden aus den Elektronen und dem Kern. Danach fand man heraus, daß der Kern aus Neutronen und Protonen zusammengesetzt ist. Nun war 25 Jahre lang die Meinung vorherrschend, daß Protonen, Neutronen und Elektronen (und vielleicht einige Mesonen) die elementaren Teilchen sind. Anschließend nahm die Zahl der entdeckten Elementarteilchen jedoch derart stark zu, daß folgender Schluß nahelag: Entweder sind einige wenige (noch nicht entdeckte) Teilchen tatsächlich elementar und bilden die im Labor «gesehenen» Teilchen, oder die gesamte Vorstellung von den Elementarteilchen ist sinnlos. Man spricht zuweilen von der sogenannten «nuklearen Demokratie», gemäß der Vorstellung, daß alle Teilchen einander gleichgestellt sind, d.h. keines «elementarer» als ein anderes ist. Diese Frage ist bis zu einem gewissen Grad noch offen. Doch hat sie einen faszinierenden Aspekt, den ich im folgenden erläutern möchte.

Wie wir gesehen haben, sind fast alle bekannten Teilchen instabil. Das bedeutet, nach einer gewissen Zeitspanne zerfallen sie spontan in andere

Teilchen. Von den Elementarteilchen, die wir besprochen haben, sind allein das Elektron, das Positron, das Neutrino, das Photon und vielleicht das Proton und das Antiproton absolut stabil. Es erscheint unmöglich, eine Theorie aufzustellen, in der stabile — und *nur* stabile — Teilchen «elementar» sind. In einer solchen Theorie wäre das Neutron als elementares Teilchen automatisch ausgeschlossen, während das Proton (wenn sich seine Stabilität herausstellte) ein Kandidat sein könnte. Es wäre seltsam, zwischen zwei so eng verwandten Teilchen in dieser Weise fundamental zu unterscheiden. Wenn andererseits ein instabiles Teilchen elementar wäre, so müßte man gewiß fordern, daß es kein «Gedächtnis» hat. Ein interner Mechanismus, der für ein Gedächtnis notwendig scheint, würde es sofort zu einem nicht elementaren Teilchen machen. Wenn das Teilchen aber keine Erinnerung hat, dann «weiß» es nicht, wann es entstand, und die Wahrscheinlichkeit seines Zerfalls muß zeitlich konstant sein. Es folgt mathematisch, daß sein Zerfallsgesetz einer exakten Exponentialfunktion folgen muß, nämlich der inversen Wachstumsfunktion. Nun sind alle experimentell ermittelten Zerfallsgesetze der instabilen Teilchen in so guter Näherung Exponentialfunktionen, daß noch keine Abweichungen gefunden wurden. Aber die Quantenmechanik sagt uns auch, daß das Zerfallsgesetz keine exakte Exponentialfunktion sein kann. Zumindest ist noch keine Methode bekannt, nach der dies möglich wäre. Damit scheint es, als wäre die Vorstellung eines instabilen Elementarteilchens ausgeschlossen — es sei denn, das derzeitige System der Quantentheorie hat einen prinzipiellen Fehler.

Viele heutige Physiker scheuen den Ausdruck «Elementarteilchen» und bevorzugen die Bezeichnung «fundamental» für einige der vielen Teilchen, die in den letzten 40 Jahren entdeckt wurden. Es wäre natürlich genausowenig überzeugend, sie alle «fundamental» zu nennen, so wie man dieses Wort für alle Atome der chemischen Elemente verwendet. Es wird eher so sein, daß es noch andere, fundamentalere Teilchen gibt, die die schon bekannten Teilchen bilden. Die Physiker überlegten, ob dies der Fall ist oder ob «nukleare Demokratie» herrscht und keine Teilchen fundamentaler als andere sind.

Die derzeitige Theorie postuliert tatsächlich die Existenz zweier grundlegender Arten von Teilchen: der *Quarks* und der *Leptonen*, die jeweils in sechs verschiedenen «Flavours» auftreten. Der Name «Quarks» wurde von Murray Gell-Mann vorgeschlagen, nach einem Zitat aus *Finnegan's Wake* von James Joyce. Der Begriff «Leptonen» geht auf die Bezeichnung einer kleinen griechischen Münze zurück. Die Quarks dienen zum Entwerfen von Modellen und zum Klassifizieren aller bekannten Teilchen, so wie Elektronen und Kerne zum Aufstellen und Erklären des Periodensystems der chemischen Elemente herangezogen werden. Während Leptonen (sie umfassen die Elektronen und die Neutrinos) bei Experimenten gefunden wurden, konnte man noch keine isolierten Quarks nachweisen, und noch niemand konnte Quarkstrahlen erzeugen. Alle Suche blieb erfolglos. Die derzeit akzeptierte Erklärung besteht darin, daß — im Gegensatz zur elektrischen Kraft, zur Gravitationskraft und zu anderen bekannten Kräften — die Anziehungskraft zwischen den Quarks bei steigendem Abstand nicht geringer wird, sondern im wesentlichen konstant bleibt. Daher wird eine immer höhere Energiemenge nötig, um solche Teilchen immer weiter voneinander zu entfernen. Somit sind sie nicht aus dem «Bag» (dem Inneren des Quark-Antiquark-Paares) zu entfernen, so daß sie im betreffenden Teilchen verbleiben. Wenn man aber eine ausreichend hohe Energie zum Auseinanderziehen zweier Quarks aufgewandt hat, wird diese Energie in ein Quark-Antiquark-Paar umgesetzt. Das Quark dieses Paares kann bei einem der beiden ursprünglichen Quarks verbleiben, und das Antiquark kann sich mit einem anderen Quark verbinden. Obwohl man zwei einzelne Quarks erhalten wollte, entstanden ein Quark-Antiquark-Paar an einem Ort und zwei Quarks an einem anderen, jedoch nahebei liegenden Ort.

Bosonen und Fermionen

Wie steht es nun mit solchen Teilchen wie dem Photon, dem Lichtquantum? Sind das nicht auch Elementarteilchen? Nach der quantentheoretischen Betrachtungsweise ist der Welle-Teilchen-Dualismus zum einen auf solche Teilchen (wie Elektronen) anzuwenden, die man schon zuvor als Teilchen ansah, und zum anderen auf solche (wie die Photonen), die man eher als Welle ansah. Der Dualismus gilt also für beide, und doch besteht ein grundlegender Unterschied zwischen ihnen. Die Materie ist aus einigen der Teilchen zusammengesetzt, die weiter oben beschrieben wurden, nämlich aus Elektronen und Quarks. Sie gehören zur Kategorie der *Fermionen*, benannt nach dem italienischen Physiker Enrico Fermi. Diese Teilchen gehorchen dem Paulischen Ausschließungsprinzip, nach dem sich zwei Teilchen niemals in absolut gleichen physikalischen Zuständen befinden können. Eine Folge dieses Prinzips ist, daß zwei Teilchen derselben Art mit gleicher Energie sich nie am gleichen Ort aufhalten können, so daß die Materie nicht in sich zusammenstürzen kann.

Die Teilchen der anderen Kategorie nennt man *Bosonen*, nach dem indischen Physiker Satyendra Nath Bose. Sie unterliegen nicht dem Ausschließungsprinzip und sind die Vermittler der verschiedenartigen Kräfte, die die Teilchen aufeinander ausüben: Die Photonen sind die Bosonen des elektromagnetischen Kraftfeldes, die Pionen die der starken Kernkraft, die Gravitonen die der Gravitation, die Gluonen die der Kräfte zwischen den Quarks und so weiter. Die Situation wird dadurch komplizierter, daß auch die Bosonen Kräfte aufeinander ausüben — einige direkt und einige indirekt, indem sie Fermionen-Paare bilden. (Die früher erwähnte Delbrück-Streuung des Lichts durch Licht ist ein Beispiel für eine indirekte Wechselwirkung.)

Nach den heutigen Vorstellungen sind die Leptonen und die Quarks (beides Fermionen) als «fundamental» anzusehen, während Photonen, Gluonen, Gravitonen und einige andere (einschließlich des schon genannten Z^0) mit der schwachen Wechselwirkung zusammenhängen. Alle letztgenannten Teilchen sind Bosonen. Die Pionen, die man als fundamental ansah, gehören nicht dazu, denn sie bestehen aus je einem Quark und einem Antiquark.

Der Teilchenbegriff hat sich gewandelt

Was wurde nun aus dem Teilchenbegriff? Demokrit würde ihn sicher nicht wiedererkennen. In diesem Kapitel habe ich schon das Phonon erwähnt, das sozusagen das Schwingungsquantum ist. Entsprechend ist das Photon das Quantum des Lichts oder der elektromagnetischen Schwingung, und das Pion ist ein Quantum des Feldes der Kernkräfte. Gibt es einen Grund, die Phononen für weniger «real» zu halten als solche Teilchen wie Photonen oder Pionen? Die Phononen können nicht aus dem Festkörper austreten, also auch nicht isoliert nachgewiesen werden. Ebenso können die Quarks offensichtlich das Proton nicht verlassen. Skeptiker mögen hier Zweifel anmelden an der Behauptung, diese Teilchen würden «existieren». Viele von uns sind tief im Inneren «naive Realisten», die kaum an Dinge glauben können, die man nicht berühren kann (zumindest in übertragenem Sinne). Die Physiker aber kümmern sich nicht um so metaphysische Begriffe wie *Existenz*. Die Bausteine für unsere grundlegenden Vorstellungen über die Welt werden danach ausgewählt, ob sie insgesamt ein kohärentes Gedankengebäude ermöglichen. Die Physiker versuchen nicht, die «letzte Realität» zu ergründen, was immer man darunter verstehen mag. Unsere Vorstellungen von der Realität müssen auf dem beruhen, was wir wissen, und die Physik ist eine der Wissenschaften, die die Natur am eingehendsten erforschen. Auf unserer Suche nach den zugrundeliegenden Strukturen, bei der wir immer raffiniertere Mittel einsetzen, wird die Vorstellung von den Teilchen immer unanschaulicher und abstrakter; vermutlich muß das so sein. Wir müssen nicht darauf beharren, daß unsere vorgefaßten Ideen (die auf viel weniger ausgeklügelten Untersuchungen fußen) alle natürlichen Phänomene umfassen können. Demokrit könnte wenigstens teilweise recht gehabt haben, aber die Bedeutung seiner Aussagen wurde auf der Basis dessen, was wir heute wissen, neu interpretiert.

In diesem Kapitel untersuchten wir genauer, in welchem Ausmaß sich die älteren Vorstellungen über die Elementarteilchen gewandelt haben —

durch die Quantentheorie und die Relativitätstheorie. Die verblüffend große
Anzahl der unterschiedlichen Teilchen, von der wir gesprochen haben, erforderte ein tieferes Eindringen in die Analyse und die Annahme noch funda-
mentalerer Gebilde, anhand derer die schon bekannten Teilchen klassifiziert
werden konnten. Analog dazu kann das Periodensystem der chemischen Elemente mit Hilfe von Bohrs Atommodell mit Elektronen und Kern erklärt
werden. Uns bleibt noch die Frage zu beantworten, auf welcher Grundlage
die Existenz dieser fundamentaleren «Subteilchen» postuliert werden kann,
die ihrerseits nur indirekt zu erkennen sind. Hierauf werden wir im letzten
Kapitel zurückkommen. Zuvor wollen wir uns mit der Erforschung einiger physikalischer Phänomene befassen, deren Erklärung etwas erfordert,
das wir bisher vermieden haben: Wir müssen das Verhalten von Systemen
untersuchen, deren Teile sogenannte *Kollektive* bilden. Das wird uns neue
Einsichten über das Wesen der Natur erlauben.

9 Kollektive Phänomene

Manchmal wird behauptet, die Wissenschaft sei ihrem Wesen nach *verein-fachend*. Diejenigen, die ihr das vorwerfen, sehen das als großen Mangel an. Natürlich steckt in dieser Meinung ein Körnchen Wahrheit. Aber für die Wissenschaftler ist das kein Grund, sich zu entschuldigen, wenn sie kompli-zierte Phänomene auf ihre einfachen Komponenten zurückführen. Dies tun sie, wo immer es möglich ist, um die Vorgänge besser verstehen und be-schreiben zu können. Und in der Tat ist der entgegengesetzte Ansatz weder wünschenswert noch nützlich, bei dem jeder vielschichtige Effekt als völlig neu und nicht auf schon bekannte Teile reduzierbar betrachtet wird.

Dennoch gibt es bestimmte Naturerscheinungen, die sich einer Verein-fachung widersetzen und von denen man sagen kann, daß die Gesamtheit mehr als die Summe ihrer Teile ist. Das Verständnis solcher physikalischer Effekte war und ist immer noch schwieriger als dasjenige der Effekte, die auf die Summe ihre Teile zurückzuführen sind. Aber ganzheitliche Versuche sind in den letzten hundert Jahren immer wieder unternommen worden und stehen heute an der Spitze der physikalischen Forschung; einige von ihnen werden wir in diesem Kapitel besprechen.

Fast der gesamte Fortschritt in unserem Verständnis von kollektiven oder kooperativen Phänomenen in der Natur beruht auf der Quantentheorie, die erst in unserem Jahrhundert entwickelt wurde. Weil diese Effekte prin-zipiell eine Vielzahl von Teilchen betreffen, ist es nicht überraschend, daß sie vor allem im Bereich der *kondensierten Materie* auftreten, d.h. bei den Flüssigkeiten und den Festkörpern. Sie sind aber nicht auf dieses Gebiet beschränkt, sondern spielen auch in der Kernphysik eine große Rolle. Hier wollen wir ein erstes Beispiel betrachten.

Neutronen in Atomkernen

Das Zeitalter der Kernphysik brach 1932 mit Chadwicks Entdeckung des Neutrons an. Es ist als einzelnes Teilchen nicht stabil, sondern hat eine mitt-lere Lebensdauer von rund 13 Minuten. Dann zerfällt es zu einem Proton (etwas leichter als das Neutron und positiv geladen), einem Elektron (rund 2000mal leichter und mit gleichem Betrag negativ geladen) und einem Anti-neutrino (wirklich oder nahezu masslos und elektrisch neutral). Außer beim Wasserstoff, dessen Kern nur aus einem Proton besteht, kommen Neutronen in allen Atomkernen vor. Warum zerfallen sie darin nicht und hinterlassen alle Materie nur in Form von Wasserstoff und Antineutrinos? Allerdings zerfallen sie in einigen Kernen, die dann radioaktiv sind. Die meisten Ele-mente sind jedoch nicht radioaktiv, und die Sterne verwandeln sich nicht innerhalb von 13 Minuten in eine Wasserstoffwolke, die von Antineutrinos durchsetzt ist. Wie ist das zu erklären?

Die Lösung dieses Rätsels kann als einer der einfachsten kollektiven Effekte in der Physik angesehen werden. In jedem Atomkern liegen die Neutronen und die Protonen in bestimmten diskreten Zuständen vor, wie auch die Elektronen im äußeren Teil des Atoms. Nach dem Paulischen Ausschließungsprinzip kann jeder Zustand nur von einem Teilchen besetzt werden, wenn auch dessen Spin bei der Definition des Zustands berücksichtigt wird. Wegen der Energieerhaltung und der Äquivalenz von Energie und Masse (nach Einsteins Gleichung $E = mc^2$) ist die höchste Energie, die das beim Zerfall des Neutrons emittierte Proton haben kann, gleich der Energie des zerfallenden Neutrons abzüglich der «Ruheenergie» des emittierten Elektrons. Wenn also alle Energieniveaus der Protonen im Kern bis zu einem Maximalwert schon besetzt sind, ist kein Niveau frei für ein neu entstehendes Proton, so daß das Neutron einfach nicht zerfallen kann. Die «Bevölkerung» des Kerns hat also strikte Grenzen. Sind diese erreicht, so sind keine «Geburten»mehr möglich, und die Natur führt die «Geburtenkontrolle» absolut rigoros durch. Daher kann sich ein Neutron im Käfig des Kerns nicht so verhalten wie als einzelnes Teilchen. Das Pauli-Prinzip bildet nicht nur einen Eckpfeiler in der Chemie, denn es bestimmt den Aufbau des Periodensystems, sondern ist auch teilweise für die Stabilität der Atomkerne verantwortlich.

In der Kernphysik gibt es noch andere, kompliziertere kollektive Phänomene. In einem schweren Atom können wir in erster Näherung jedes Elektron so betrachten, als bewege es sich im starken elektrischen Feld, das von der relativ hohen elektrischen Ladung des kleinen Kerns hervorgerufen wird. Im Kern dagegen werden Protonen und Neutronen nicht von einer Kraft angezogen, die von der Mitte aus wirkt, sondern sie bewegen sich gemeinsam unter der Wirkung der gegenseitigen Anziehung, die auf der starken Kernkraft beruht. Das sogenannte «Viel-Körper-Problem», das daraus resultiert, kann in der Quantenmechanik recht leicht abstrakt formuliert werden, ist aber extrem schwer zu lösen. Die Kernphysiker mußten Modelle entwickeln, in denen kooperative Effekte aller Teilchen im ganzen Kern berücksichtigt werden. (Mit der Einführung der Quarks als Bestandteilen von Neutronen und Protonen wurde das Bild noch komplizierter.) Ein bestimmter kollektiver Einfluß ändert die «effektive» Masse eines Teilchens innerhalb des Kerns, so daß es nicht das gleiche Teilchen wie isoliert außerhalb des Kerns ist. Es ist so, als wäre Ihr Gewicht in einer Menschenmenge in der Großstadt ein anderes, als wenn Sie zu Hause allein im Garten sitzen.

Das erste Modell, vorgeschlagen von Bohr, faßte den Kern als eine Art Flüssigkeitstropfen auf, innerhalb dessen sich Protonen und Neutronen mehr oder weniger ungeordnet bewegen. Im Jahre 1949 führte Maria Goeppert-Mayer das brauchbarere *Schalenmodell* ein, für das sie 1963 den Nobelpreis erhielt. Es beruht auf der Vorstellung, daß die vielen einzelnen Kräfte der Teilchen aufeinander durch ein mittleres, überall wirkendes Kraftfeld ersetzt werden können, das von jedem Neutron und Proton «gespürt» wird. Dann folgt aus den quantenmechanischen Gesetzen direkt, daß jedes Teilchen nur diskrete Energieniveaus haben kann, die wie die Schalen einer Zwiebel aufeinanderfolgen, vergleichbar mit den Niveaus der Elektronen im Atom. Dieses Modell erklärt die Existenz gewisser «magischer Zahlen», d.h. bestimmter Kerne, für die man experimentell eine ungewöhnlich hohe Stabilität feststellte und deren Teilchen sehr fest miteinander verbunden sind. Analog dazu erklärt die Quantenmechanik auch die Eigenschaften der Edelgase, die chemisch äußerst reaktionsträge bzw. stabil sind. Nun konnte man auch viele Einzelheiten der Spektren im Bereich der sehr kurzwelligen Gammastrahlung berechnen, die von angeregten Kernen emittiert wird. Zudem liegt eine Analogie zum Bohrschen Atommodell vor, das die Emissionsspektren der Atome zu deuten erlaubt. Ein späteres «kollektives Modell» sah den ganzen Teilchenschwarm, der den Atomkern bildet, als eine Gesamtheit an, die schwingen, rotieren und sich ausdehnen kann. Diese kooperativen Bewegungen führen auch zu einem quantenmechanischen Verständnis vieler anderer Aspekte der Kernspektroskopie.

Die Tatsache, daß ein Neutron in einem Kern nicht zerfällt, hängt nicht von der Gegenwart vieler anderer Teilchen ab und tritt schon beim Heliumkern mit nur je zwei Neutronen und Protonen auf. Dennoch findet man kollektive Phänomene gewöhnlich vor allem in Systemen mit vielen Teilchen. In der Kernphysik meint man mit «vielen Teilchen» meist eine Anzahl zwischen einigen Dutzend und etwa 250. Normale Materiemengen haben Teilchenzahlen in der Größenordnung von 10^{23}, wobei die Teilchen Atome oder Moleküle sein können. Damit sind sie erste Kandidaten für kollektive Phänomene. Wir haben einige Aspekte solcher Systeme in Kapitel 3 schon besprochen. Dort galt unser Augenmerk der zeitlichen Richtung der Vorgänge, und wir hatten eine Eigenschaft noch nicht betrachtet, nämlich die *Phase*.

Phasenübergänge

Wir alle wissen, daß Materie in drei Aggregatzuständen auftreten kann: fest, flüssig und gasförmig. (Der Begriff «Phase» darf hier nicht mit dem «Phasenraum» verwechselt werden; die Ähnlichkeit der Wörter hat historische Gründe.) In geringem Ausmaß treten Übergänge zwischen diesen Phasen bei allen Temperaturen auf: Flüssigkeiten verdampfen und Festkörper sublimieren. Jedoch gibt es eine bestimmte Temperatur, bei der beispielsweise

Wasser gefriert, und eine andere Temperatur, bei der es siedet. Auf diesen beiden Temperaturwerten, jeweils bei Atmosphärendruck, beruht übrigens die Celsius-Temperaturskala. Weiterhin zeigt sich: Wenn Sie die Herdplatte, auf der ein Topf mit Wasser steht, lange Zeit eingeschaltet lassen, wird das siedende Wasser trotzdem nicht noch wärmer. Vielmehr führt die zugeführte Energie zur Umwandlung des flüssigen Wassers in Wasserdampf. Eine Mischung aus Wasser und Dampf behält also eine Temperatur von 100 °C bei, gleichgültig, wieviel Wärme ihr zugeführt oder von ihr abgezogen wird, solange noch Wasser und Dampf vorhanden sind. Entsprechend kühlt ein Topf mit Wasser und Eis die Umgebung nicht ab, indem er wärmer wird, sondern indem das Eis nach und nach schmilzt. Dabei bleibt seine Temperatur bei 0 °C, solange noch nicht alles geschmolzen ist.

In der festen Phase sind die Moleküle des betreffenden Stoffes ziemlich dicht gepackt und haben meist eine regelmäßige Anordnung, die wir *Kristall* nennen. In der flüssigen Phase sind die Moleküle etwas weiter voneinander entfernt und kaum geordnet. In der Gasphase schließlich sind sie noch viel weiter voneinander entfernt und zeigen keinerlei Ordnung. Eine bestimmte Substanz hat daher im festen Zustand normalerweise die höchste und im Gaszustand die kleinste Dichte. Im Gas und im Festkörper bewegen sich die Moleküle (unter häufigen gegenseitigen Stößen) mit einer mittleren Geschwindigkeit, die von der Temperatur abhängt. Entsprechend schwingen sie im Festkörper mehr oder weniger heftig um ihre jeweilige Ruhelage. Den Wechsel von einem Aggregatzustand zu einem anderen nennt man *Phasenübergang*. Er tritt stets bei einer bestimmten Temperatur auf und vollzieht sich sehr abrupt. Das bedeutet, die physikalischen Eigenschaften ändern sich dabei nicht allmählich, sondern sprunghaft von einem Wert zum anderen, beispielsweise die Dichte beim Verdampfen.

Neben den hier erwähnten Übergängen, die wir aus dem täglichen Leben kennen, gibt es noch zahlreiche andere Phasenübergänge. Teilweise sind sie viel schwerer zu erkennen als etwa das Schmelzen oder das Verdampfen. Beispielsweise können in einem gewissen Temperaturbereich die Atome in einem Festkörper so angeordnet sein, daß sie jeweils die Ecken von Würfeln besetzen. Bei einer bestimmten Temperatur aber kann sich die Anordnung plötzlich ändern, so daß die Atome nun vielleicht die Ecken von Tetraedern bilden. Es kann auch eine physikalische Eigenschaft bei einer bestimmten Temperatur jäh verschwinden. Ein Beispiel hierfür ist der *Ferromagnetismus*.

Ferromagnetismus

Die Griechen der Antike waren wohl die ersten, die entdeckten, daß Eisen die Besonderheit hat, magnetisch zu sein. Die Vorsilbe *ferro* stammt allerdings vom lateinischen Wort *ferrum* = Eisen. Die kleinen Magnete, mit denen man Zettel an Eisenbleche (etwa Kühlschranktüren) heften kann, bestehen aus Eisen oder aus Legierungen von Eisen mit einigen anderen Metallen. Wenn wir einen solchen Permanentmagneten in einem Brennofen erhitzen, wird er bei der sogenannten *Curie-Temperatur*[*]) seine magnetischen Eigenschaften verlieren. Auch dies ist ein Phasenübergang. Wie können wir ihn verstehen?

Der Magnetismus eines kompakten Stücks Materie rührt daher, daß jedes Elektron ein winziges «magnetisches Moment» aufweist und so selbst wie ein kleiner Magnet wirkt. (Die Atomkerne tragen fast nichts zur gesamten Magnetisierung bei, weil ihre magnetischen Momente viel kleiner als die der Elektronen sind.) In einem normalen Material sind diese kleinen Elementarmagnete völlig ungeordnet, weisen also in alle möglichen Richtungen und heben sich in ihrer Wirkung dadurch gegenseitig auf. Wird der betreffende Körper aber in ein Magnetfeld gebracht, dann folgen die Elementarmagnete der Feldrichtung und rufen einen makroskopisch merklichen Effekt hervor. In einem ferromagnetischen Material dagegen richten sich die Elementarmagnete in Bereichen, die viele solcher Elementarmagnete enthalten, spontan miteinander aus. Dadurch wirkt jeder Bereich wie ein kleiner Magnet (sehr klein gegenüber dem Magneten, wie wir ihn in der Hand halten, aber riesig und stark, verglichen mit den Elementarmagneten, die von den einzelnen Elektronen gebildet werden). Wenn ein solches Materiestück in ein Magnetfeld gebracht wird, richten die Bereiche ihre magnetischen Momente gemeinsam am äußeren Feld aus. Diese Ausrichtung behalten sie auch nach dem Entfernen des äußeren Feldes bei. Damit liegt ein Permanentmagnet vor, der sein eigenes Magnetfeld erzeugt. Wird er über die Curie-Temperatur hinaus erwärmt, dann bricht die spontane Magnetisierung jedes Bereichs zusammen, und der gesamte Effekt des Ferromagnetismus verschwindet.

Hier war folgende Frage zu klären: Warum richten sich die elektronischen Magnete unterhalb der Curie-Temperatur miteinander aus, und warum verschwindet diese Eigenschaft beim Erwärmen über diese Temperatur nicht allmählich, sondern abrupt? Dieses Problem konnte mit Hilfe der quantenstatistischen Mechanik gelöst werden. Eine ihrer wichtigsten Größen ist die *Zustandssumme*. Diese Funktion der Temperatur ist eine Summe von Termen, die jeweils eine Verallgemeinerung der Maxwellschen Verteilung der Geschwindigkeiten von Gasmolekülen darstellen (siehe Kapitel 3). Jedes Glied

---

[*]) Diese Benennung soll an Marie Curie (geb. Slodowska) erinnern. Sie war die erste Frau, die eine Professur an der Sorbonne innehatte. Im Jahre 1903 erhielt sie zusammen mit ihrem Ehemann Pierre Curie den Nobelpreis für Physik, und 1911 wurde sie mit dem Nobelpreis für Chemie ausgezeichnet. Die Tochter dieses Ehepaares, Irène Joliot-Curie, erhielt zusammen mit ihrem Ehemann Fréderic Joliot 1935 den Nobelpreis für Chemie.

der Summe ist eine Exponentialfunktion der Form $e^{-E/kT}$ (siehe Kapitel 3, natürliche Wachstumsfunktion). Darin ist k die Boltzmann-Konstante, T die absolute Temperatur und E die Energie des jeweiligen quantenmechanischen Zustands des Systems. Weil sich in jedem der erwähnten Bereiche sehr viele Elektronen befinden, ist die Berechnung dieser Energie für jeden möglichen Zustand (also für jede mögliche Ausrichtung der elektronischen magnetischen Momente) äußerst schwierig, selbst beim Einsatz leistungsfähiger Computer. Wenn die Zustandssumme berechnet werden könnte, enthielte sie alle Informationen über das System, die wir uns nur wünschen können. Insbesondere sagt ihre Temperaturabhängigkeit etwas darüber aus, ob und gegebenenfalls bei welcher Temperatur ein Phasenübergang stattfindet.

Wenn Physiker eine mathematische Gleichung kennen, die die Antworten auf wichtige Fragen enthält, aber die Gleichung nicht lösen und ihr zuwenig Informationen entnehmen können, dann greifen sie oft auf ein vereinfachendes Modell zurück. Die Idee besteht darin, das komplizierte System durch ein einfacheres zu ersetzen, von dem man annehmen darf, daß es sich hinsichtlich der zu untersuchenden Aspekte qualitativ ähnlich verhält — auch wenn es keine Näherung des realen Systems darstellt. Jedoch sollte es mathematisch zu beschreiben sein. Solche Modelle sind meist immer noch recht komplex und erfordern zur Lösung große mathematische Erfindungsgabe; zuweilen führt dies zu einem eigenen mathematischen Forschungsgebiet. Die Lösungen, die man erhält, können für die ursprünglichen physikalischen Fragestellungen relevant sein (oder auch nicht). Manchmal ergeben sich nahezu korrekte Vorhersagen, manchmal aber nur Analoga zu anderen Fällen.

Das Ising-Modell

Der deutsche Physiker Ernst Ising entwickelte 1925 eine sehr hilfreiche Methode für die Erklärung des Ferromagnetismus. Sein Modell beschäftigte und faszinierte wenigstens zwei Generationen von Physikern und Mathematikern. Es ist einfach genug, um relevante Antworten zu liefern, aber es erfordert recht komplizierte mathematische Formalismen. Beim Ising-Modell werden die elektronischen Magnete durch «Phantom-Magnete» ersetzt, die sich in einer regelmäßigen Anordnung befinden, beispielsweise im Kristall. Jeder einzelne dieser Magnete weist entweder nach oben oder nach unten. Dementsprechend wird ihm die Zahl +1 bzw. −1 zugeordnet. Jeder wechselwirkt mit allen seinen nächsten Nachbarn in der Anordnung auf solche Weise, daß die Energie geringer ist, wenn alle in dieselbe Richtung zeigen. Ebenso wird die Energie geringer, wenn die Magnete die Richtung eines von außen angelegten Magnetfeldes annehmen. Auch dieses kann nach oben oder nach unten gerichtet sein. (Wenn ein Zustand eine geringere Energie als ein anderer hat, dann wirkt eine Kraft, die vom zweiten auf den ersten gerichtet ist.) Dieses scheinbar primitive Auf-Ab-Spiel ist in der Tat eine einfache, aber sinnvolle Darstellung der Quantentheorie für elektronische Magnete. Die Untersuchung sogar dieses simplen Systems ist deshalb so schwierig, weil bei einer Temperaturänderung keine diskontinuierliche Variation (kein Sprung) der Zustandssumme möglich ist, solange die Anzahl der Elementarmagnete begrenzt ist. Solche Diskontinuitäten können nur bei unendlich vielen Einzelmagneten auftreten. Also erfordern selbst sehr starke und plötzliche Sprünge der Temperatur T eine sehr große Zahl von Termen zur Energieberechnung. Wir haben hier wieder eine Situation vor uns, die wir schon beschrieben haben: Man muß eine Idealisierung ansetzen, um eindeutige mathematische Resultate zu erhalten.

Wir suchen nun im Ising-Modell des Ferromagnetismus nach der möglichen Existenz einer sogenannten Fernordnung oder Fernwirkung. Diese bedeutet: Selbst wenn jeder Miniaturmagnet im Modell nur mit seinen nächsten Nachbarn wechselwirkt, werden sich die Magnete gleichförmig ausrichten (entweder alle nach oben oder alle nach unten), auch wenn kein externes Magnetfeld angelegt ist. Das kann man damit vergleichen, daß die Leute in einer großen Menschenmenge es jeweils den ihnen Nächststehenden nachmachen, und zwar ihre Jacke ausziehen oder anbehalten, so daß zum Schluß alle ohne Jacke dastehen und nicht in einzelnen Gruppen jeweils mit bzw. ohne Jacke. (Die Aufteilung in Gruppen wäre ein Beispiel für eine Nahordnung.) Die Fernordnung ist ein Analogon zur Massenhysterie. Im mikroskopischen Bereich kann mit ihr das Auftreten des Ferromagnetismus erklärt werden.

Betrachten wir als Beispiel einen eindimensionalen Kristall, bei dem alle Phantom-Magnete in regelmäßigen Abständen und in gleicher Ausrichtung vorliegen. Hier kann nach dem Ising-Modell kein Phasenübergang zum Ferromagnetismus auftreten. Es zeigt sich nämlich, daß in einer Dimension die Fernordnung durch eine einfache Unterbrechung an einem Punkt leicht zu stören ist, wobei links von diesem alle Magnete nach oben und rechts von ihm alle nach unten zeigen. Damit ist die Existenz eines Temperaturwertes unmöglich, unterhalb dessen die Fernordnung gegenüber der Nahordnung energetisch bevorzugt ist.

In zwei Dimensionen aber, in denen die Magnete auf einer Ebene regelmäßig angeordnet sind (wie Streichhölzer, deren Köpfe entweder nach oben oder nach unten zeigen), hatte der phantasievolle Einfall Erfolg. Mathematiker und Physiker bündelten ihre Anstrengungen, um die Lösung für das Ising-Modell zu finden. Man stellte fest, daß sich hier ein Phasenübergang vollziehen kann. Oberhalb der Curie-Temperatur ordnen sich die kleinen

Magnete selbst so an, daß nur eine Nahordnung vorliegt, während sie unterhalb der Curie-Temperatur spontan eine Fernordnung ausbilden. Weiterhin wurden viele der relevanten thermodynamischen Funktionen und deren Änderungen nahe der Curie-Temperatur berechnet. Aus diesen Daten konnte man qualitative Schlüsse über das Verhalten realer Ferromagnete ziehen und manchen experimentellen Befund deuten. Am interessantesten ist natürlich eine dreidimensionale Anordnung, doch hat die beschriebene Methode hierfür noch keinen Erfolg gehabt. Er ist wohl kaum zu erwarten. Statt dessen bedienen sich die Physiker des Computers, um Näherungswerte zu ermitteln. Die Computerprogramme simulieren aber nur ein Modell mit begrenzter Gültigkeit. Daher ist es anhand der numerischen Näherungen schwierig, verläßlich festzustellen, ob eine Diskontinuität vorliegt oder nicht. Andere mathematische Modelle des Ferromagnetismus wurden ebenfalls aufgestellt, aber keines hat eine Bedeutung erlangt, die der des Ising-Modells gleichkommt.

Die Entdeckung der Suprafluidität und der Supraleitung

Wer das Edelgas Helium einatmet, erhält eine merkwürdig hohe «Mickymaus-Stimme», die auf der geringen Dichte des Heliums beruht. Der holländische Physiker Heike Kamerlingh-Onnes war der erste, dem die Verflüssigung dieses Gases gelang. Das war 1908 eine beachtliche Leistung, weil dazu eine extrem tiefe Temperatur nötig ist und seinerzeit die Kältetechnik noch nicht hoch entwickelt war. Helium siedet bei 4,2 K (rund −269 °C). Damit hat es den tiefsten Siedepunkt von allen Elementen, und bei Atmosphärendruck wird es niemals fest. So wie wir Wasser unterhalb seines Siedepunktes als Kühlmittel etwa im Automotor verwenden können, setzte Kamerlingh-Onnes flüssiges Helium ein, um andere Substanzen abzukühlen. Er tat das auch mit Quecksilber, das bei −38,89 °C erstarrt, und maß dessen elektrische Leitfähigkeit. Dabei stellte er fest, daß diese — wie erwartet — bei abnehmender Temperatur ansteigt. Etwas unterhalb von 4,2 K aber fand er zu seinem großen Erstaunen, daß der elektrische Widerstand des Quecksilbers nicht mehr allmählich abnahm, sondern plötzlich ganz verschwand.

Damit hatte Kamerlingh-Onnes im Jahre 1911 die *Supraleitung* entdeckt. Inzwischen kennt man viele Elemente, Legierungen und Verbindungen, die diesen Effekt zeigen. Bei einigen liegt die sogenannte Sprungtemperatur, unterhalb der die Supraleitung auftritt, niedriger als beim Quecksilber, bei anderen liegt sie sogar viel höher. Vor einigen Jahren wurden *Hochtemperatur-Supraleiter* entwickelt, deren Sprungtemperatur mit Hilfe flüssigen Stickstoffs bei dessen Siedepunkt (−196 °C) erreicht werden kann. Man benötigt also nicht mehr das viel teurere flüssige Helium. Dies erregte in der Fachwelt und bei Journalisten großes Aufsehen. Es sind aber noch keine Substanzen bekannt, die bei Raumtemperatur (rund 298 K) oder auch nur etwas darunter supraleitend sind. Doch forscht man sehr intensiv auf diesem Gebiet, denn Substanzen mit verschwindend geringem elektrischem Widerstand sind technisch sehr interessant. Ein Strom, der in einem Supraleiter einmal erzeugt wurde, wird ewig fließen. So könnte man die elektrische Energie praktisch verlustfrei über große Entfernungen übertragen, was bis heute wegen der Wärmeabgabe der stromdurchflossenen Leiter nicht möglich ist.

Die deutschen Physiker W. Meißner und R. Ochsenfeld entdeckten 1933 eine weitere erstaunliche Eigenschaft der Supraleiter: Werden diese in ein Magnetfeld gebracht, so stoßen sie die Magnetfeldlinien aus ihrem Inneren heraus. Damit verhalten sie sich sozusagen wie das Gegenteil eines Ferromagneten. Diese heute als Meißner-Ochsenfeld-Effekt bezeichnete Erscheinung läßt einen Magneten über einer supraleitenden Oberfläche frei schweben. Das wird bei den Versuchen ausgenutzt, Schnellbahnen durch Magnetkraft über supraleitenden Schienen reibungsfrei fahren zu lassen.

Das flüssige Helium hat noch eine andere bemerkenswerte Eigenschaft, die Kamerlingh-Onnes nicht bemerkt hatte. Im Jahre 1938 stellten der russische Physiker Peter Kapitza sowie gleichzeitig die Kanadier John Allen und Austin Misener fest, daß Helium bei 2,2 K einen Phasenübergang zum sogenannten Helium-II erfährt. Dabei entsteht ein anderer Typ von Flüssigkeit, den man heute *supraflüssig* nennt. Abbildung 44 zeigt die spezifische Wärme (die Wärmemenge, die nötig ist, um eine bestimmte Menge der betreffenden Substanz um 1 °C zu erwärmen) des flüssigen Heliums nahe bei 2,2 K. Hier liegt der *Lambda-Punkt*. Diese Bezeichnung spiegelt wider, daß der Graph der Kurve an dieser Stelle dem griechischen Großbuchstaben Λ (Lambda) ähnelt. Aus der Abbildung geht der Sprung der spezifischen Wärme beim Phasenübergang deutlich hervor. Unterhalb des Lambda-Punktes leitet das flüssige Helium die Wärme extrem gut, sogar rund 200mal besser als Kupfer, das für seine hohe Wärmeleitfähigkeit bekannt ist.

Das Helium-II ist supraflüssig, denn seine Viskosität (Zähigkeit) ist extrem gering und beträgt etwa ein Zehntausendstel von der des Wasserstoffgases. Daher kann es auch leicht durch Öffnungen fließen, die nur einen Durchmesser von einem Hunderttausendstel Zentimeter haben und durch die Wasser nur äußerst langsam hindurchtreten würde. Aufgrund seiner verschwindend geringen Viskosität kann Helium-II an der Innenwand von Glasgefäßen emporsteigen und an der Außenwand wieder herabfließen. Wenn man jedoch ein Schaufelrad in Helium-II eintaucht und rotieren läßt (eine Methode zum Messen der Viskosität), dann erfährt es trotzdem einen erheblichen Widerstand, als hätte das Helium keine so extrem geringe Zähigkeit.

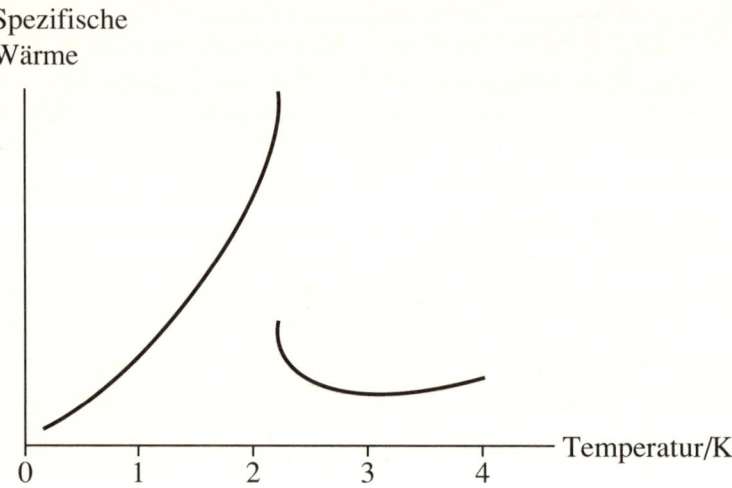

Abb. 44 Die spezifische Wärme von Helium als Funktion der Temperatur hat beim Lambda-Punkt eine Diskontinuität mit unendlich großer Steigung.

Die Erklärung für das merkwürdige Phänomen der Suprafluidität wurde innerhalb einiger Jahre gefunden, während die Deutung der gleichermaßen erstaunlichen Supraleitung mehr als 40 Jahre lang auf sich warten ließ.

Suprafluidität

Drei Grundideen führten zum Verständnis des Verhaltens von Supraflüssigkeiten. Die erste stammte von Laszlo Tisza, Amerikaner ungarischer Abstammung, der vorschlug, das Helium-II als Durchdringung zweier Flüssigkeiten anzusehen, die sich unabhängig voneinander bewegen können. Die eine ähnelt dabei einer normalen Flüssigkeit, und die andere weist keinerlei Viskosität auf. Dieses «Zwei-Flüssigkeits-Modell» würde die Diskrepanz zwischen den beiden gemessenen Viskositäten erklären: Die supraflüssige Komponente sickert durch kleinste Öffnungen durch und steigt an den Gefäßwänden empor, während die normale Komponente für den Widerstand verantwortlich ist, der etwa einem Schaufelrad entgegengesetzt wird.

Die anderen beiden Ideen, die die Grundlage für die Deutung der Suprafluidität bilden, haben ihren Ursprung in der Quantenmechanik. Hier wird die Supraflüssigkeit als makroskopische Manifestation von Quantenphänomenen angesehen. Im Gegensatz zu fast allen anderen Beispielen von Quanteneffekten brauchen wir hier keine Mikroskope oder besonderen Vorrichtungen, um den radikalen Wechsel im Vergleich zur Physik des 19.

Jahrhunderts deutlich zu machen. Was wir hier mit bloßem Auge sehen, kann mit Hilfe der klassischen Physik nicht erklärt werden.

Die erste der zwei wichtigen, mit der Quantenmechanik zusammenhängenden Vorstellungen beruht darauf, daß in der Quantenwelt Teilchen derselben Art nicht nur einander ähnlich, sondern auf eine fundamentale Weise *identisch* sind. Es gibt prinzipiell keine Möglichkeit, sie zu verfolgen, um ihre Bahn zu registrieren. Die Nichtunterscheidbarkeit von Teilchen der gleichen Art hat zur Folge, daß ihr statistisches Verhalten im gesamten Verband anders ist, als wenn sie unterscheidbar wären. Der damals noch unbedeutende junge indische Physiker Satyendra Nath Bose, nach dem später die Bosonen benannt wurden, sandte 1923 an Einstein einen Aufsatz, in dem er auf diesen Sachverhalt für den Spezialfall der Photonen (der Lichtquanten) hinwies. Einstein sorgte für die Veröffentlichung von Boses Idee und verallgemeinerte sie später noch. Heute sprechen wir von der *Bose-Einstein-Statistik*.

Fundamentale Teilchen werden allgemein in zwei Klassen eingeteilt, die wir schon in Kapitel 8 erwähnt haben: Die *Bosonen* gehorchen nicht dem Paulischen Ausschließungsprinzip, sondern der Bose-Einstein-Statistik. Dagegen folgen die *Fermionen* dem Pauli-Prinzip und der *Fermi-Dirac-Statistik*. Eines der wichtigsten Ergebnisse der Quantentheorie der Felder besteht in folgendem: Die Bosonen sind die Teilchen, deren immanenter Drehimpuls (der Spin) null oder ein ganzzahliges Vielfaches des Planckschen Wirkungsquantums ist, während der Spin der Fermionen ein ungeradzahliges Vielfaches des *halben* Planckschen Wirkungsquantums ist. Neutronen und Protonen gehören zu den Fermionen. Der Atomkern des normalen Heliums ist eine dichte Zusammenballung von je zwei Neutronen und Protonen; damit können wir ihn als Boson ansehen, das der Bose-Einstein-Statistik unterliegt. Schon 1924, als er Boses Ansatz der Statistik der Photonen verallgemeinerte, legte Einstein dar, daß Gase aus Molekülen bestehen, die dieser neuen Statistik unterliegen. Daher sollten sie bei tiefen Temperaturen ein eigentümliches Verhalten zeigen, indem alle Moleküle die Tendenz haben, den Zustand derselben geringstmöglichen Energie anzunehmen. Das nennt man heute *Bose-Einstein-Kondensation*, und Einstein sagte voraus, daß damit eine ungewöhnlich geringe Viskosität des Heliumgases einhergehen müßte. An diese Konsequenz der Bose-Einstein-Kondensation erinnerte 1938 der deutsche Physiker Fritz London, als er die in jenem Jahr entdeckte Suprafluidität von Helium-II erklären wollte. Anfangs jedoch fand sein Vorschlag wenig Anklang.

Es gibt das seltene Isotop Helium-3, dessen Atomkern im Gegensatz zum Kern des «normalen» Helium-4 neben den zwei Protonen nur ein Neutron enthält. Daher verhält sich der Helium-3-Kern wie ein Fermion und unterliegt einer anderen Statistik als der Helium-4-Kern. Die Atome des

Helium-3 zeigen keine Bose-Einstein-Kondensation, und London prophe-
zeite, daß sie sich bei tiefer Temperatur völlig anders als die des Helium-4
verhalten müßten. Und tatsächlich tritt beim Helium-3 kein Übergang zur
Suprafluidität auf, weder bei 2,2 K (wie beim Helium-4) noch deutlich darunter. Ungefähr 20 Jahre später fand man auch beim Helium-3 Suprafluidität,
und zwar bei einer Temperatur von rund 0,002 K. Doch sind die Eigenschaften hier etwas anders die des normalen Heliums, was eine separate Deutung
erfordert. Londons Konzept, daß die Bose-Einstein-Kondensation bei der
Suprafluidität von Helium-4 eine Rolle spielt, wird heute als wichtiger Bestandteil der korrekten Erklärung dieses Effekts angesehen.

Die dritte Idee, die zum Verständnis der Suprafluidität beitrug, stammte
von dem russischen Physiker Lew Landau, der an der Entwicklung der modernen Physik in der damaligen Sowjetunion entscheidend beteiligt war[*).
Er erhielt 1962 den Nobelpreis. Im gleichen Jahr erlitt er einen Autoun-
fall, der zu einer körperlichen und geistigen Behinderung führte, die bis
zu seinem Tode 1968 andauerte. Im Jahre 1941 leistete er zur Erklärung
der Suprafluidität des Helium-II einen wesentlichen Beitrag, den wir nun
betrachten wollen.

Wir gehen aus von der Bose-Einstein-Kondensation bei der absoluten
Temperatur null. Hier sollten alle Atome den gleichen Zustand niedrigst-
möglicher Energie der gesamten Flüssigkeit besetzen, so daß eine Fernordnung vorliegen sollte. Wir wissen, daß bei einer Temperaturerhöhung die
Atome immer stärker schwingen. Diese Schwingungen ähneln denjenigen,
die wir als Schall wahrnehmen (siehe Kapitel 5), und sind auch analog
zu den Schwingungen des elektromagnetischen Feldes, etwa des Lichts.
Wenden wir nun die Quantentheorie auf diese Schwingungen an, so ergibt sich, daß die Energie nur in diskreten Portionen (Quanten) auftreten
kann. Die Lichtquanten sind, wie wir gesehen haben, die Photonen, und bei
den Schwingungen der Teilchen in Festkörpern sprechen wir von *Phononen*. Bei einer Temperatur über dem absoluten Nullpunkt können wir eine
suprafluide Flüssigkeit so ansehen, als bestünde sie aus einer «Hintergrundflüssigkeit» von Atomen, die sich alle im niedrigsten Zustand befinden, und
einem «Gas» aus Phononen, also teilchenähnlichen Anregungen, deren Anzahl nicht fest ist. Nun haben die Phononen nicht dieselbe Relation zwischen
Energie und Impuls wie normale Teilchen. Bei gewöhnlichen Körpern ist
die Bewegungsenergie proportional zum Quadrat des Impulses. Aber bei
langsamen Phononen ist die Energie proportional zum Impuls; daher steigt

---

*)   Landau war einer der wenigen Physiker dieses Jahrhunderts, deren großer Einfluß nicht
    nur auf ihre eigenen Beiträge zurückging, sondern auch auf die ihrer Schüler und Mit-
    arbeiter. Die anderen Physiker, die in diesem Zusammenhang zu nennen sind, waren in
    Europa Ernest Rutherford, Niels Bohr, Paul Ehrenfest und Arnold Sommerfeld sowie in
    den USA Robert Oppenheimer.

Energie

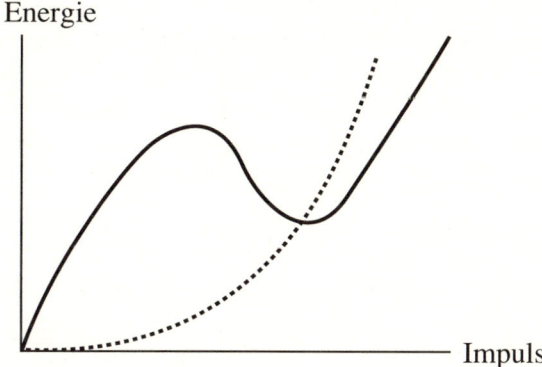

Impuls

Abb. 45 Der Zusammenhang zwischen Bewegungsenergie und Impuls eines Phonons (durchgezogene Kurve) und eines gewöhnlichen Teilchens (gepunktete Kurve).

sie bei geringen Geschwindigkeiten mit steigendem Impuls viel schneller an als bei gewöhnlichen Körpern. Bei einem bestimmten geringen Impuls (siehe Abbildung 45) hat ein Phonon deshalb eine viel höhere Energie pro Impulseinheit als ein normales Teilchen.

Stellen wir uns nun vor, die Hintergrundflüssigkeit — das Boson-Kondensat — bewege sich durch eine enge Röhre. Dann erwarten wir, daß die Stöße ihrer Atome mit den Teilchen der Wandung ihre Geschwindigkeit herabsetzen und dadurch den Effekt der Viskosität hervorrufen. Nehmen wir nun an, daß sich die Röhre bewegt und die Flüssigkeit ruht. Die Viskosität würde sich jetzt darin äußern, daß die Bewegung der Röhre verlangsamt würde, und zwar wegen der Stöße zwischen ihren Teilchen und den Atomen des Kondensats. Dabei wird die Röhre langsamer, wobei neue Phononen erzeugt werden. Der Gesamtimpuls bleibt erhalten, denn die Impulsabnahme wird durch die neu erzeugten Phononen ausgeglichen. Die Energie bleibt ebenfalls erhalten, so daß die Phononen nun pro aufgenommener Impulseinheit viel mehr Energie mit sich führen müssen, als die Teilchen der Röhre verlieren. Somit kann die sich langsam bewegende Röhre keine neuen Phononen erzeugen und wird im Ergebnis nicht langsamer werden! Vom Standpunkt der ruhenden Röhre aus bedeutet das, daß die Flüssigkeit nicht langsamer wird, also praktisch keine Viskosität hat.

Nun können wir auch das Zwei-Flüssigkeits-Modell verstehen. Was durch enge Öffnungen sickert, ist die Hintergrundflüssigkeit (das Boson-Kondensat im Zustand geringster Energie), die alle Phononen hinter sich läßt. Dann muß der Rest natürlich eine höhere Temperatur als zu Beginn haben, weil er nun einen höheren Anteil an Phononen enthält. Diese experimentelle Beobachtung war recht verwirrend. Entsprechend haben wir

jetzt eine zwanglose Erklärung für die höhere Viskosität, die dem rotierenden Schaufelrad entgegengesetzt wird. Die Schaufeln müssen sowohl das
Kondensat als auch die Phononen bewegen, und der Widerstand rührt von
Phononengas her. Wie Kapitza zeigte, kann ein kleines Schaufelrad durch
das Phononengas in Rotation versetzt werden, wenn man Helium-II erwärmt
und dann den Druck des Phononengases erhöht, indem man mehr Phononen
erzeugt.

Wir haben also gesehen, daß die Deutung aller seltsamen Phänomene,
die das supraflüssige Helium-II zeigt, auf zwei Quanteneffekten beruht: auf
der Fernordnung, die mit der Bose-Einstein-Kondensation seiner Teilchen
zusammenhängt, und auf der Quantelung seiner mechanischen Anregungen
in Form von Phononen, die eine ungewöhnliche Relation zwischen Impuls
und Energie aufweisen. Kehren wir nun zur Supraleitung zurück.

Supraleitung

Im ersten Schritt wollen wir untersuchen, wie ein normaler Metalldraht
den elektrischen Strom leitet und worauf der Widerstand beruht, der beim
Stromfluß zur Wärmeerzeugung führt. In einem Metallkristall liegen die io-
nisierten Atome (die Atomrümpfe) in einer regelmäßigen Anordnung vor,
wobei sie ihre Positionen mehr oder weniger starr beibehalten. Die Atome
haben, wie schon angedeutet, eines oder wenige ihrer äußeren Elektronen
abgegeben; diese abgegebenen Elektronen können sich im Kristall frei bewegen. Jedoch besteht kein Grund dafür, daß sie sich in einer bestimmten
Richtung relativ zur Drahtachse bewegen. Also werden sie regellos umherwandern. Wenn ein elektrisches Feld angelegt wird, beispielsweise wenn
der Draht mit den Polen einer Batterie verbunden wird, erfahren die (elektrisch geladenen) Elektronen eine Kraft, die sie in eine bestimmte Richtung
entlang der Drahtachse treibt. Dabei entsteht ein elektrischer Strom, der un-
gehindert fließen könnte, wenn es keine Hindernisse gäbe. Doch zum einen
wird der Kristall gewöhnlich Verunreinigungen enthalten, die die Bewegung
der Elektronen behindern, weil sie die regelmäßige Anordnung der Atome
stören. Zum anderen werden die Atomrümpfe schwingen, wenn der Kristall
eine Temperatur über dem absoluten Nullpunkt hat. Dies entspricht, wie wir
gesehen haben, der Bildung von Phononen, die ebenfalls als Hindernisse für
die Elektronenbewegung wirken. Stöße zwischen diesen Phononen und den
Atomen der Verunreinigungen einerseits und den Elektronen andererseits
beeinträchtigen den freien Stromfluß und sind die Ursache des elektrischen
Widerstands des Drahtes. Je höher die Temperatur ist, desto mehr Phononen
befinden sich pro Volumeneinheit im Draht und desto höher ist der Widerstand. Umgekehrt ist der Widerstand um so geringer, je kälter der Draht ist,

weil dann weniger Phononen vorliegen. Das alles erklärt aber noch nicht das völlige Verschwinden des elektrischen Widerstands, wenn das Material des Drahtes supraleitend wird. Die Erklärung dieses Phänomens wurde von den drei amerikanischen Physikern John Bardeen, Leon Cooper und John Schrieffer erarbeitet und wird deshalb meist als *BCS-Theorie* bezeichnet. Sie erhielten 1972 für diese Arbeit gemeinsam den Nobelpreis. (Für Bardeen war es der zweite; den ersten hatte er 1956 für die Entdeckung des Transistor-Effekts erhalten.)

Erinnern wir uns an den Mechanismus der Suprafluidität, nämlich die Fernordnung zwischen den Heliumatomen aufgrund der Bose-Einstein-Kondensation im Zustand geringster Energie. Die Elektronen sind jedoch keine Bosonen, sondern unterliegen dem Pauli-Prinzip. Daher können sie nicht alle im Zustand geringster Energie vorliegen, sondern müssen stets (wegen des Spins paarweise) alle aufeinanderfolgenden verfügbaren Energieniveaus besetzen. Die höchste dabei erreichte Energie nennt man *Fermi-Energie* oder *Fermi-Niveau*. Im Phasenraum spricht man hier von der *Fermi-Fläche*. Was ruft dann einen stark korrelierten Zustand der Elektronen hervor, bei dem sie sozusagen wie eine Supraflüssigkeit wirken (so daß der elektrische Widerstand verschwindet)? Wir werden gleich sehen, daß ihre gegenseitige Wechselwirkung dafür verantwortlich ist.

Die Elektronen üben zwei Arten von Kräften aufeinander aus: Sie stoßen sich gegenseitig ab, weil sie alle negativ geladen sind, und außerdem wechselwirken sie miteinander über die Phononen. Dieser Mechanismus ist völlig analog zu dem, den wir in Kapitel 4 besprochen haben und durch den die Quantenfeldtheorie elektromagnetische Kräfte als «virtuelle» Photonen darstellt. Hier sind die virtuellen Teilchen die Phononen, die durch ein Elektron emittiert und durch ein anderes absorbiert werden. Wir können diese Wechselwirkung auch so beschreiben: Sie wird hervorgerufen durch die Änderung, die ein Elektron in der exakten Position eines Atomrumpfes bewirkt, und durch die nachfolgende Kraft, die aufgrund dieser Änderung auf ein anderes Elektron ausgeübt wird. Die Kombination dieser beiden Arten von Kräften wirkt zwischen je zwei Elektronen, deren Energie nicht weit unterhalb des Fermi-Niveaus liegt, und ist besonders stark zwischen zwei Elektronen, von denen eines seinen Spin und seinen Impuls entgegengesetzt zum anderen Elektron ausgerichtet hat (wenn kein elektrisches Feld angelegt ist, das einen Stromfluß hervorruft). Dadurch entsteht eine starke Korrelation zwischen solchen Elektronenpaaren, die man *Cooper-Paare* nennt. Wenn ein Strom fließt, ist der gesamte Impuls eines jeden Paares (die Summe der Impulse jeweils beider Elektronen) nicht null, sondern hat einen endlichen Wert in Richtung des Stromflusses.

Das Endergebnis dieser engen Kopplung zwischen Elektronenpaaren ist nun, wie bei den Atomen des Helium-II, ein hoch koordinierter Zustand der

Leitungselektronen nahe des Fermi-Niveaus. Dieser Zustand läßt sich nur ändern, wenn eine kleine, aber endliche Energiemenge aufgewandt wird. Die Leitungselektronen, deren Energie weit unterhalb des Fermi-Niveaus liegt, benötigen hierfür natürlich mindestens ebensoviel Energie, wie sie zum Erreichen des Fermi-Niveaus benötigen; denn alle darunterliegenden Energieniveaus sind ja von Elektronen besetzt, so daß aufgrund des Pauli-Prinzips kein Elektron irgendeine geringere Energiemenge aufnehmen kann. Wenn daher ein Elektron einen leichten Stoß mit einem Phonon oder mit einer Verunreinigung im Kristall erleidet, kann nichts den «Gleichschritt» der Elektronenkolonne stören, die den elektrischen Strom bildet. Im Gegensatz dazu wird ein solcher Stoß in einem normalen Metall den Impuls und die Energie des stoßenden Elektrons ändern und dadurch den Strom behindern. Aber es kann für den Fluß im Supraleiter kein Hindernis geben, da die elektronischen Zustände korreliert sind — solange der Stoß nicht so heftig ist, daß die Lücke zwischen der Energie des kohärenten Flusses und dem Zustand überwunden wird, bei dem zumindest eines der Cooper-Paare auseinandergerissen wird. Das ist der Grund dafür, daß das Material dem Strom keinen Widerstand entgegensetzen kann, wenn es sich in dieser speziellen koordinierten Phase befindet. Bei Temperaturerhöhung werden irgendwann alle Korrelationen gleichzeitig aufgelöst (durch energiereiche Stöße mit den Phononen), so daß die Supraleitfähigkeit verschwindet.

Die BCS-Theorie erklärt auch den Meißner-Ochsenfeld-Effekt. Ausgehend von der Existenz eines quantenmechanischen Zustands von Teilchenkorrelationen, die sich über makroskopische Distanzen und nicht nur über einige Teilchenabstände erstrecken, stellte F. London eine Gleichung auf, die den Strom in einem Supraleiter mit dem Magnetfeld verknüpft, das in ihm herrschen kann. Zusammen mit einer der Maxwellschen Gleichungen besagt diese Gleichung, daß nahe der Oberfläche das Magnetfeld innerhalb des Leiters extrem schnell abnehmen muß, so daß es jenseits einer geringen «Eindringtiefe» im wesentlichen null ist. Also wird das Magnetfeld aus dem Supraleiter herausgedrängt.

So beruht das Verständnis des Ferromagnetismus, der Suprafluidität in Helium-4 und der Supraleitung auf einer Kombination der quantenmechanischen Gesetze und der Wirkung einer Fernordnung. Alle drei Erscheinungen sind als makroskopische Manifestationen von Quantenphänomenen anzusehen, die fundamentale kooperative Effekte darstellen.

Die Vorstellungen, die wir in diesem Kapitel kennengelernt haben, sind tatsächlich kollektive Erklärungen, bei denen das Ganze im wahren Wortsinn mehr ist als die Summe seiner einzelnen Teile. Darin unterscheiden sich diese Konzepte von allen anderen Ideen, die in diesem Buch zuvor behandelt wurden. Im Laufe unserer Betrachtungen sind wir nicht nur unstrukturierten Zuständen der Materie wie dem gasförmigen oder dem flüssigen Zustand begegnet, sondern auch hoch geordneten Strukturen, wie sie in kristallinen Festkörpern auftreten. Solche regelmäßigen Anordnungen von Molekülen oder Atomen spielen in Physik und Chemie eine große Rolle. Im letzten Kapitel werden wir die *Symmetrie* als Leitprinzip betrachten; deren mathematische Formulierung wurde zu einem leistungsfähigen Hilfsmittel, nicht nur für die Beschreibung der regelmäßigen Anordnungen in der festen Materie, sondern auch für viele andere abstrakte und allgemeine Zwecke.

10 Schönheit und Bedeutung der Symmetrie

Das Erkennen und die Betrachtung der Symmetrie haben einen starken ästhetischen Reiz, der in vielen Bereichen des Geisteslebens und der Kunst über viele Jahrhunderte wirkte. Das symmetrische Gleichgewicht wurde manchmal mit Schönheit gleichgesetzt, und Schönheit ist sehr motivierend — nicht nur in der Kunst, sondern auch in der Wissenschaft. Trotzdem werden geringfügige Störungen manchmal höher geschätzt als eine perfekte Symmetrie. In diesem Kapitel werden wir verstehen, wie die Symmetrie zur Beschreibung der Welt genutzt wurde. In diesem Zusammenhang werden wir auch sehen, welche besondere Bedeutung gewisse Verletzungen der Symmetrie haben können.

Um einen Eindruck von den verschiedenen Arten zu erhalten, beginnen wir mit dem Blick auf einige symmetrische Zeichnungen und Muster aus einigen Epochen der Kulturgeschichte. Wir finden verschiedene Symmetrietypen, die jeweils eine eigene Attraktivität haben. Am einfachsten ist die Spiegelsymmetrie oder Reflexionssymmetrie, für die die folgenden Abbildungen einige Beispiele zeigen*).

Spiegelsymmetrie

Die Abbildung 46 zeigt Beispiele aus der Renaissance, in denen außer der Spiegelsymmetrie noch andere Symmetrien auftreten. (Welche Symmetrie hat beispielsweise die linke untere Tafel?) Abbildung 47 ist wesentlich älter und stammt aus Assyrien. Beachten Sie, wie die Arme der beiden adlerköpfigen Männer angeordnet sind: Die Symmetrie ist nicht perfekt. Die Abbildungen 48 und 49 stammen aus China bzw. aus Mittelamerika (vorkolumbianische Zeit) und haben strenge Spiegelsymmetrie. Schließlich sehen Sie in Abbildung 50 ein musikalisches Beispiel, und zwar den «Krebs-Kanon» aus dem *Musikalischen Opfer* von Johann Sebastian Bach. Die zweite Violine spielt den Part der ersten rückwärts, so daß das Notenblatt sozusagen

---

*) Einige Erkenntnistheoretiker erklären die Wirkung der zweiseitigen Symmetrie auf unsere Wahrnehmung anhand der Evolution: Das Bild eines Raubtieres, das seinen Blick auf die Beute richtet, ist spiegelsymmetrisch, und das Erkennen dieses Gefahrensignals, verbunden mit einem sofortigen Adrenalinausstoß, hatte in der Wildnis eine für das Überleben entscheidende Bedeutung. Damit vergleichbar ist vielleicht heute bei einem Kampfpiloten ein Gerät, das ihm anzeigt, wenn ein gegnerischer Radarstrahl sein Flugzeug erfaßt hat.

Abb. 46 In Metall geätzte typographische Muster von Peter Flötner, 1546.

spiegelsymmetrisch ist, wenn wir die zweite Stimme als Spiegelbild der ersten ansehen.

Solche Muster mit Spiegelsymmetrie werfen eine faszinierende Frage auf: Kann man — außer durch Vereinbarung — entscheiden, was rechts und was links ist? Nehmen wir an, wir wollen der Bevölkerung auf einem weit entfernten Planeten mitteilen, was wir unter rechts bzw. links verstehen. Wie müßten wir das anstellen? In seinem Buch *The Ambidextrous Universe* (Das beidhändige Universum) bezeichnete Martin Gardner dies als «Ozma-Problem». Ein 1960 begonnener Versuch, mit Hilfe von Radioteleskopen Signale fremder Zivilisationen zu empfangen, wurde Ozma genannt, nach dem Kinderbuch «Der Zauberer von Oz». Im Gegensatz zu oben und unten sowie vorn und hinten sind rechts und links nur durch Konvention festgelegt, also mit keinem physikalischen Effekt verknüpft. So bestimmt die Gravitation, was oben und was unten ist, und die Fortbewegung legt fest, was vorn und was hinten ist. Bis vor rund 35 Jahren galt es als unmöglich,

Abb. 47 Eine assyrische Zeichnung aus dem 9. Jahrhundert v. Chr.

Abb. 48 Dieser Schrein mit Ornamenten, in Lack ausgeführt, stammt aus der «Zeit der Streitenden Reiche» in China, 403–221 v. Chr.

fremden Lebewesen klarzumachen, was wir unter rechts bzw. links verstehen, ohne wirklich in die betreffenden Richtungen zu zeigen. Wir werden noch sehen, warum das jetzt möglich wäre.

Der bedeutende österreichische Physiker Ernst Mach erinnerte sich einmal daran, wie er als Junge sehr überrascht und erschrocken war, als er erstmals die plötzliche Drehung einer Kompaßnadel sah, die parallel zu einem Draht angebracht war, durch den ein elektrischer Strom geschickt wurde (siehe Abbildung 51, S. 222). Die Anordnung scheint bezüglich der Ebene von Nadel und Draht völlig symmetrisch zu sein, und doch dreht sich die Nadel aus der Ebene des Drahtes heraus, sobald der Strom eingeschaltet wird. Warum dreht sie sich immer in die eine Richtung und niemals in die andere? Kann man mit Hilfe dieses Effektes Bewohnern ferner Welten er-

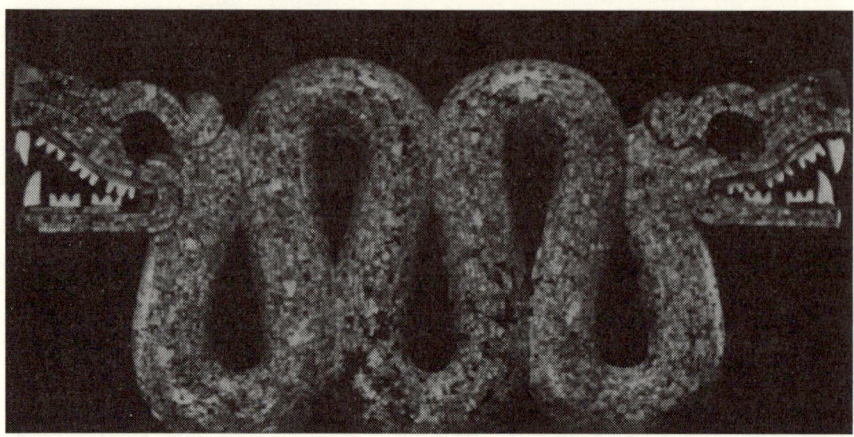

Abb. 49 Aztekischer Ornament-Anhänger aus Holz mit Türkis-Einlagen (heute im Britischen Museum).

klären, was wir mit rechts und links meinen? Die Antwort lautet nein, weil wir keine Möglichkeit haben, mitzuteilen, welches der beiden Enden der Nadel deren Nordpol ist.

Translationen und Rotationen

Von den vielen möglichen Symmetrien ist die Spiegel- oder Reflexionssymmetrie natürlich die einfachste. Bei einem anderen Typ, der Translationssymmetrie, wird das betreffende Muster nicht reflektiert, sondern in gleichen Abständen wiederholt. Auch hierfür kennen wir zahlreiche Beispiele aus vielen Epochen der Kunst. In Abbildung 52 sehen Sie ein Muster aus dem griechischen Altertum, und Abbildung 53 ist die Wiedergabe eines antiken Reliefs aus Persien.

Wieder eine andere Art von Symmetrie besteht darin, das Muster um einen bestimmten Winkel zu drehen. Ein ganzzahliges Vielfaches des Drehwinkels ergibt 360°, also eine ganze Umdrehung. Beispiele hierfür sehen Sie in den Abbildungen 54 bis 57 (S. 223–226). Auch in der Natur tritt die Rotationssymmetrie auf. So sind in Abbildung 58 (S. 227) einige Skelette von Radiolarien dargestellt; dies sind niedere Tiere, die zum Meeresplankton gehören. Beispielsweise bildet das Skelett 2 einen Oktaeder, d.h. einen regelmäßigen Körper, dessen acht Seitenflächen gleichseitige Dreiecke sind. Das Skelett 3 ist ein Ikosaeder mit 20 gleichseitigen Dreiecken. Schließlich erkennen wir bei Skelett 5 einen Dodekaeder mit 12 regelmäßigen Fünfecken als Begrenzungsflächen. Die Abbildung 59 (S. 228) zeigt die wohlbekannte Symmetrie der Schneeflocken; man spricht hier von einer sechszähligen

Krebs-Kanon

J.S. Bach: *Das Musikalische Opfer*

Abb. 50 Der «Krebs-Kanon» aus dem *Musikalischen Opfer* von Johann Sebastian Bach.

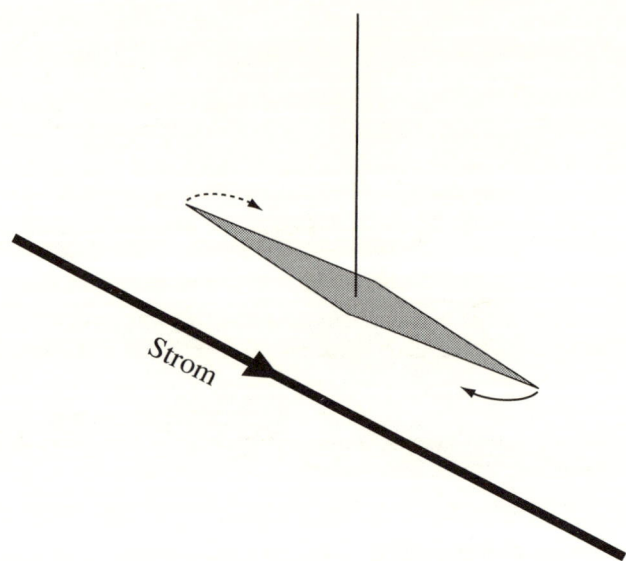

Abb. 51 Eine magnetische Nadel (Kompaßnadel), die über einem stromdurchflossenen Draht drehbar aufgehängt ist.

Abb. 52 Ein bandförmiges Ornament aus dem griechischen Altertum.

Symmetrie, weil eine Drehung um einen vollen Kreis (360°) das Muster sechsmal in sich selbst überführt. Man kann auch sagen, eine sechsmalige Drehung um denselben Winkel von 60° bringt das Gebilde jeweils mit sich selbst zur Deckung. Alle hier erwähnten Beispiele beinhalten neben der Rotationssymmetrie auch eine Spiegelsymmetrie. In Abbildung 60 (S. 228) sehen Sie dagegen eine Rotationssymmetrie, die nicht mit einer Spiegelsymmetrie kombiniert ist. Die Grundform entspricht im Prinzip derjenigen eines Hakenkreuzes. Beachten Sie in der Abbildung die Brechung der Symmetrie am Rand.

    Es gibt eine große Vielfalt von regelmäßigen Mustern, «Parkettierungen», bei denen jeweils wenige Typen von Kacheln eine Ebene lückenlos

Abb. 53 Ein Fries am Palast des persischen Königs Darius zeigt eine Reihe von Bogenschützen.

Abb. 54 Diese griechische Amphore wurde beim Dipilon-Tor des Karameikos-Friedhofs in Athen gefunden. Sie stammt aus der sogenannten geometrischen Periode, 10. bis 8. Jahrhundert v. Chr.

Abb. 55 Dieser bronzene Getreidebehälter mit Goldverzierungen stammt aus der «Zeit der Streitenden Reiche» in China, 403–221 v. Chr.

bedecken. Sehr oft sind dabei Rotations-, Spiegel- und Translationssymmetrie (oder nur zwei dieser Typen) miteinander kombiniert. Das Muster in Abbildung 61 (S. 229) stammt von Johannes Kepler, der neben seinen bedeutenden astronomischen Forschungen auch eine Reihe von Theorien zur Bedeckung der Ebene durch regelmäßige Anordnungen von Kacheln erarbeitete. Dabei entwarf er viele phantasiereiche Ornamente. Das Muster in Abbildung 61 weist neben der Spiegelsymmetrie auch eine Rotationssymmetrie (mit 72°) auf, hat aber keine Translationssymmetrie. Dagegen finden wir im Muster in Abbildung 62 (S. 230) alle diese drei Symmetrietypen. Es gibt insgesamt 17 verschiedene Symmetriekombinationen bei den möglichen Mustern, mit denen Kacheln eine Ebene lückenlos bedecken können. Das bedeutet natürlich nicht, daß man nur 17 unterschiedliche Muster realisieren kann; einige in letzter Zeit erdachten Anordnungen sind sogar überhaupt nicht symmetrisch. In drei Dimensionen existieren insgesamt 230 verschiedene räumliche Symmetriekombinationen. Dagegen gibt es nur fünf regelmäßige Körper bzw. regelmäßige Polyeder. Das sind Körper, die durch eine Anzahl gleicher, regelmäßiger Vielecke begrenzt werden. Man nennt sie auch die platonischen Körper, nach dem griechischen Philosophen Platon, der um 400 v. Chr. lebte. Diese Körper sind, jeweils mit ihren Begrenzungs-

Abb. 56 Einige altägyptische Säulenkapitelle.

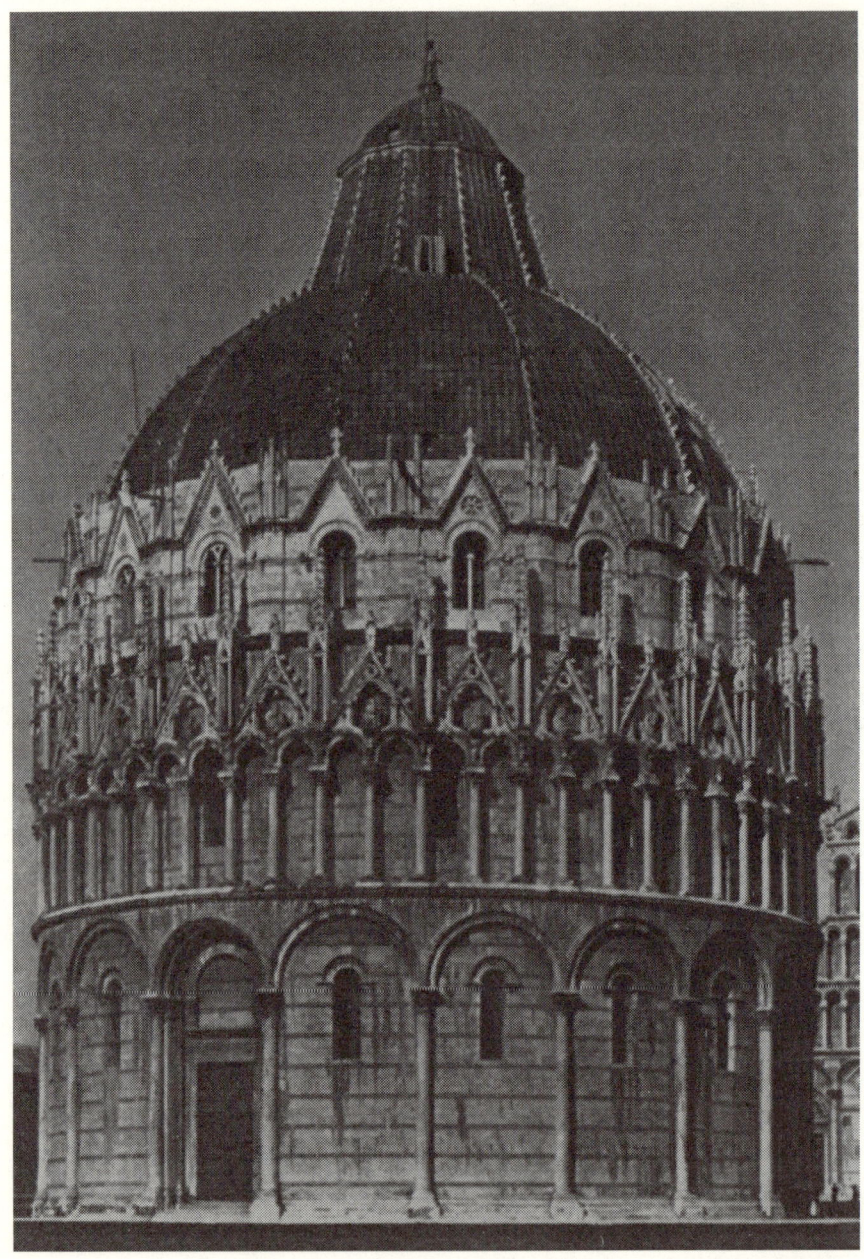

Abb. 57 Das Baptisterium (die Taufkapelle) des Doms von Pisa.

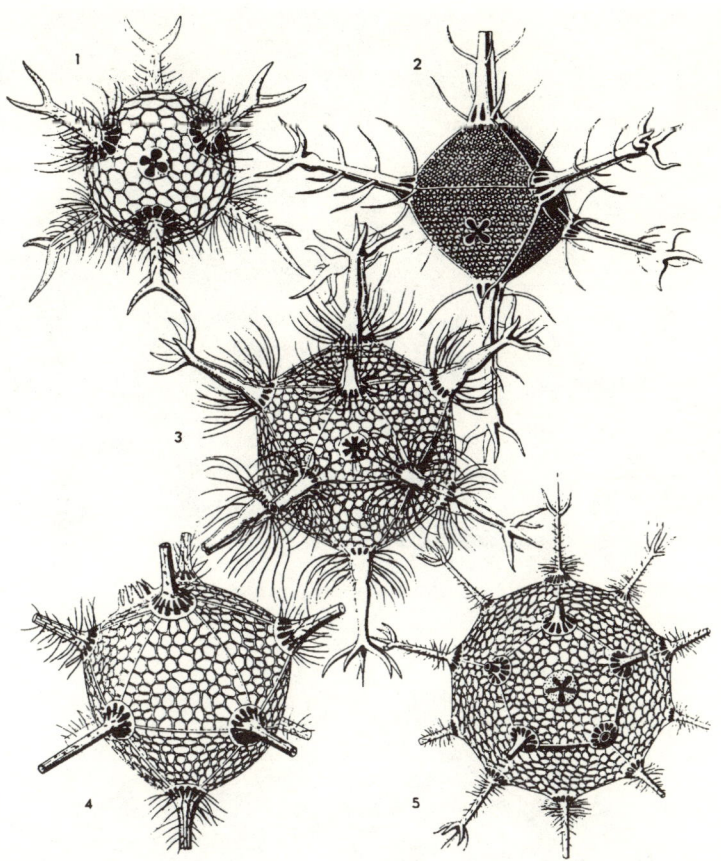

Abb. 58 Die Skelette von Radiolarien (Strahlentierchen).

flächen: Tetraeder (4 Dreiecke, also eine gleichseitige Pyramide), Würfel (6 Quadrate), Oktaeder (8 Dreiecke), Dodekaeder (12 Fünfecke) und Ikosaeder (20 Dreiecke). Wenn wir Rotations- und Translationssymmetrie kombinieren, erhalten wir eine regelmäßige dreidimensionale Anordnung, ein sogenanntes Gitter, wie in einem Kristall. Es gibt insgesamt 32 verschiedene Typen von Kristallgittern, die sich in ihren Symmetrien unterscheiden.

Eine nicht perfekte, also *gebrochene* Symmetrie wird zuweilen als schöner empfunden. Einige in den vorigen Abbildungen gezeigten Beispiele weisen einen geringen Grad von Asymmetrie auf. An der mittelalterlichen Kathedrale von Chartres (siehe Abbildung 63, S. 231) mit ihren beiden unterschiedlichen Türmen sehen wir solch eine gebrochene Symmetrie. Vielleicht wollten die Erbauer damit ihre Demut vor Gott demonstrieren, indem sie nicht nach der Perfektion strebten, die allein Gott zusteht. Auf die Bedeutung der Symmetrieverletzung in der Physik werden wir noch eingehen.

Abb. 59 Schneeflocken haben eine sechszählige Symmetrie.

Abb. 60 Dieses Muster auf einer Keramik der Pueblo-Indianer in Arizona besitzt nur Rotations-, aber keine Spiegelsymmetrie.

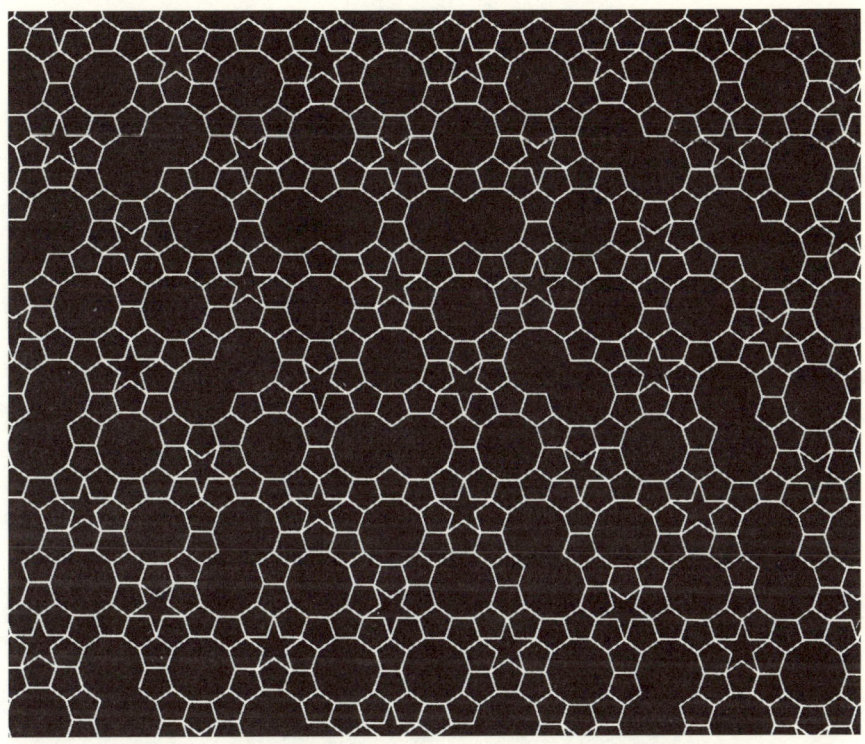

Abb. 61 Eine bemerkenswerte Parkettierung, entworfen von Johannes Kepler.

Die Mathematik der Symmetrie

Wenn wir die Symmetrie in der Naturwissenschaft anwenden wollen, müssen wir ihr Wesen mathematisch erfassen. Was bedeutet es, wenn wir sagen, eine vorliegende Anordnung weise eine bestimme Art von Symmetrie auf? Wir drücken damit folgendes aus: Wenn wir die betreffende Art von Abbildung oder Transformation auf alle Punkte anwenden, so bleibt die Anordnung unverändert bzw. «invariant». In der Sprache der Physiker sind die Begriffe *Symmetrie* und *Invarianz* daher austauschbar.

Beginnen wir mit der Transformation des Raumes in zwei oder in drei Dimensionen. Dabei sei p irgendein Punkt in einer zweidimensionalen Fläche oder im Raum. Dann bewirkt eine Abbildung des Punktes p, daß er in einen anderen Punkt p' überführt wird, und wir schreiben das als $p \mapsto p'$. Die gesamte Abbildung besteht darin, daß dies für jeden Punkt p durchgeführt wird. Wir nennen das eine Transformation $\mathcal{T}$ der ganzen Fläche oder des ganzen Raumes. Beispielsweise kann die Transformation die Reflexion an einer Fläche $\mathcal{P}$ sein, bei der jeder Punkt p in sein Spiegelbild p' bezüglich $\mathcal{P}$ überführt wird (hier wirkt $\mathcal{P}$ also wie ein Spiegel). Wir können uns

Abb. 62 Einband des Korans von Oeldjaitu von 1313 in der Bibliothek des Khediven, Kairo.

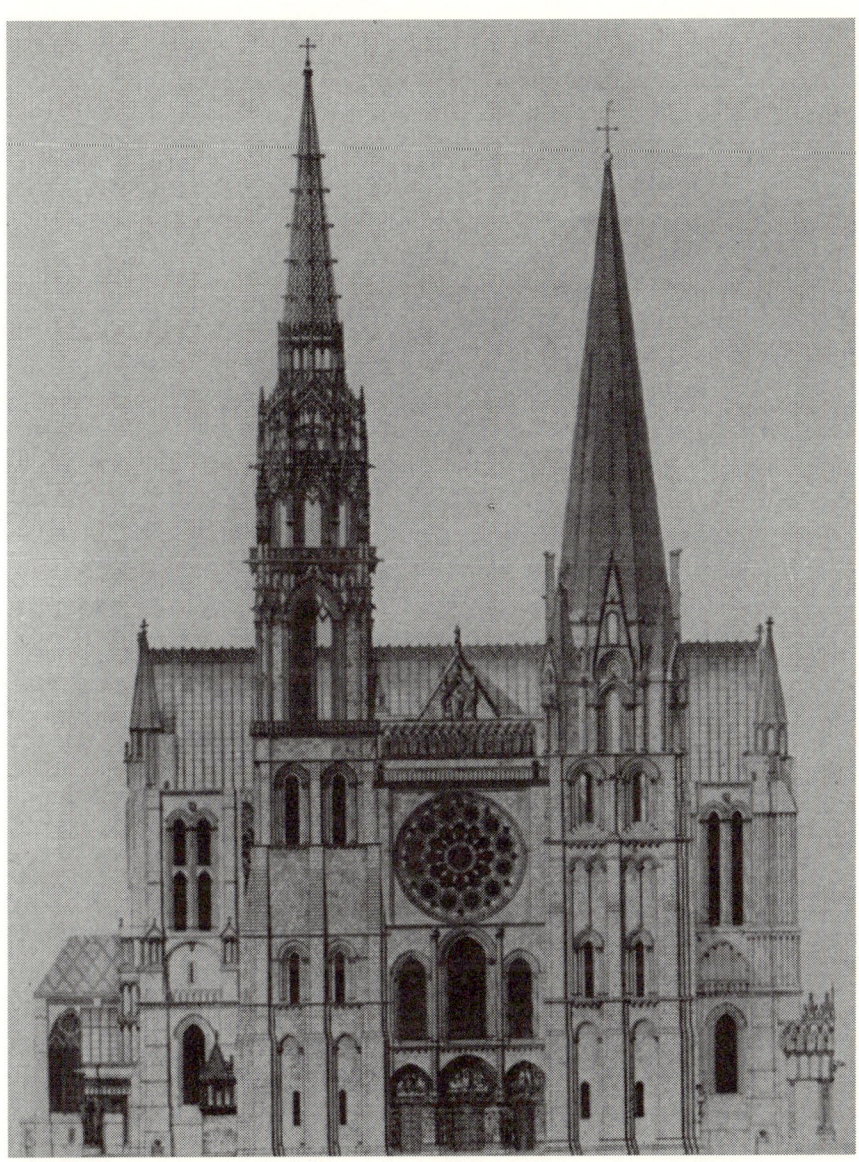

Abb. 63 Die Westfassade der Kathedrale von Chartres, 12. bis 13. Jahrhundert.

als Abbildung auch eine Rotation um den Winkel $360°/n$ vorstellen; darin ist n eine ganze Zahl. Denken Sie etwa an die schon erwähnte sechszählige Symmetrie der Schneeflocken. Untersuchen wir nun einen Satz solcher Transformationen mit bestimmten Eigenschaften, die uns das Verständnis der Symmetrie erleichtern.

Gruppen

Zunächst führen wir eine einfache Schreibweise ein. Wenn einer Transformation $\mathcal{T}_1$ eine zweite Transformation $\mathcal{T}_2$ folgt, dann notieren wir die gesamte Transformation als $\mathcal{T}_2 \mathcal{T}_1$ und nennen sie das *Produkt* der beiden Transformationen. Dieses hat nun eine besondere Eigenschaft: Anders als beim Produkt zweier Zahlen, bei denen die Reihenfolge unerheblich ist (es ist $9 \cdot 7 = 7 \cdot 9$), muß hier nicht $\mathcal{T}_2 \mathcal{T}_1 = \mathcal{T}_1 \mathcal{T}_2$ sein. Führen wir zuerst die Transformation $\mathcal{T}_1$ aus und danach die Transformation $\mathcal{T}_2$, so erhalten wir also nicht immer dasselbe Ergebnis wie bei der Ausführung in umgekehrter Reihenfolge. (Ein Beispiel haben wir in Kapitel 4 schon kennengelernt.) Bei einigen Arten von Transformationen spielt die Reihenfolge keine Rolle, dafür ist sie bei anderen Typen nicht gleichgültig. Wenn $\mathcal{T}_2 \mathcal{T}_1 = T_1 \mathcal{T}_2$ ist, so sagen wir, die Transformationen seien kommutativ. Ein Satz von Transformationen, die alle kommutativ sind, heißt *abelsch*, nach dem norwegischen Mathematiker Niels Henrik Abel.

Weiterhin ist beispielsweise die Multiplikation *assoziativ*, denn es gilt $\mathcal{T}_3 (\mathcal{T}_2 \mathcal{T}_1) = (\mathcal{T}_3 \mathcal{T}_2) \mathcal{T}_1$. Wir können zuerst die Transformation ausführen, die $\mathcal{T}_1$ mit $\mathcal{T}_2$ kombiniert, gefolgt von $\mathcal{T}_3$, und erhalten dasselbe Ergebnis, als wenn wir zuerst $\mathcal{T}_1$ ausführten, gefolgt von der Transformation, die $\mathcal{T}_2$ mit $\mathcal{T}_3$ kombiniert.

Nun wollen wir den Satz aller Transformationen zusammenstellen, bei denen eine gegebene Anordnung bzw. Konfiguration invariant ist, also nicht verändert wird. Wenn $\mathcal{T}_1$ und $\mathcal{T}_2$ zu diesem Satz gehören, muß auch $\mathcal{T}_2 \mathcal{T}_1$ in ihm enthalten sein; denn wenn eine Konfiguration gegenüber den beiden Transformationen $\mathcal{T}_1$ und $\mathcal{T}_2$ invariant ist, so ist sie es auch bezüglich der kombinierten Transformation $\mathcal{T}_2 \mathcal{T}_1$. Die Transformation, die die Abbildung $p \mapsto p'$ rückgängig macht, also die Abbildung $p' \mapsto p$ erzeugt, heißt *Inverse* der ersten Abbildung, geschrieben als $\mathcal{T}^{-1}$. Wenn also $\mathcal{T}$ zum Satz gehört, so wollen wir, daß auch $\mathcal{T}^{-1}$ in ihm enthalten ist. Das muß offensichtlich der Fall sein, weil Symmetrie gegenüber $\mathcal{T}$ auch eine Symmetrie gegenüber $\mathcal{T}^{-1}$ impliziert. Also schließen wir in den Satz der Transformationen auch die *Identitätstransformation* ein. Diese bewirkt gar nichts, also $p \mapsto p$, weil jede Konfiguration bei dieser Abbildung unverändert bleibt. Einen Satz mit den vier erwähnten Eigenschaften nennt man eine *Gruppe*.

Wir bilden daher eine Gruppe von Transformationen; eine Konfiguration hat eine bestimmte Symmetrie, wenn sie gegenüber allen Transformationen dieser Gruppe unverändert bzw. *invariant* ist: Das ist die *Symmetriegruppe* der Konfiguration.

Beispielsweise ist in den Abbildungen 46 bis 50 (S. 218–221) die Transformation $\mathcal{R}$ gezeigt, die die Spiegelsymmetrie in der Ebene beschreibt. Sie bedeutet eine Spiegelung an einer vertikalen Geraden $\mathcal{L}$. Dabei wird jeder Punkt p in einen Punkt p' abgebildet, der in gleichem Abstand wie p diesem Punkt auf derselben horizontalen Geraden auf der anderen Seite von $\mathcal{L}$ gegenüberliegt. Also hat die Gruppe zwei Mitglieder (bzw. *Elemente*), nämlich die Identitätstransformation, die nichts bewirkt, und die Reflexion (Spiegelung) $\mathcal{R}$ an $\mathcal{L}$. Es ist klar, daß zwei Reflexionen uns wieder zum ursprünglichen Punkt zurückbringen, so daß $\mathcal{R}^2 = \mathcal{I}$ ist, wobei wir $\mathcal{R}^2$ für $\mathcal{R}\mathcal{R}$ und $\mathcal{I}$ für die Identitätstransformation schreiben.

Betrachten wir ein anderes Beispiel. Hier sei $\mathcal{C}$ die Transformation, die in der Ebene jeden Punkt p in einen neuen Punkt p' überführt, der gegen p bezüglich des Koordinatenursprungs um den Winkel a verdreht liegt. Mit $a = 360°/n$ (wobei n eine ganze Zahl ist), wird nach n Wiederholungen der Transformation $\mathcal{C}$ jeder Punkt wieder an seine Anfangsposition gelangen, und es ist $\mathcal{C}^n = I$. Demnach liegt eine abelsche Gruppe mit n Elementen bzw. n-ter Ordnung vor. Wenn keine solche ganze Zahl n existiert, dann ist die Gruppe von unendlicher Ordnung. Die Symmetrie einer hakenkreuzähnlichen Figur (vgl. Abbildung 60, S. 228) ist die der Rotationsgruppe der Ordnung 4. Hier liegt keine Symmetrie bezüglich der Reflexion an irgendeiner Achse vor.

Fügen wir nun den Rotationen die Reflexion an der vertikalen Linie durch den Ursprung hinzu. Nun haben wir eine *uneigentliche* Rotationsgruppe vor uns (im Gegensatz zu *eigentlichen* Rotationsgruppen, die keine Reflexionen umfassen). Diese Gruppe ist nicht abelsch, d.h. es kommt auf die Reihenfolge an, in der die Transformationen durchgeführt werden. Betrachten wir einen Punkt auf einem Strahl, der mit der Horizontalen den Winkel a einschließt. Eine Rotation um den Winkel b versetzt ihn auf einen Strahl, der mit der Horizontalen den Winkel $a + b$ einschließt, und eine anschließende Reflexion an der Vertikalen durch den Ursprung bringt ihn auf einen Strahl beim Winkel $180° - a - b$. Wenn die Reflexion aber zuerst ausgeführt wird, resultiert der Winkel $180° - a$, und die nachfolgende Rotation ergibt den Winkel $180° + b - a$ (siehe Abbildung 64).

Beachten Sie, daß die Figur in Abbildung 47 (S. 219) keine Reflexionssymmetrie in zwei Dimensionen hat, wie zuvor erwähnt. Wenn sie aber als Wiedergabe einer dreidimensionalen Szene angesehen wird, dann hat der obere Teil eine Rotationssymmetrie um 180° bezüglich der vertikalen Achse.

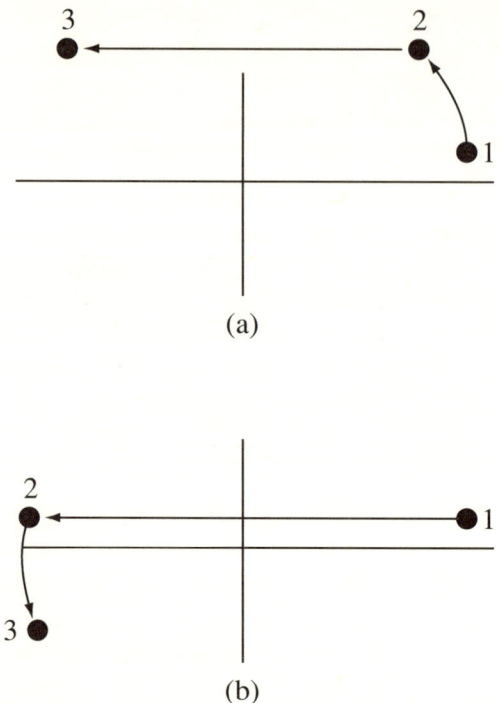

(a)

(b)

Abb. 64 (a) Eine Rotation, gefolgt von einer Reflexion; (b) eine Reflexion, gefolgt von einer Rotation.

Allgemein ist die Struktur einer Gruppe vollständig bestimmt, wenn wir die Ergebnisse aller möglichen Multiplikationen von je zwei ihrer Elemente zusammenstellen. Diese Multiplikationstabelle ähnelt im Prinzip den Zahlentabellen, mit denen wir in der Schule das Kopfrechnen erlernt haben. Sehen wir uns einmal die möglichen Permutationen (Vertauschungen) von drei Objekten an. Mit {231} meinen wir, daß das zweite Objekt nun an erster Stelle, das dritte an zweiter Stelle und das erste an dritter Stelle auftreten soll. Wird die Transformation {231} nach der Transformation {132} ausgeführt, dann ist dies dasselbe wie {321}, und wir können schreiben {231} {132} = {321}. Alle Produkte dieser Art können in einer 6 × 6-Tabelle zusammengefaßt werden, die die gesamte strukturelle Information über die Gruppe von Permutationen der drei Objekte enthält. Es gibt noch viele andere Gruppen der Ordnung 6, die dieselbe Multiplikationstabelle haben und daher nahezu identisch sind sowie dieselben relevanten Eigenschaften aufweisen.

Welche Bedeutung hat die Symmetrie in der Physik?

Die in der Physik interessantesten Symmetriegruppen sind jene, die aus räumlichen Transformationen in drei Dimensionen bestehen. Nicht zu vergessen sind allerdings auch die Symmetriegruppen in zwei Dimensionen und die Transformationsgruppen in abstrakten mathematischen Räumen. Insbesondere dienen dreidimensionale Transformationsgruppen in der Festkörperphysik und in der Chemie zur Beschreibung von Kristallen, deren Teilchen (Moleküle oder Atome) in einem regelmäßigen Gitter angeordnet sind, das normalerweise sowohl Translations- als auch Rotationssymmetrien hat. Frederick Seitz konnte im Jahre 1934 beweisen, daß es (wie schon erwähnt) genau 32 sogenannte *Punktgruppen* gibt. Dies sind Gruppen von Transformationen, bei denen ein Punkt im Kristall festgehalten wird und die mit der Translationssymmetrie vereinbar sind. Durch die erwähnten Punktgruppen werden die möglichen Symmetrien der Kristalle bestimmt. Für die Physiker ist es interessant, aber auch frustrierend, daß der tiefere Grund der Bildung von Kristallen zwar quantenmechanisch beschrieben werden kann, aber eigentlich immer noch nicht ganz verstanden ist.

Nehmen wir an, daß wir die Symmetriegruppe eines bestimmten physikalischen Systems kennen. Welche Folgerungen können wir dann ziehen? Wie schon besprochen, sind mikroskopische physikalische Systeme (also Systeme aus mikroskopischen Teilchen) mit Hilfe der Quantenmechanik zu beschreiben. Viele Eigenschaften solcher Systeme (vor allem ihre Energie) können so anhand der Charakteristika ihrer mikroskopischen Bestandteile erklärt werden. Zu den wichtigsten gehört die Schrödinger-Gleichung. Sie ist in vielen praktischen Fällen enorm kompliziert und äußerst schwierig zu lösen. Doch kann sie bestimmte qualitative Informationen liefern, ohne daß man sie vollständig lösen muß.

Die Schrödinger-Gleichung sagt unter anderem etwas über die Energie aus, die ein gegebenes System annehmen kann, wenn es sich in einem stationären Zustand befindet, d.h. sich zeitlich nicht verändert. Die Gesamtheit der erlaubten Energiebeträge hängt mit dem *Spektrum* zusammen, wie in Kapitel 5 besprochen wurde. Bei vielen Systemen sind nur *diskrete* (also keine beliebigen, kontinuierlich zu variierenden) Energiewerte möglich. Hierin liegt die fundamentale Umwälzung, die die Quantenmechanik gegenüber der klassischen Physik mit sich brachte. Nach der früheren Auffassung können Atome beliebige Energien annehmen, dabei aber nicht in einem stationären Zustand verharren. Nach den Gesetzen der Quantenmechanik sind sie nur bei bestimmten, diskreten Energiewerten stabil. Die Stabilität dieser Zustände bestimmt das chemische Verhalten der Elemente.

Die Schrödinger-Gleichung allein beschreibt noch nicht unbedingt den Zustand, den ein gegebenes System bei einer bestimmten Energie annimmt,

denn es kann auch andere erlaubte Zustände des Systems mit derselben
Energie geben. In diesem Fall spricht man von *Entartung* des betreffenden
Energieniveaus. Bei *n* Zuständen mit gleicher Energie nennt man das Niveau
n-fach entartet. Dieser Grad der Entartung ist eine wichtige Eigenschaft des
Systems. Wenn wir wissen wollen, welche Parameter benötigt werden, um
den Zustand eines Systems vollständig zu spezifizieren, müssen wir das
mögliche Ausmaß an Entartung kennen.

Nehmen wir ein kompliziertes physikalisches System an, etwa ein Blei-
atom (mit 82 Elektronen und einem Atomkern), das sich in einer bestimmten Umgebung befindet. Auch mit den modernsten Computern besteht keine
Chance, die zugehörige Schrödinger-Gleichung zu lösen. Wir können aber
seine Symmetriegruppe ermitteln, und es stellt sich heraus, daß diese schon
sehr spezifische Voraussagen über die möglichen Entartungsgrade gestattet.
Das Verfahren hierfür beruht auf der Gruppentheorie und auf der *Abbil-
dungstheorie*. Jedes erlaubte Energieniveau des Atoms kann nach universellen Regeln der Gruppenabbildungen abgeleitet werden. Dazu sind keine
diffizilen Berechnungen und auch keine detaillierte Kenntnis aller vorliegenden Kräfte erforderlich, sondern man muß nur seine Symmetriegruppe
kennen. Die «normalen» Entartungen der verschiedenen Energieniveaus sind
dann vollständig bestimmt und können relativ leicht berechnet werden. Im
jeweiligen System können auch zusätzliche Entartungen vorliegen, die man
dann «akzidentell» nennt.

Gestörte Symmetrie

Eine weitere Frage, deren Bedeutung vielleicht besser einzusehen ist, stellt
sich, wenn das System einer kleinen Störung ausgesetzt ist, die seine Symmetrie aufhebt. Man sagt dann, die Symmetrie sei *gebrochen*. Eine solche
Störung kann in einem Atom durch ein elektrisches Feld erzeugt werden.
Dann bleibt das Atom nicht mehr in seinem ursprünglichen stationären Zustand, sondern geht von einem Energieniveau zu einem anderen über. Dabei
emittiert oder absorbiert es ein Photon, dessen Wellenlänge meist im Bereich des sichtbaren Lichts liegt. Wir sind nun an der Wahrscheinlichkeit
interessiert, mit der ein bestimmter Übergang auftritt. Damit ist die Intensität
des Lichts gegeben, das vom betreffenden Materiestück aus diesen Atomen
emittiert oder absorbiert wird. Wenn gewisse Arten von Übergängen die
Wahrscheinlichkeit null haben, so gelten sie aufgrund der sogenannten *Auswahlregeln* als *verboten*, und die zugehörigen Lichtwellenlängen werden
nicht auftreten. Mit diesen Zusammenhängen beschäftigt sich der experimentelle Zweig der Physik bzw. Chemie, den man als Spektroskopie bezeichnet. Mit Hilfe der Gruppentheorie können die Auswahlregeln ziemlich

leicht ermittelt werden, wobei natürlich die Symmetriebetrachtungen entscheidend sind. Eingehendere Informationen über die Struktur des Systems sind nicht nötig. Wir werden noch Beispiele hierfür kennenlernen.

Kontinuierliche Symmetrien

Alle bisher erwähnten Symmetriegruppen haben eine endliche Anzahl von Elementen, d.h. ihre Ordnung ist endlich. Daher kann jedes Element sozusagen numeriert werden. Es gibt aber auch andere Gruppen, deren Elemente mit kontinuierlichen Parametern versehen werden müssen. Man nennt sie *Lie-Gruppen*, nach dem norwegischen Mathematiker Marius Sophus Lie. Wichtige Beispiele hierfür sind die Rotationen und Translationen ohne Beschränkung der Rotationswinkel oder des Ausmaßes der Translation. Bilder mit solchen Symmetrien sind deshalb vergleichsweise langweilig. Die einzige Oberfläche, die vollständige Rotationssymmetrie hat, ist eine Kugel, und ein Bild mit vollständiger Translationssymmetrie in irgendeiner Richtung kann Variationen der Farbe oder der Helligkeit nur in Querrichtung aufweisen. Doch spielen solche Symmetriegruppen in der Physik eine besonders große Rolle, weil sie in vielen idealisierten Systemen anzutreffen sind.

Die Elemente der Lie-Gruppen werden durch kontinuierliche Parameter gekennzeichnet. Somit resultiert bei geringfügiger Änderung eines Parameters (oder mehrerer) wiederum ein Element der betreffenden Gruppe. Bei den betrachteten Gruppen ändern sich die Elemente kontinuierlich mit den Parametern. In vielen Fällen ist es dann einfacher, diese infinitesimalen Änderungen zu untersuchen als die Gruppe selbst. Die Gesamtheit solch kleiner Änderungen bei den Elementen der Gruppe infolge einer geringfügigen Änderung der Parameter nennt man die *Lie-Algebra*, welche die Lie-Gruppe *erzeugt*. Die Eigenschaften der einen Gruppe bestimmen also die der anderen. Anstatt beispielsweise zu untersuchen, wie sich ein System bei einer endlichen Translation von einer Position zu einer anderen ändert, können wir deshalb einfacher sein Verhalten bei einer geringen Verschiebung in irgendeiner Richtung analysieren. Entsprechend ermitteln wir seine Reaktion auf eine geringfügige Rotation und nicht die Änderung seiner Eigenschaften bei einer beliebigen Drehung.

Das Wasserstoffatom ist das wohl wichtigste physikalische System zur Untersuchung prinzipieller Eigenschaften. Es besteht aus einem negativ geladenen Teilchen (dem Elektron), das sich im Feld eines entgegengesetzt geladenen Kerns (des Protons) befindet. Das Atom hat bestimmte Entartungsgrade, die aufgrund seiner Rotationssymmetriegruppe «normal» sind, und weitere Entartungsgrade, die — vom Standpunkt der Rotationssymmetriegruppe — akzidentell sind. Es stellte sich aber heraus, daß dieses System auch eine andere, weniger offensichtliche Art von Symmetrie besitzt, die einer Rotation in vier Raumdimensionen entspricht. Wird diese Gruppe berücksichtigt, so werden alle zuvor akzidentellen Entartungen normal. Das gesamte Periodensystem der Elemente (sozusagen die Basis der Chemie) beruht im Grunde darauf, die atomaren Konfigurationen im jeweils gegebenen Raum den erlaubten Energien zuzuordnen. Daher kann man die Gruppentheorie auch als Eckpfeiler der Chemie ansehen.

Die Rolle der Invarianz in der klassischen Physik

Schweifen wir ein wenig ab und kehren noch einmal zur klassischen Physik zurück, wie sie von Newton, Maxwell, Lagrange, Laplace und Hamilton formuliert wurde (siehe Kapitel 2 und 4). Wir erinnern uns daran, daß die Bewegungen von Teilchen und von makroskopischen Körpern sowie die zeitlichen und auch räumlichen Änderungen des elektromagnetischen Feldes bestimmt werden durch eine Kombination von Differentialgleichungen, Randbedingungen und Anfangsbedingungen. Die Differentialgleichungen umfassen zum einen die allgemeinen Bewegungsgesetze für Teilchen oder Körper und zum anderen die allgemeinen Feldgleichungen. Alle weiteren erforderlichen Informationen erhalten wir aus den Anfangs- und den Randbedingungen. Wollen wir beispielsweise die Flugbahn eines Tennisballs ermitteln, dann benötigen wir seine Bewegungsgleichung, also Newtons Bewegungsgleichungen sowie Informationen über das herrschende Gravitationsfeld und (je nach der gewünschten Genauigkeit) den Luftdruck, die Geschwindigkeit und die Richtung des Windes und so weiter. Zudem müssen wir die Anfangsbedingung kennen, wissen, wo der Ball in welcher Richtung mit welcher Anfangsgeschwindigkeit geschlagen wurde. Ein anderes Beispiel: zur Berechnung des elektromagnetischen Feldes in einem bestimmten Bereich müssen wir nicht nur die Maxwellschen Gleichungen heranziehen (die Differentialgleichungen, denen das Feld gehorcht), sondern auch die Randbedingungen berücksichtigen, also die Stärken des elektrischen und des magnetischen Feldes an der Oberfläche des Bereiches. Wenn wir sagen, die Newtonschen Gleichungen beschreiben die Umlaufbahnen der Planeten um die Sonne, so ist damit gemeint, daß für die eindeutige Bestimmung einer Bahn auch die Anfangsbedingungen bekannt sein müssen, also der Ort und die Geschwindigkeit des Planeten zu einem bestimmten Zeitpunkt. Für alle Planeten gelten dieselben Bewegungsgleichungen, nur eben mit anderen Anfangsbedingungen.

    Der Kreis ist die einzige Figur, die in zwei Dimensionen absolute Rotationssymmetrie aufweist. Auch die Planetenbahnen wurden früher als Kreise dargestellt, denn als Teil der Schöpfung Gottes schrieb man ihnen eine perfekte Symmetrie zu. Viele Astronomen lehnten deshalb das Keplersche Modell mit seinen Ellipsenbahnen ab, weil sie darin die göttliche Klarheit der Kreisform vermißten. Heute können wir sagen: Selbst wenn das in einer Differentialgleichung verkörperte Gesetz eine bestimmte Symmetrie besitzt, die als schön oder wünschenswert gilt, müssen die Lösungen der Gleichung diese Symmetrie nicht haben, wenn die zugehörigen Anfangs- oder Randbedingungen sie nicht aufweisen. Die Newtonsche Bewegungsgleichung für einen Planeten, der die Sonne umrundet, ist in der Tat perfekt rotationssymmetrisch und damit so schön und klar, wie man es nur wünschen kann. Das gilt aber nicht für die allermeisten Planetenbahnen, die Ellipsen sind. Das bedeutet einfach, daß die Bewunderung der Schönheit auf eine abstraktere Ebene verlagert wurde. Nach der göttlichen Perfektion oder einer erhabenen Schönheit sollte man also nicht in der sozusagen unfallgefährdeten Realität der Welt suchen, sondern in den Gesetzen, die die Natur beherrschen.

Symmetrien und Erhaltungssätze

Wie müssen wir wohl nach einem Gesetz forschen, das gewisse Symmetrien hat? Umgekehrt kann man fragen: Wie können wir feststellen, ob ein bestimmtes Gesetz gewisse Invarianz-Eigenschaften hat? Eine sehr elegante und nützliche Formulierung der Newtonschen Gleichungen, die die Antwort auf eine solche Frage sehr erleichtert, stammt von Lagrange. Wir beginnen mit einer einzelnen gegebenen Funktion, die alle Informationen über die Kräfte, die Massen usw. enthält, und fragen dann: Welche Bewegung der Körper oder Teilchen zwischen der betreffenden Anfangs- und der Endkonfiguration führt zum geringstmöglichen Wert dieser Funktion, die man *Wirkung* nennt? Die einzige Bewegung, die die Aktion minimiert, ist tatsächlich die, die die Newtonschen Gesetze erfüllt. Dies nennt man das *Hamilton-Prinzip der kleinsten Wirkung*. Die gleiche Art von Formulierung ist auch für die Maxwell- und die Lorentz-Gleichungen möglich, die die Bewegung elektrisch geladener Teilchen in einem elektromagnetischen Feld beschreiben. Wenn wir die Wirkungsfunktion einmal kennen, ist damit der Inhalt der Bewegungsgleichungen bzw. der Feldgleichungen bestimmt. Das ist besonders praktisch bei der Betrachtung von Symmetrien; denn zur Entscheidung, ob die Bewegungsgleichungen des Systems symmetrisch sind, müssen wir nur prüfen, ob die Wirkungsfunktion die betreffende Eigenschaft hat. Das ist gewöhnlich viel einfacher.

Nehmen wir an, ein physikalisches System habe eine bestimmte Symmetrie, die einer Lie-Gruppe angehört oder durch eine Lie-Algebra erzeugt wird. Welche Konsequenzen hat das? Ein von der deutschen Mathematikerin

Emmy Noether aufgestelltes fundamentales Theorem besagt, daß jeder Symmetrie oder Invarianz dieser Art ein *Erhaltungssatz* im System entspricht. Solche Erhaltungssätze gehören zu den wichtigsten Folgerungen aus den Bewegungsgesetzen und den Feldgleichungen. In besonderen Fällen erlauben sie es sogar, das Verhalten eines Systems vollständig zu beschreiben. Wie wir in Kapitel 2 gesehen haben, ergeben sich aus den Erhaltungssätzen strenge Beschränkungen der möglichen Bewegungen eines Systems. Ihre Bedeutung liegt in ihrem absoluten Charakter und ihrer Allgemeingültigkeit. Am bekanntesten ist natürlich der Satz von der Erhaltung der Energie.

Die Erhaltung der Energie

Das Gesetz von der Energieerhaltung und seine allgemeine Anwendung auf Thermodynamik, Physiologie und Biologie haben eine recht verwickelte Geschichte (siehe Kapitel 3). Mit ihr sind die Namen Helmholtz, Joule, Mayer und Kelvin untrennbar verbunden. Für unseren momentanen Zweck sind wir aber weniger an diesem Aspekt interessiert, sondern wollen uns eher mit der Tatsache beschäftigen, daß es für jedes isolierte physikalische System von miteinander wechselwirkenden Teilchen und Feldern eine Größe gibt, die wir Energie nennen und die erhalten bleibt, sich also zeitlich nicht ändert. Die Erhaltung der Energie kann direkt aus den Newtonschen Bewegungsgleichungen und den betreffenden Feldgleichungen abgeleitet werden. Es ist bemerkenswert, daß das Gesetz der Energieerhaltung eine einfache Folge aus dem Noether-Theorem in Kombination mit einer postulierten Symmetrieeigenschaft ist: Wenn wir voraussetzen, daß das System gegenüber zeitlichen Verschiebungen invariant ist, so ist die aufgrund des Noether-Theorems erhalten bleibende Größe die Energie.

Was bedeutet hier *invariant gegenüber zeitlichen Verschiebungen*? Dies heißt einfach, daß die beiden Endkonfigurationen dieselben sein werden, wenn wir an einem isolierten System folgende Versuche durchführen: Erstens setzen wir es heute abend um 5 Uhr in Bewegung und untersuchen es wieder morgen früh um 6 Uhr. Zweitens starten wir es *auf die gleiche Weise* heute abend um 7 Uhr und untersuchen es wieder morgen früh um 8 Uhr. Es gibt sozusagen keine «Uhr» im System, die ein je nach dem Zeitpunkt unterschiedliches Verhalten steuern könnte. Das System wird daher bei gleichen Anfangsbedingungen stets dasselbe Verhalten zeigen — ob gestern, heute oder in hundert Jahren. Das nennen wir *Invarianz gegenüber zeitlichen Verschiebungen*. Wenn das System diese Invarianz aufweist, so bleibt nach dem Noether-Theorem seine Energie erhalten. Demnach liegt keine Energieerhaltung vor, wenn sich das Verhalten des Systems je nach dem Zeitpunkt ändert. Wir können die Argumentation auch umkehren: Bei jeder gegebenen Theorie ist die Größe, die aufgrund der zeitlichen Invarianz erhalten bleibt, definitionsgemäß die Energie. Damit können wir am unmißverständlichsten klarstellen, was in jeder neueren Theorie unter der Energie verstanden wird.

Die Erhaltung von Impuls und Drehimpuls

Isolierte Systeme zeigen noch andere Invarianzen, darunter die gegenüber *räumlichen* Verschiebungen. Damit ist gemeint, daß kein Unterschied besteht, ob das System hier oder in einem vielleicht tausend Kilometer entfernten Labor oder gar in einer anderen Galaxis gestartet und anschließend untersucht wird. Stets würde man dieselben Ergebnisse erhalten. Solche Invarianz liegt natürlich nicht bei allen Systemen vor, sondern nur bei *vollständig isolierten* Systemen. Wenn das jeweilige Gravitationsfeld im System wirkt, wird es sich auf der Erde anders verhalten als auf dem Mond. Doch ein isoliertes System wird *gegenüber räumlichen Verschiebungen invariant* sein. Andernfalls könnten wir niemals ein allgemeines Gesetz finden, weil dessen Gültigkeit in keinem anderen Labor überprüft werden könnte, sondern nur dort, wo es erstmals aufgestellt wurde. Das gleiche gilt selbstverständlich für zeitliche Verschiebungen: Ein Gesetz, das zeitlich nicht invariant ist und beispielsweise gestern entdeckt wurde, könnte morgen nicht mehr überprüft werden. Wichtig ist noch, daß diese Annahmen am besten für idealisierte Systeme gelten, denn reale Systeme sind nie vollkommen gegen die Umgebung isoliert.

Nach dem Noether-Theorem muß es eine weitere Größe geben, die aufgrund der Invarianz gegenüber räumlichen Verschiebungen erhalten bleibt. Weil die Verschiebung oder Translation in jeder beliebigen Richtung möglich ist, muß die erhalten bleibende Größe sowohl eine Richtung als auch einen Betrag haben, also ein *Vektor* sein. Die Größe, die erhalten bleibt, ist der gesamte *Impuls* des Systems. In der gewöhnlichen Mechanik ist der Impuls eines Körpers gleich dem Produkt aus seiner Masse und seiner Geschwindigkeit. Die Erhaltung des Impulses kennen wir aus dem Alltag, wo wir sie bei Stößen der verschiedensten Arten erkennen können. Stoßen etwa ein Kleinwagen und ein Lastzug frontal zusammen, so wird nicht der Lastzug, sondern der Kleinwagen zerstört werden, denn wegen der Erhaltung des gesamten Impulses beider Fahrzeuge erfährt er die wesentlich größere Änderung der Geschwindigkeit (also eine viel zerstörerische Verzögerung), weil seine Masse viel kleiner als die des Lastzuges ist. Weil die Geschwindigkeit eine Richtung hat, gilt das auch für den Impuls.

Allgemein definiert man den Impuls eines physikalischen Systems als die Größe, die aufgrund der Invarianz des Systems gegenüber einer Translation erhalten bleibt. Das bedeutet, daß auch ein elektromagnetisches Feld (oder irgendein anderes Feld) einen Impuls hat. Wie der Anprall von Kieselsteinen, die jemand gegen eine Fensterscheibe wirft, auf diese wegen der Impulserhaltung einen Druck ausübt, so bewirkt auch Licht einen Druck, wenn es auf einen Spiegel oder einen anderen Gegenstand fällt, von dem es reflektiert wird. Die «Kieselsteine» sind hier die Photonen. Manche Enthusiasten denken daran, mit gewaltigen *Photonensegeln* oder Sonnensegeln Raumschiffe anzutreiben, die den Mars oder andere Himmelskörper erreichen sollen — ähnlich wie Kolumbus auf seinen Schiffen die Windkraft ausnutzte*).

Eine Invarianz gegenüber der Rotation ist eine dritte Symmetrie, die wir bei isolierten Systemen erwarten. Wenn ein Experiment in einem Labor auf der Erde morgens durchgeführt und am Nachmittag im selben Labor wiederholt wird, so sollte es das gleiche Ergebnis haben, obwohl die Rotation der Erde das ganze Labor um einen großen Winkel gedreht hat. Ebenso wird das gleiche Experiment in Deutschland und in Australien keinen anderen Ausgang haben. Wieder besagt das Noether-Theorem, daß diese Invarianz die Erhaltung einer Größe mit sich bringt, die mit einer Richtung verknüpft ist. Die Richtung ist hier die der Rotationsachse, und die Größe, die erhalten bleibt, ist der *Drehimpuls*.

Der Drehimpuls eines Körpers relativ zu einem Punkt P ist gleich dem Produkt aus seiner Masse und dem Quadrat seines Abstands von diesem Punkt sowie seiner Winkelgeschwindigkeit. Die Richtung des Drehimpulses steht senkrecht auf der Ebene, in der der Punkt P und die Bahn des Körpers liegen. Die Erhaltung des Drehimpulses können wir beispielsweise bei einer Eiskunstläuferin sehen, wenn sie während einer Pirouette ihre zuvor ausgestreckten Arme an den Körper legt, so daß ihre Rotation schneller wird. Während dabei der mittlere Abstand der gesamten rotierenden Masse von der Drehachse kleiner wird, steigt die Winkelgeschwindigkeit, weil das oben erwähnte Produkt konstant bleibt. Bei komplizierteren Systemen oder Feldern ist die Definition des Drehimpulses nicht so offensichtlich. Am besten greift man auf das Noether-Theorem zurück und ermittelt die Größe, die erhalten bleibt, wenn das System gegenüber einer Rotation invariant ist.

Nun kennen wir drei fundamentale Größen in einem physikalischen System, die erhalten bleiben, wenn dieses drei grundlegende Symmetrien aufweist: Die Invarianz gegenüber zeitlicher Verschiebung führt zur Erhaltung der Energie, die Invarianz gegenüber räumlicher Verschiebung ergibt die Erhaltung des Impulses, und Invarianz gegenüber Rotation hat die Er-

---

*)　Es gibt zwei Effekte, die zunächst dem Strahlungsdruck des Lichts zugeschrieben wurden, jedoch andere Ursachen haben: die Drehung der sogenannten Lichtmühlen (die auf der unterschiedlichen Erwärmung des Gases im Gefäß beruht) und die Tatsache, daß Kometenschweife aufgrund magnetischer Wirkungen von der Sonne abgewandt sind.

haltung des Drehimpulses zur Folge. Dies alles gilt in der Quantenmechanik und der Quantenfeldtheorie ebenso wie in der klassischen Mechanik und in der klassischen Feldtheorie, denn das Noether-Theorem gilt jeweils hier wie dort. Die Verknüpfung von Symmetrie und Erhaltungssätzen ist in der Quantentheorie nützlicher als in der klassischen Mechanik, da sie in der Quantenmechanik auch beim Auftreten nur einzelner Symmetrien angewandt werden kann.

Reflexionssymmetrie in der Quantenmechanik

Wir begannen unsere Diskussion mit der Reflexions- oder Spiegelsymmetrie. Was Sie in drei Dimensionen in einem Spiegel sehen, ist eine Welt, die der Reflexion an einer Ebene unterworfen ist. Sie kann nicht durch eine Rotation erzeugt werden. Davon kann man sich leicht überzeugen, wenn man versucht, Spiegelschrift zu lesen. Eine linke Hand wird im Spiegel zu einer rechten, und eine Rechtsschraube wird zu einer Linksschraube, die also durch Rechtsdrehen gelöst würde. Können wir erwarten, daß die fundamentalen Naturgesetze gegenüber einer solchen Transformation symmetrisch sind?

Die Frage ist nicht dieselbe, als wenn wir fragen, ob es natürliche Systeme gibt, die eine «Händigkeit» haben. Viele Systeme sind händig. So drehen bestimmte Moleküle die Ebene polarisierten Lichts nach links, und andere Moleküle drehen sie nach rechts. Beispielsweise sind alle Proteinmoleküle linkshändig. Auch das menschliche Herz, das in der linken Körperhälfte sitzt, hat eine Händigkeit, einen Schraubensinn (siehe Abbildung 65). Diese Tatsachen bedeuten aber nicht, daß die grundlegenden Gesetze ebenfalls eine «Händigkeit» haben müssen. Erinnern Sie sich an die Unterscheidung zwischen den Naturgesetzen und den jeweiligen Anfangsbedingungen. Zwei verschiedene Molekülsorten, von denen eine das Spiegelbild der anderen ist, können gleichermaßen mit den Naturgesetzen vereinbar sein. Ihr Unterschied rührt von den jeweiligen Anfangsbedingungen bei der Bildung der Moleküle her. Daß Mensch und Tier nicht perfekt spiegelsymmetrisch sind, mag seine Ursache in Zufällen bei der Entstehung der frühesten Lebensformen haben, die sich dann weiterentwickelten. Tatsächlich galt es lange Zeit als unumstößliches physikalisches Prinzip, daß *die Naturgesetze gegenüber einer Reflexion symmetrisch sind*. Daher sollten die beobachteten Asymmetrien nur durch zufällige Anfangsbedingungen erklärbar sein.

Die Reflexionstransformation ergibt gemeinsam mit ihrer Wiederholung die Identitätstransformation (zwei aufeinanderfolgende Reflexionen erzeugen wieder den Anfangszustand). Also bilden sie keine Lie-Gruppe, sondern eine abelsche Gruppe der Ordnung zwei, wie wir schon gesehen haben.

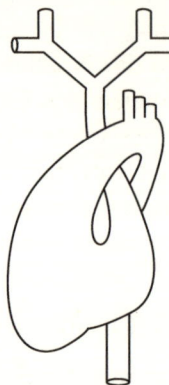

Abb. 65 Das menschliche Herz, hier schematisch dargestellt, hat einen «Schraubensinn».

In der Quantenmechanik dagegen führt auch eine solche diskrete Symmetriegruppe zur Erhaltung von Quantenzahlen. Die Größe, die aufgrund der Reflexionssymmetrie erhalten bleibt, nennt man *Parität*. Daher akzeptierte jeder Physiker den Satz «Die Parität ist eine Quantenzahl, die in jedem natürlichen System der Erhaltung unterliegt». Man kann ebenso sagen: «Die Parität bleibt erhalten.»

Vor rund vierzig Jahren traten bei den Experimenten, die einige Hochenergiephysiker mit Teilchenstößen durchführten, manche merkwürdigen Effekte auf, die nur zwei mögliche Erklärungen zuließen. Entweder waren zwei Teilchen beteiligt, das τ-Meson und das Θ-Meson, mit identischen Eigenschaften (gleicher Masse usw.), jedoch entgegengesetzten immanenten Paritäten (damit sollten sie sich gegenüber ihren Spiegelbildern entgegengesetzt verhalten). Die andere Erklärung konnte nur sein, daß die Parität in der Natur nicht erhalten bleibt. Letzteres hielt man für abwegig, so daß die erstgenannte Deutung anerkannt wurde und man von einem «Tau-Theta-Rätsel» sprach. Es läge wohl kein Sinn darin, wenn die Natur zwei Teilchen mit exakt gleichen Massen und identischen anderen Eigenschaften und nur entgegengesetzten Paritäten hervorbrächte. Man nimmt heute allgemein an, daß die Natur nichts Sinnloses, «Dummes» oder auch nur Überflüssiges tut.

Dieser Gordische Knoten wurde 1956 durchgehauen, als die beiden chinesisch-amerikanischen Physiker Chen Ning (genannt Frank) Yang vom *Institute for Advanced Study* in Princeton und Tsung Dao Lee von der *Columbia University* feststellten, daß die Parität tatsächlich nicht erhalten bleibt. Gemäß diesem revolutionären Befund ist die Natur also gegenüber Reflexion nicht symmetrisch. Hätte die Argumentation der zwei Wissenschaftler hiermit geendet, wäre sie weder überzeugend noch wertvoll gewesen. Doch stützten sie die Argumente, indem sie zeigten, daß die Erhaltung der Parität bei den «schwachen Wechselwirkungen» wie z.B. dem radioaktiven Beta-Zerfall nicht wirklich bewiesen worden war. Von diesem nahm man an, er spiele beim Zerfall von τ- und Θ-Meson eine Rolle. Statt dessen wurde die Erhaltung der Parität stets als selbstverständlich angesehen. Die beiden Forscher schlugen Experimente vor, mit denen geprüft werden sollte, ob die Parität beim radioaktiven Zerfall von Atomkernen erhalten bleibt. Bald darauf führte die chinesisch-amerikanische Physikerin Chieng-Shiung Wu mit ihren Mitarbeitern an der *Columbia University* solche Versuche durch und konnte die Hypothesen von Lee und Yang bestens bestätigen. Damit war das Tau-Theta-Rätsel gelöst.

Die erste Reaktion der meisten Physiker darauf war schierer Unglauben. Wolfgang Pauli, der große Entdecker des Neutrinos, des Elektronenspins und des Ausschließungsprinzips, bezog sich auf die Nicht-Erhaltung der Parität bei den schwachen Wechselwirkungen, als er vor dem Experiment von Wu sagte, er könne nicht glauben, «daß Gott ein schwacher Linkshänder sei». Lee und Yang erhielten 1957 den Nobelpreis, nur ein Jahr nach ihrer entscheidenden Publikation, und Pauli war widerlegt. Im Dezember 1956 schrieb Pauli in einem Brief an Emil Konopinski: «Was ein moderner Theoretiker unter 'universell' versteht, kann nur als Unsinn angesehen werden.» Im Februar 1957, also nach dem Experiment von Wu, akzeptierte er Konopinskis Zusatz zu seiner Feststellung: «Das Gefühl für Symmetrie» sollte einbezogen und ebenfalls als unsinnig angesehen werden.

Nun erkennen wir, daß die Natur auf der grundlegendsten Ebene nicht spiegelsymmetrisch ist, und können spekulieren, ob die beobachteten molekularen und biologischen Asymmetrien auf diesem Fehlen von Symmetrie beruhen. Schließlich haben wir aber eine Lösung des in diesem Kapitel schon erwähnten Ozma-Problems: Es ist in der Tat möglich, den Bewohnern ferner Planeten mitzuteilen, was wir unter links bzw. rechts verstehen. Diese können den Versuch von Wu ausführen, also radioaktives Kobalt in eine elektrische Leiterschleife bringen und die Verteilung der emittierten Beta-Teilchen (Elektronen) messen. Dann werden sie mehr emittierte Elektronen in derjenigen Richtung finden, die zusammen mit der Stromrichtung einen Linksschraubensinn hat (siehe Abbildung 66).

Wir müssen nun fragen, ob diese Brechung der Reflexionssymmetrie auf dieser grundlegenden Stufe wirklich *fundamental* ist. Die schwache Wechselwirkung, die die Parität verletzt, ist nach neueren Theorien mit anderen Wechselwirkungen vereinigt, und zwar auf einer noch grundlegenderen Ebene, die nur bei sehr viel höheren Energien zugänglich ist. Und auf dieser fundamentalsten Ebene bleibt die Parität erhalten. Gemäß diesen Theorien rührt die Verletzung der Reflexionssymmetrie von einem Zufall in der frühen Geschichte des Universums her. Diese Vorstellungen konnten jedoch durch Experimente noch nicht überzeugend bestätigt werden.

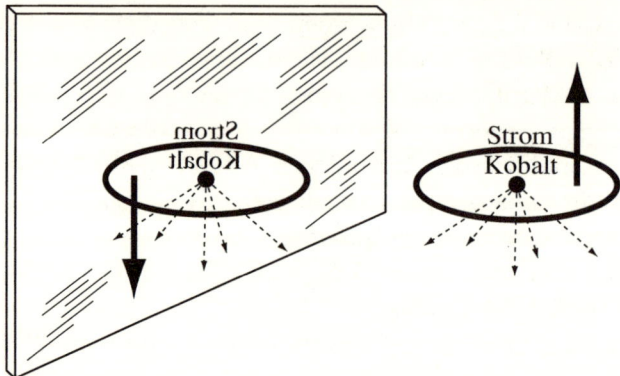

Abb. 66 Schema des radioaktiven Zerfalls eines Kobalt-Atomkerns in einer stromführenden Leiterschleife. Das Spiegelbild ist ebenfalls gezeigt. Die vertikalen Pfeile geben jeweils die Richtung an, in der sich eine Rechtsschraube bewegen würde, wenn sie in Stromrichtung gedreht würde. Die gestrichelten Pfeile deuten die Richtungen an, in denen mehr Elektronen emittiert werden.

Andere Überraschungen

Uns erwarten aber noch andere verblüffende Sachverhalte. Nachdem die Verletzung der Parität erkannt worden war, konnten sich die Physiker einige Jahre lang ohne größere Mühe mit dem neuen Stand der Dinge anfreunden. Dazu kombinierten sie alle Spiegelsymmetrien mit einer anderen Transformation, der *Ladungskonjugation*, die alle negativen Ladungen durch positive ersetzt und umgekehrt. So wurde postuliert, daß das Spiegelbild eines Elektrons ein Positron sein müßte, indem die Konjugation mit der Reflexion kombiniert würde. Dabei erschiene die Symmetrie durch eine Beweiskette wiederhergestellt, die von einem sehr fundamentalen Erhaltungssatz ausgeht, dem sogenannten *CPT-Theorem* oder *Lüders-Theorem*. Dieses ist in jeder vernünftigen Theorie als gültig anzusehen und besagt, daß alle Naturgesetze bezüglich der Kombination dreier Transformationen invariant sein müssen. Diese drei Transformationen sind die Ladungskonjugation (symbolisiert mit C, vom englischen Wort *charge* = Ladung), die räumliche Spiegelung (P, für Parität) und die Zeitumkehr (T). Eine der Konsequenzen dieses Theorems ist, daß die Masse irgendeines Teilchens exakt gleich der seines jeweiligen Antiteilchens sein muß. Das gilt beispielsweise für Elektron und Positron sowie für Proton und Antiproton.

Wie steht es mit der Zeitumkehr? Hier liegt eine andere fundamentale Symmetrie vor, die als unantastbar angesehen wurde. Wenn demnach ein Vorgang $A \rightarrow B$ mit den Naturgesetzen vereinbar ist, so sollte das auch für den Vorgang $B \rightarrow A$ gelten. Wenn man einen Film, der die Entwicklung eines physikalischen Systems zeigt, rückwärts ablaufen läßt, dann ergibt sich ein ebenfalls erlaubter Vorgang. Das Betrachten des Films allein ermöglicht daher keine Entscheidung, ob er in der richtigen Richtung läuft. Dabei dürfen im System natürlich weder Reibung noch irreversible thermodynamische Prozesse auftreten. Der Zweite Hauptsatz der Thermodynamik definiert durch das Ansteigen der Entropie die erlaubte «Zeitrichtung», und zwar aufgrund der statistischen Eigenschaften von Viel-Teilchen-Systemen. Auf der fundamentalen Ebene nahm man jedoch keine solche «Zeitrichtung» an.

Wenn diese Vermutung richtig ist, wenn die Natur also symmetrisch gegenüber der Zeitumkehr ist, dann folgt aus dem CPT-Theorem, daß die Kombination CP (Spiegelung mit Ladungskonjugation) ebenfalls symmetrisch sein muß. (Unsere Lösung des Ozma-Problems würde dann versagen, wenn die Empfänger unserer Mitteilung auf einem Antiplaneten lebten.) Nun dachten wir, daß man sich auf eine solche CP-Symmetrie verlassen kann, und schon wieder geht alles schief!

Ein anderes Experiment, 1964 von Val Fitch und James W. Cronin durchgeführt, bewies in der Tat, daß die Kombination CP nicht immer symmetrisch ist, ebensowenig wie die Zeitumkehr. Diese Symmetrien sind geringfügig gestört. Man hatte aber keine Verletzung des CPT-Theorems gefunden, das daher als gesichert gilt. Daraus ist zu schließen, daß die Natur auf der tiefsten Ebene eine Zeitrichtung hat. Ein Film, der die Entwicklung des Universums darstellte und rückwärts abgespielt würde, zeigte deshalb kein mögliches Szenario. Aus diesem Grund ist die Frage noch offen, ob die Zeitrichtung, die von dieser sehr schwachen Verletzung der Invarianz gegenüber der Zeitumkehr herrührt, für die Zeitrichtung verantwortlich ist, die durch die Abfolge von Ursache und Wirkung definiert ist. (In Kapitel 3 haben wir gesehen, daß diese Zeitrichtung mit derjenigen verknüpft ist, die dem Zweiten Hauptsatz der Thermodynamik entspricht.)

Die Verletzung der CP-Invarianz hilft beim Lösen eines anderen Rätsels: Warum ist die Welt (wie es den Anschein hat) nur von Materie erfüllt und nicht von Ansammlungen jeweils gleicher Mengen von Materie und Antimaterie? Allerdings können wir nicht ganz sicher sein, denn das von einem Antistern emittierte Licht hätte dasselbe Spektrum wie das Licht eines Sterns. Wenn aber Materie und Antimaterie nicht in gleichen Mengen auftreten, wie ist dann eine solche Asymmetrie in der Entwicklung des Universums entstanden? Nach den heutigen kosmologischen Vorstellungen war das Universum beim Urknall nur von Strahlung erfüllt. Danach kühlte es sich ab und erzeugte Paare aus Teilchen und Antiteilchen. Eine geringfügige Verletzung der C- oder der CP-Symmetrie könnte dabei letztlich zu einem Übergewicht der einen Sorte über die andere geführt haben, so daß der derzeitige Zustand zu erklären ist*).

Die Symmetrie und ihre Verletzung bei den Elementarteilchen

Gruppentheoretische Symmetriebetrachtungen spielten in den letzten dreißig Jahren eine große Rolle bei der Entwicklung der grundlegenden Theorien der Elementarteilchen. Um diese Tatsache zu verstehen, müssen wir nur die Relativitätstheorie auf das anwenden, was wir eben besprochen haben. Wie in früheren Kapiteln schon erwähnt, ist gemäß Einsteins Spezieller Relativitätstheorie die Energie E eines ruhenden Teilchens gegeben durch $E = mc^2$, wobei c die Lichtgeschwindigkeit im Vakuum und m die Teilchenmasse ist. Wenn wir nun irgendeine Theorie haben, die das erlaubte Energiespektrum beschreibt, so liefert sie uns auch die Zahlenwerte der Massen der Elementarteilchen. Wir haben bereits gesehen: Wenn eine solche Theorie eine bekannte Symmetriegruppe aufweist, dann können wir die «normalen» Entartungen der zu erwartenden Energieniveaus angeben. Folglich können wir auch sagen, wieviele Arten von Teilchen dieselbe Masse haben sollten. Diese Sätze von Teilchen heißen *Multipletts*.

Ein bekanntes Beispiel ist das *Dublett* aus Neutron und Proton. Alle außer einigen bestimmten «Quantenzahlen» der Mitglieder solcher Multipletts sind identisch. Im Fall des Neutrons und Protons ist die ausgenommene Quantenzahl die der Ladung: Das Proton ist positiv geladen, während das Neutron elektrisch neutral ist. Allerdings sind die Massen von Proton und Neutron nicht exakt gleich; das Neutron ist etwas schwerer. Diese Massendifferenz wollen wir nun untersuchen.

Nehmen wir an, es gelte eine Theorie der Neutronen und Protonen, bei der alle Kopplungen mit elektromagnetischen Feldern ausgeschlossen seien. Diese Theorie entspricht einer bestimmten Symmetriegruppe, die wir SU(2) nennen, und sagt einen Zustand mit zweifacher Entartung voraus, der als Dublett aus Neutron und Proton interpretiert werden kann. Diese beiden Teilchen hätten demnach genau gleiche Massen. Nun lassen wir die Wechselwirkung mit dem elektromagnetischen Feld zu, das ziemlich schwach ist, weil die elektrische Ladung des Protons klein und die des Neutrons null ist. Die Symmetriegruppe unserer Theorie ist jetzt nicht mehr SU(2) (die Symmetrie ist also *gebrochen*), sondern eine dieser Gruppe sehr ähnliche.

---

*)   Dies erfordert auch eine Verletzung des Prinzips von der Erhaltung der *Baryonenzahl*. Die Baryonen sind die schweren Fermionen, darunter Protonen und Neutronen. Dabei zählt jedes Baryon als 1 und jedes Antibaryon als −1. Einige neuere Theorien sehen eine solche Verletzung vor. Zur Zeit werden Experimente durchgeführt, mit denen geprüft werden soll, ob das Proton wirklich stabil ist; siehe Kapitel 8.

Es liegt somit eine prinzipielle Analogie zur nicht perfekten Symmetrie der früher erwähnten Kunstwerke vor. Deshalb erwarten wir mit dieser Theorie leicht unterschiedliche Massen von Neutron und Proton. Dies ist tatsächlich der Fall. Man sagt, daß der Massenunterschied dieser beiden Teilchen eine «elektromagnetische Ursache» hat; denn er wäre null, wenn das Proton keine Ladung trüge.

Das einzige Problem bei diesem sehr plausiblen Ansatz ist, daß beinahe jeder Versuch einer quantitativen Auswertung ein Proton ergibt, das schwerer als das Neutron ist. Somit ist die Theorie wohl kaum haltbar. Jedoch liegt sie fast allen modernen Vorstellungen zugrunde, die die in den letzten 40 Jahren entdeckten Teilchen beschreiben.

Die Teilchen können nach ihren Massen in bestimmte Gruppierungen unterteilt werden, die man mit einiger Phantasie als «nahe beieinander» ansehen kann. Wir betrachten daher eine Theorie mit einer Symmetriegruppe, die vielleicht nichts zu tun hat mit den physikalischen Begriffen Raum und Zeit, sondern in einem abstrakten mathematischen Raum gilt. Die Theorie sagt dann Entartungen voraus und erklärt die Multiplizitäten, die auftreten, wenn die Massen, die «nahe beieinander» liegen, gleichgesetzt werden. Auf diese Weise kam Murray Gell-Mann im Jahre 1961 auf der Basis der Symmetriegruppe SU(3) zur berühmten achtfachen Entartung.

Jetzt muß noch die Tatsache gedeutet werden, daß die wirklichen Massen dieser Teilchen nicht gleich sind. Dazu postulieren wir eine Theorie, in der die ursprüngliche Symmetriegruppe gebrochen wird — allerdings nur relativ schwach, so daß die Massendifferenzen nicht zu groß sind. Natürlich ergeben sich aus der detaillierten gruppentheoretischen Argumentation noch einige andere Eigenschaften, die die Mitglieder der Multipletts gemeinsam haben. Auch diese Befunde müssen experimentell überprüft werden.

Eichinvarianz

Was ich im vorigen beschrieben habe, gibt nur zum Teil die Bedeutung von Symmetriebetrachtungen in der Physik wieder. Unter Annahme einer Invarianz oder Symmetrieeigenschaft leitete C. N. Yang die Existenz des elektromagnetischen Feldes ab und auch die Art, wie es mit geladenen Teilchen wechselwirkt und von diesen gebildet wird. Die zugehörige Transformation ist eine sogenannte *lokale Eichtransformation*, der alle Quantenfelder unterliegen. Wenn man annimmt, daß die Feldgleichungen gegenüber dieser Eichtransformation invariant sind, so sollte ein Feld existieren, das auf geladene Teilchen wirkt und von diesen erzeugt wird — ebenso wie das elektromagnetische Feld. Setzt man weiterhin voraus, daß die Theorie gegenüber Lorentz-Transformationen invariant ist (und damit Einsteins Spezieller Relativitätstheorie gehorcht), dann müssen für das elektromagnetische

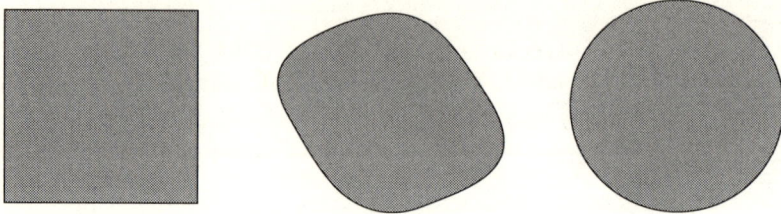

Abb. 67 Die Figur in der Mitte kann als Verzerrung einer der beiden anderen Figuren angesehen werden, die jeweils eine höhere Symmetrie besitzen.

Feld die Maxwellschen Gleichungen gelten. So können die Feldgleichungen ihrerseits durch Symmetriebetrachtungen erzeugt werden. Das alles bedeutet natürlich nicht zwingend die Existenz eines solchen Feldes in der Realität, doch kann die Existenz aus der Annahme gefolgert werden, daß sich die Natur aller ihrer faszinierenden Möglichkeiten bedient.

Gegen Ende von Kapitel 4 hatte ich darauf hingewiesen, welche Bedeutung die Annahme lokaler Eichinvarianz beim Aufstellen von Feldgleichungen hat; dies wurde zuerst von Yang und Mills gezeigt. Alle modernen Feldtheorien beruhen letztlich auf postulierten Symmetrien der Natur, und alle Elementarteilchen und ihre Eigenschaften (siehe Kapitel 8) sind durch solche angenommenen Symmetrien theoretisch begründet worden. Wenn diese grundlegenden Invarianzen auf ein Universum hindeuten, das einförmig und sozusagen langweilig ist und sich in vielen wesentlichen Aspekten von der realen Welt unterscheidet, dann sollten die fundamentalen Symmetrien *gebrochen* sein, und zwar in relativ geringem Ausmaß. So rührt ja ein subtiler ästhetischer Reiz oft von einer leichten Störung der Symmetrie her. Ebenso beruht die Schönheit des Kosmos, in dem wir leben, zum großen Teil auf Effekten der Symmetriebrechung. In einigen vorgeschlagenen Theorien ist der Grad der Symmetrieverletzung durch die reale Welt aber nicht sehr gering und kann von der Energie abhängen, bei der er erforscht wird. Eine höchst symmetrische, eintönige und makellose Natur sollte sich nur bei so hohen Energien enthüllen, daß kaum die Chance besteht, sie experimentell zu erfassen. Der heilige Gral wird für Sterbliche wohl immer unerreichbar bleiben.

Hier nun ein letztes Beispiel für die Freiheit, deren sich die Wissenschaftler beim Erarbeiten ihrer Theorien erfreuen: Ein gegebener Satz von kohärenten Beobachtungsergebnissen ohne jede Symmetrie kann auf mehr als eine Weise erklärbar sein, indem man eine zugrundeliegende «reinere» Theorie aufstellt, die viele faszinierenden Symmetrien aufweist, die in der realen Welt gebrochen werden. Vielleicht wird die Natur dadurch zwar häßlicher als die reale Welt, aber auch interessanter. Möglicherweise wird sie sogar schöner, weil verschrobener — chacun à son goût. Analog dazu kann die mittlere Figur in Abbildung 67 durch Verzerrung einer der beiden anderen Figuren entstanden sein.

Je weiter vom Experiment entfernt und je abstrakter die postulierte Symmetriegrundlage einer Theorie ist, desto mehr Freiheit hat der Naturwissenschaftler, seiner Vorstellungskraft zu folgen. Das bedeutet nicht, daß die erarbeitete Theorie falsch sein oder der Natur zu wenig entsprechen muß. Jedoch können andere Wissenschaftler — ungeachtet der überzeugenden Klarheit der Gedankengebäude — Alternativen finden, die gleichermaßen gültig sind. Wir vermögen uns daher leicht vorzustellen, daß ein Besucher von einem fernen Planeten eine völlig andere Vorstellung von der Welt hat.

Epilog

In den zehn Kapiteln dieses Buches haben wir einige Aspekte der komplexen Struktur der modernen Physik untersucht, wie sie sich in den letzten 400 Jahren aufgrund der Vorstellungskraft vieler Wissenschaftler entwickelt hat. Obwohl dieses Gefüge eine sehr eindrucksvolle, wenn auch unvollständige Kohärenz hat, sollte es nicht als eine Offenbarung der letzten «Wahrheit» über die Natur angesehen werden.

Die Wissenschaft ist keine Heilige Schrift, und ihre Vertreter halten sich nicht für Priester, die einen funkelnden Tempelschatz hüten, der ewig gleich und rein bleibt. Was die Wissenschaftler antreibt, ist der Drang nach *Verstehen* und weniger die Absicht, die Natur zu *nutzen*, also eher die Erkenntnis als die Ausbeutung eines begreifbaren Universums.

Die Zukunft wird sicher noch viele Überraschungen bringen, die manche unserer heutigen Vorstellungen als falsch oder unvollständig entlarven werden. Aber die Wissenschaft muß ständig aktiv bleiben. Ist ihre Kreativität einmal erschöpft, wird unsere Kultur allmählich zerfallen, und wir werden in «finstere» Zeiten zurückgeworfen. Sie kann nicht durch technischen Erfindungsreichtum allein aufrecht erhalten werden, auch nicht durch routinemäßiges Suchen und Katalogisieren von Beobachtungen und Phänomenen.

Ich habe mich bemüht zu zeigen, daß die Naturwissenschaft auf der fundamentalsten Ebene keineswegs nur eine reichhaltige Sammlung experimenteller Fakten und empirischer Regeln bereitstellt und daß ihr Gedankengebäude nicht einfach auf Induktion aus Beobachtungen beruht. Die Wissenschaft lediglich als Katalog faszinierender und nützlicher Informationen anzusehen, bedeutet eine Mißachtung ihres kulturellen Wertes und auch ihrer Faszination. Die Naturwissenschaft ist ein kompliziertes Geflecht diffiziler Vorstellungen, in dem die Ästhetik eine stärkere Anregung als die Nützlichkeit darstellt. In ihrer Schönheit schließlich liegt ihr größter intellektueller Anreiz.

Weiterführende Literatur

Allgemein

Pierre Duhem: *La théorie physique – son object, sa structure*. Unveränderter Nachdruck der Pariser Ausgabe von 1914, Frankfurt: Minerva, 1985.

Helen Dukas, B. Hoffmann (Hrsg.): *Einstein: The Human Side*. Princeton: Princeton University Press, 1979.

Freeman Dyson: *Infinite in All Directions*. New York: Harper and Row, 1988.

Albert Einstein: *Aus meinen späten Jahren*. Frankfurt/M., Berlin: Ullstein, 1990.

Richard Feynman: *Vom Wesen physikalischer Gesetze*. München, Zürich: Piper, 1990.

Vernard Foley, Werner Soedel: *Leonardo da Vincis Beiträge zur theoretischen Mechanik*. Spektrum der Wissenschaft, November 1986, S. 120.

George Gale: *Das anthropische Prinzip: kein Universum ohne Mensch*. Spektrum der Wissenschaft, Februar 1982, S. 90.

Owen Gingerich: *Der Fall Galilei*. Spektrum der Wissenschaft, Oktober 1982, S. 108.

Sheldon Glashow: *Interactions: A Journey through the Mind of a Particle Physicist*. New York: Warner Books, 1988.

Gerald Holton: *Thematic Origins of Scientific Thought: Kepler to Einstein*. Cambridge/Mass.: Harvard University Press, 1988.

Leon M. Lederman: *Welchen Wert hat die Grundlagenforschung?* Spektrum der Wissenschaft, Januar 1985, S. 30.

Lawrence S. Lerner, Edward A. Gosselin: *Galileo Galilei und der Schatten des Giordano Bruno*. Spektrum der Wissenschaft, Januar 1987, S. 102.

Theo Mayer-Kuckuk: *Der gebrochene Spiegel. Symmetrie, Symmetriebrechung und Ordnung in der Natur*. Basel, Boston, Berlin: Birkhäuser, 1989.

Russell McCormmach (Hrsg.): *Historical Studies in the Physical Sciences*. Philadelphia: University of Pennsylvania Press, 1971.

Abraham Pais: *Inward Bound: Of Matter and the Forces in the Physical World*. Oxford: Clarendon Press, 1986.

Abraham Pais: *Niels Bohr's Times, in Physics, Philosophy, and Polity*. New York: Oxford University Press, 1991.

Abraham Pais: *Raffiniert ist der Herrgott ...: Albert Einstein, eine wissenschaftliche Biographie*. Braunschweig, Wiesbaden: Vieweg, 1986.

David Park: *The How and the Why; An Essay on the Origins and Development of Physical Theory*. Princeton: Princeton University Press, 1988.

Anthony Zee: *Magische Symmetrie. Die Ästhetik in der modernen Physik.* Basel, Boston, Berlin: Birkhäuser, 1990.

1 Naturwissenschaft, Mathematik und Vorstellungskraft

COSRIMS eds.: *The Mathematical Sciences: A Collection of Essays.* Cambridge/Mass.: MIT Press, 1969.

Gerald Holton: *The Scientific Imagination.* Cambridge: Cambridge University Press, 1978.

E. P. Wigner: *Symmetries and Reflections.* Bloomington: Indiana University Press, 1967.

2 Chaos und der Laplacesche Dämon

I. Bernhard Cohen: *Newtons Gravitationsgesetz – aus Formeln wird eine Idee.* Spektrum der Wissenschaft, Mai 1981, S. 100.

Stillman Drake: *Newtons Apfel und Galileis «Dialog».* Spektrum der Wissenschaft, Oktober 1980, S. 124.

David Ruelle: *Zufall und Chaos.* Heidelberg, Berlin: Springer, 1992.

Richard S. Westfall: *Never at Rest: A Biography of Isaac Newton.* Cambridge: Cambridge University Press, 1980.

3 Der Zeitpfeil

J. M. Blatt: *Time reversal.* Scientific American, August 1956, S. 107.

Richard G. Brewer, Erwin L. Hahn: *Phasengedächtnis atomarer Systeme.* Spektrum der Wissenschaft, Februar 1985, S. 62.

Percy Bridgman: *The Nature of Thermodynamics.* Cambridge/Mass.: Harvard University Press, 1941.

Bernhard H. Lavenda: *Die Brownsche Bewegung.* Spektrum der Wissenschaft, April 1985, S. 58.

David Layzer: *The Arrow of Time.* Scientific American, Dezember 1975, S. 56.

4 Durch den Raum wirkende Kräfte

Bryce S. DeWitt: *Quantentheorie der Gravitation.* Spektrum der Wissenschaft, Februar 1984, S. 30.

Daniel Z. Freedman, Peter van Nieuwenhuizen: *Die verborgenen Dimensionen der Raumzeit.* Spektrum der Wissenschaft, Mai 1985, S. 78.

George Gamow: *Gravity.* Scientific American, März 1961, S. 94.

Michael B. Green: *Superstrings.* Spektrum der Wissenschaft, November 1986, S. 54.

Daniel M. Greenberger, Albert W. Overhauser: *Gravitation und Quantentheorie.* Spektrum der Wissenschaft, Juli 1980, S. 42.

John Hendry: *James Clerk Maxwell and the Elektromagnetic Field*. Bristol, Boston: Adam Hilger, 1986.

Gerard t'Hooft: *Symmetrien in der Physik der Elementarteilchen*. Spektrum der Wissenschaft, August 1980, S. 92.

Andrew D. Jeffries, Peter R. Saulson, Robert E. Spero, Michael E. Zucker: *Observatorien für Gravitationswellen*. Spektrum der Wissenschaft, August 1987, S. 74.

William McCrea: *Arthur Stanley Eddington*. Spektrum der Wissenschaft, Dezember 1992, S. 82.

Joel M. Weisberg, Joseph H. Taylor, Lee A. Fowler: *Pulsar PSR 1913+16 sendet Gravitationswellen*. Spektrum der Wissenschaft, Dezember 1981, S. 52.

E. Whittaker: *A History of the Theories of Aether and Electricity: The Classical Theories*. New York: Humanities Press, 1973

L. Pearce Williams: *André-Marie Ampère als Physiker und Naturphilosoph*. Spektrum der Wissenschaft, März 1989, S. 114.

L. Pearce Williams: *Michael Faraday: A Biography*. New York: Da Capo Press, 1987. (Originalausgabe New York: Basic Books, 1965.)

5 Wellen: stehende, fortschreitende und solitäre

Amy Dahan Dalmédico: *Sophie Germain*. Spektrum der Wissenschaft, Februar 1992, S. 80.

Neville H. Fletcher, Suszanne Thwaites: *Die Physik der Orgelpfeifen*. Spektrum der Wissenschaft, März 1983, S. 96.

Russell Herman: *Solitary Waves*. American Scientist, Juli – August 1992, S. 350.

Claudio Rebbi: *Solitonen*. Spektrum der Wissenschaft, April 1979, S. 60.

Thomas D. Rossing: *Die Physik der Pauke*. Spektrum der Wissenschaft, Januar 1983, S. 56.

6 Tachyonen, das Altern von Zwillingen und die Kausalität

R. G. Newton: *Particles that travel faster than Light*. Science, März 1970, S. 1569.

Julian Schwinger: *Einsteins Erbe: Die Einheit von Raum und Zeit*. Heidelberg: Spektrum, 1987.

7 Gespenstische Fernwirkung

J. S. Bell: *Bertlemann's socks and the nature of reality*. Journal de physique, Colloque C2, supplement au no. 3, tome 42, März 1981, S. C2-41.

C H. Bennett: *Quantum cryptography: Uncertainty in the service of privacy*. Science, August 1992, S. 752.

J. Bernstein: *Quantum Profiles*. Princeton: Princeton University Press, 1991.

David C. Cassidy: *Werner Heisenberg und das Unbestimmtheitsprinzip.* Spektrum der Wissenschaft, Juli 1992, S. 92.

Bernard d'Espagnat: *Quantentheorie und Realität.* Spektrum der Wissenschaft, Januar 1980, S. 68.

Martin C. Gutzwiller: *Quantenchaos.* Spektrum der Wissenschaft, März 1992, S. 56.

John Horgan: *Quanten-Philosophie.* Spektrum der Wissenschaft, September 1992, S. 82.

Max Jammer: *The Philosophy of Quantum Mechanics.* New York: John Wiley & Sons, 1974.

J. M. Jauch: *Are Quanta Real? A Galilean Dialogue.* Bloomington: Indiana University Press, 1973.

N. D. Mermin: *Is the Moon there when nobody looks? Reality and the quantum theory.* Physics Today, April 1985, S. 38.

N. D. Mermin: *Quantum mysteries revisited.* American Journal of Physics, **58**, 1990, S. 731.

Walter Moore: *Schrödinger: Life and Thought.* Cambridge: Cambridge University Press, 1989.

Abner Shimony: *Die Realität der Quantenwelt.* Spektrum der Wissenschaft, März 1988, S. 78.

8 Was ist ein Elementarteilchen?

John N. Bahcall: *Das Rätsel der fehlenden Sonnenneutrinos.* Spektrum der Wissenschaft, Juli 1990, S. 76.

Horst Breuker, Hans Drevermann, Christoph Grab, Alphonse A. Rademakers, Howard Stone: *Computergraphik für Teilchenkollisionen.* Spektrum der Wissenschaft, Oktober 1991, S. 110.

Richard A. Carrigan jr., Peter W. Trower: *Die Suche nach den magnetischen Monopolen.* Spektrum der Wissenschaft, Juni 1982, S. 78.

David B. Cline: *Die vierte Quark-Lepton-Familie.* Spektrum der Wissenschaft, Oktober 1988, S. 56.

Philip Ekstrom, David Wineland: *Das isolierte Elektron.* Spektrum der Wissenschaft, Oktober 1980, S. 110.

Howard Georgi: *Vereinheitlichung der Kräfte zwischen den Elementarteilchen.* Spektrum der Wissenschaft, Juni 1981, S. 70.

Haim Harari: *Wie elementar sind Quarks und Leptonen?* Spektrum der Wissenschaft, Juni 1983, S. 54.

Maurice Jacob, Peter Landshoff: *Die innere Struktur des Protons.* Spektrum der Wissenschaft, Mai 1980, S. 98.

Kenneth A. Johnson: *Sind Quarks in Blasen eingeschlossen?* Spektrum der Wissenschaft, September 1979, S. 84.

D. J. Kevles: *Robert A. Millikan*. Scientific American, Januar 1979, S. 142.

Alan D. Krisch: *Der Spin des Protons*. Spektrum der Wissenschaft, Juli 1979, S. 60.

John G. Learned, David Eichler: *Ein Neutrino-Teleskop in der Tiefsee*. Spektrum der Wissenschaft, April 1981, S. 114.

Leon M. Lederman: *The Upsilon Particle*. Scientific American, Oktober 1978, S. 72.

David Lindley: *Das Ende der Physik*. Basel, Boston, Berlin: Birkhäuser, 1994.

J. M. LoSecco, Frederick Reines, Daniel Sinclair: *Die Suche nach dem Protonenzerfall*. Spektrum der Wissenschaft, August 1985, S. 112.

Nariman B. Mistry, Ronald A. Poling, Edward H. Thorndike: *Teilchen mit nackter Schönheit*. Spektrum der Wissenschaft, September 1983, S. 60.

Michael Riordan: *The discovery of quarks*. Science, Mai 1992, S. 1287.

Martinus J. G. Veltman: *Das Higgs-Boson*. Spektrum der Wissenschaft, Januar 1987, S. 52.

Steven Weinberg: *Der Zerfall des Protons*. Spektrum der Wissenschaft, August 1981, S. 30.

Steven Weinberg: *The Discovery of Subatomic Particles*. Scientific American Library, New York, 1983.

Frank Wilczek: *Anyonen*. Spektrum der Wissenschaft, Juli 1991, S. 54.

9 Kollektive Phänomene

George F. Bertsch: *Schwingungen der Atomkerne*. Spektrum der Wissenschaft, Juli 1983, S. 72.

Robert J. Cava: *Keramische Supraleiter*. Spektrum der Wissenschaft, Oktober 1990, S. 118.

J. G. Daunt: *Liquid Helium-3*. Science, Februar 1960, S. 579.

Russell J. Donnelly: *Turbulenzen in Supraflüssigkeiten*. Spektrum der Wissenschaft, Januar 1989, S. 50.

E. M. Lifshitz: *Superfluidity*. Scientific American, Juni 1958, S. 30.

Olli V. Lounasmaa, George Pickett: *Superfluides Helium-3 als Quantenflüssigkeit*. Spektrum der Wissenschaft, August 1990, S. 64.

B. T. Mathias: *Superconductivity*. Scientific American, November 1957, S. 92.

N. D. Mermin, D. M. Lee: *Superfluid Helium-3*. Scientific American, Dezember 1976, S. 56.

R. D. Parks: *Quantum effects in superconductors*. Scientific American, Oktober 1965, S. 57.

Fred Reif: *Superfluidity and quasi-particles*. Scientific American, November 1960, S. 139.

Fred Reif: *Quantized vortex rings in superfluid Helium*. Scientific American, Dezember 1964, S. 116.

10 Schönheit und Bedeutung der Symmetrie

Marie-Anne Bouchiat, Lionel Pottier: *Das Atom kann links und rechts unterscheiden*. Spektrum der Wissenschaft, August 1984, S. 48.

S. M. Girvin: *Anyons superconduct, but do superconductors have anyons?* Science, September 1992, S. 1354.

Terry Goldman, Richard J. Hughes, Michael Martin Nieto: *Schwerkraft und Antimaterie*. Spektrum der Wissenschaft, Mai 1988, S. 98.

Howard E. Haber, Gordon L. Kane: *Ist die Natur supersymmetrisch?* Spektrum der Wissenschaft, August 1986, S. 68.

Roger A. Hegstrom, Dilip K. Kondepudi: *Händigkeit im Universum*. Spektrum der Wissenschaft, März 1990, S. 56.

O. E. Overseth: *Experiments in time reversal*. Scientific American, Oktober 1969, S. 88.

Tony Rothman: *Das kurze Leben des Evariste Galois*. Spektrum der Wissenschaft, Juni 1982, S. 102.

Hermann Weyl: *Symmetry*. Princeton: Princeton University Press, 1952.

E. P. Wigner: *Violations of symmetry in physics*. Scientific American, Dezember 1965, S. 28.

Frank Wilczek: *Materie und Antimaterie im Universum*. Spektrum der Wissenschaft, Februar 1981, S. 90.

Quellenverzeichnis

1 Linus Pauling, *Foundations of Physics* **22**, 1992, S. 830.

2 Owen Gingerich, *Spektrum der Wissenschaft*, Januar 1993, S. 82.

3 Charles Dickens: *Harte Zeiten*. Frankfurt/M.: Fischer, 1964, S. 12.

4 zitiert in: Freeman Dyson: *The Mathematical Sciences*. COSRIMS eds., Cambridge/Mass.: MIT Press, 1969, S. 105.

5 Anthony Zee: *Magische Symmetrie. Die Ästhetik in der modernen Physik*. Basel, Boston, Berlin: Birkhäuser, 1990.

6 zitiert in: Gerald Holton: *The Scientific Imagination*. Cambridge: Cambridge University Press, 1978, S. 281.

7 zitiert in: Anthony Zee: *Magische Symmetrie. Die Ästhetik in der modernen Physik*. Basel, Boston, Berlin: Birkhäuser, 1990.

8 zitiert in: Gerald Holton: *The Scientific Imagination*. Cambridge: Cambridge University Press, 1978, S. 95, aus: Sonja Bargmann: *Ideas and Opinions by Albert Einstein*. New York: Crown Publishers, 1954, S. 226.

9 zitiert in: Gerald Holton, *ebenda*, S. 96, aus den *Herbert Spencer Lectures* von Albert Einstein, 10. Juni 1933, Oxford.

10 zitiert in: Gerald Holton, *ebenda*, S. 95.

11 zitiert in: Gerald Holton, *ebenda*, S. 109, aus: P. B. Medawar: *Induction and Intuition*. Philadelphia: American Philosophical Society, 1969, S. 46.

12 zitiert in: L. Pearce Williams: *Michael Faraday: A Biography*. New York: Da Capo Press, 1987, S. 467.

13 zitiert in: Gerald Holton: *The Scientific Imagination*. Cambridge: Cambridge University Press, 1978, S. 49.

14 Freeman Dyson: *The Mathematical Sciences*. COSRIMS eds., Cambridge/Mass.: MIT Press, 1969, S. 106.

15 Timothy Ferris (Hrsg.): *The World Treasury of Physics, Astronomy and Mathematics*. Boston: Little Brown, 1991, S. 526.

16 Freeman Dyson: *The Mathematical Sciences*. COSRIMS eds., Cambridge/Mass.: MIT Press, 1969, S. 106.

17 Pierre-Simon de Laplace: *Essai sur les probabilités*.

18 P. W. Bridgman: *The Nature of Thermodynamics*. Cambridge/Mass.: Harvard University Press, 1941, S. 3.

19 zitiert in: E. Whittaker: *A History of the Theories of Aether and Electricity: The Classical Theories*. New York: Humanities Press, 1973, S. 28.

20 zitiert in: Richard S. Westfall: *Never at Rest*. Cambridge: Cambridge University Press, 1980, S. 390.

21 Richard S. Westfall, *ebenda*, S. 464.

22 E. Whittaker: *A History of the Theories of Aether and Electricity: The Classical Theories*. New York: Humanities Press, 1973, S. 29.

23 E. Whittaker, *ebenda*.

24 Richard S. Westfall: *Never at Rest*. Cambridge: Cambridge University Press, 1980, S. 647.

25 zitiert in: L. Pearce Williams: *Michael Faraday: A Biography*. New York: Da Capo Press, 1987, S. 298.

26 *ebenda*, S. 450.

27 *ebenda*, S. 454.

28 *ebenda*, S. 508.

29 M. Kac: *American Mathematics Monthly* **73**, Nr. 4, Teil II, S. 1–23.

30 J. S. Russell: *Report on Waves*. British Association for the Advancement of Science Reports, 1844.

31 *ebenda*, S. 323.

32 *ebenda*, S. 333.

33 *ebenda*, S. 334.

34 Lewis S. Feuer: *Einstein and the Generations of Sciences*. New York: Basic Books, 1974, S. 170.

35 A. K. Eckert, *Physical Review Letters* **67**, 1991, S. 661.

36 Edwin C. Kemble: *The Fundamental Principles of Quantum Mechanics*. New York: McGraw Hill, 1937, S. 331.

37 Bernard d'Espagnat, *Spektrum der Wissenschaft*, Januar 1993, S. 82.

38 zitiert in: N. David Mermin, *Physics Today* **38**, April 1985, S. 38.

39 *ebenda*, S. 40.

40 Niels Bohr, *Physical Review* **48**, 1935, S. 696.

41 A. Einstein, B. Podolsky, N. Rosen, *Physical Review* **47**, 1935, S. 777.

42 Max Jammer: *The Philosophy of Quantum Mechanics*. New York: John Wiley & Sons, 1974, S. 204.

43 Werner Heisenberg: *Physik und Philosophie*. Stuttgart: Hirzel, 1959.

44 zitiert in: J. Bernstein: *Quantum Profiles*. Princeton: Princeton University Press, 1991, S. 96.

Bildnachweis

Alle nicht aufgeführten Abbildungen wurden vom Autor erstellt, und zwar auf einem Apple-Macintosh-Computer unter Benutzung der Adobe Illustrator Software.

Abbildungen 11, 12 und 13: *Astronomical Journal* **69**, 1964, S. 75.

Abbildung 18: Henry Semat: *Fundamentals of Physics*. New York: Holt Rinehart & Winston, 1966, S. 420, Abb. 24.6.

Abbildung 19: L. Pearce Williams: *Michael Faraday: A Biography*. New York: Da Capo Press, 1987.

Abbildung 29: John Tyndall: *The Science of Sound*. New York: Citadel, 1964, S. 182, Abb. 68.

Abbildung 37: N. David Mermin, *Physics Today* **38**, April 1985, S. 39, Abb. 1.

Abbildung 38: Universität Indiana, Arbeitsgruppe Hochenergie-Physik.

Abbildung 39: J.W. Cronin: *Instrumentation for High-Energy Physics*. F.J.M. Farley (Hrsg.), Amsterdam: North-Holland, 1963, S. 146, Abb. 5.

Abbildung 40: G. Arnison et al., *Physics Letters* 1983, S. 398, Abb. 3.

Abbildung 43: T. Dreisch: *Handbuch der Physik*. Bd. 21, Berlin: Springer, 1929, S. 184, Abb. 21.

Abbildung 46: Marjorie Senechal, George Fleck (Hrsg.): *Patterns of Symmetry*. Amherst: University of Massachusetts Press, 1977, S. 59, Abb. 11.

Abbildung 47: Mary H. Schwindler: *Ancient Painting*. New Haven: Yale University Press, 1929, S. 45.

Abbildung 48: Organization Committee of the Exhibition of Archeological Finds of the People's Republic of China, Beijing: The Wen Wu Press, 1973.

Abbildung 49: Mit freundlicher Genehmigung der Lee Boltin Picture Library, New York: Croton-on-Hudson.

Abbildung 52: Owen Jones: *The Grammar of Ornament*. New York: van Nostrand Reinhold, 1982.

Abbildung 53: K. Woermann: *Geschichte der Kunst*. Leipzig: Bibliographisches Institut, 1915, Bd. 1, Abb. 27.

Abbildung 54: Photo DAI Athen, NM5944.

Abbildung 55: *Historial Relics Unearthed in New China*. Beijing: Foreign Language Press, 1972, Abb. 72.

Abbildung 56: Owen Jones: *The Grammar of Ornament*. New York: van Nostrand Reinhold, 1982.

Abbildung 57: Martin Hürlimann: *Italy*. London: Thames and Hudson, 1955, Abb. 86.

Abbildung 58: Ernst Haeckel: *Report on the Scientific Results of the Voyage of the H.M.S. Challenger* (1887), Bd. 18, Abb. 117.

Abbildung 59: W. A. Bentley, W. J. Humphreys: *Snow Crystals*. New York: Dover, 1962.

Abbildung 60: Dorothy Koster Washburn: *Symmetry Analysis of Upper Gila Area Cermaic Design*. Cambridge/Mass.: Harvard University Press, 1977, S. 79, Abb. 107.

Abbildung 61: Branko Grünbaum, G. C. Shephard: *Tilings and Patterns*. New York: W. H. Freeman, 1987, S. 57, Abb. 2.0.1.

Abbildung 62: Marjorie Senechal, George Fleck (Hrsg.): *Patterns of Symmetry*. Amherst: University of Massachusetts Press, 1977, S. 54.

Abbildung 63: Jean Favier: *The World of Chartres*. New York: Harry Abrams, 1990, S. 180.

Abbildung 65: Herman Weyl: *Symmetry*. Princeton: Princeton University Press, 1952, Abb. 16.

Index

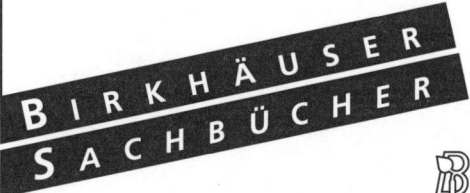